12396 北京新农村科技服务热线常见设施蔬菜技术问题选编

罗长寿　孙素芬　主编

中国农业科学技术出版社

图书在版编目（CIP）数据

12396 北京新农村科技服务热线常见设施蔬菜技术问题选编 / 罗长寿，孙素芬主编. —北京：中国农业科学技术出版社，2013. 11

ISBN 978 - 7 - 5116 - 1410 - 0

Ⅰ. ①1… Ⅱ. ①罗…②孙… Ⅲ. ①蔬菜园艺 - 设施农业 Ⅳ. ①S626

中国版本图书馆 CIP 数据核字（2013）第 250244 号

责任编辑 徐 毅
责任校对 贾晓红

出 版 者 中国农业科学技术出版社
北京市中关村南大街 12 号 邮编：100081
电 话 (010)82106631(编辑室) (010)82109702(发行部)
(010)82109709(读者服务部)
传 真 (010)82106631
网 址 http://www.castp.cn
经 销 者 各地新华书店
印 刷 者 北京华忠兴业印刷有限公司
开 本 880mm ×1 230mm 1/32
印 张 13. 75
字 数 390 千字
版 次 2013 年 11 月第 1 版 2013 年 11 月第 1 次印刷
定 价 45. 00 元

《12396 北京新农村科技服务热线常见设施蔬菜技术问题选编》

编写人员

主　　编：罗长寿　孙素芬

副 主 编：张　强　王之岭　张峻峰

编写人员：（按照姓氏笔画排序）

马文雯　王永健　王　宇　王金娟

王　铮　石宝才　司亚平　刘赛男

李光达　李守勇　李志军　李志梅

沈翠红　张宝海　陈春秀　郑怀国

赵淑红　郭　敏　郭　强　曹承忠

谭翠萍　魏清凤　郑亚明

审　　校：陈春秀　李兴红　张宝海　石宝才

前　　言

PREFACE

"12396"星火科技热线是国家科技部、工业和信息化部联合建立的星火科技公益服务热线。"12396 北京新农村科技服务热线"由北京市科委农村发展中心与北京市农林科学院联合共建，热线自 2009 年正式开通以来，在北京市郊区 13 个区县进行了服务应用，服务辐射扩展到全国其他 30 个省、市、自治区，取得了良好的经济和社会效益。

设施农业是北京都市型现代农业发展的主导产业形态之一，单位面积经济效益显著优于传统农业，具有高投入、高产出、高收益等特点，同时，也伴随着高风险。其中，设施蔬菜是北京市郊区设施农业的主导产业，科技需求也相对集中。针对热线在开展设施蔬菜科技咨询中遇到的实际问题，结合部分国内外的农业科技资料，对在北京地区需求相对集中的品种和技术信息进行了整理加工、梳理和扩展，形成了包括设施蔬菜品种、种植技术和病虫害防治三方面内容的技术选编。相关内容主要适合北京市郊区和华北地区应用，因此，提醒外省市的用户在进行参阅时，要考虑当地的生产实践，不要全盘照搬。同时，由于农业生产的复杂性，本书内容仅是一个解决问题的参考。

本书主要目的是延续热线的公益性服务作用，通过本书传播设施蔬菜方面的科技知识，更好地发挥农业科技支撑作用。由于在编辑过程中无法准确标注原始技术与图片出处，对于未能标注出处的作者，敬请谅解！对他们在促进农业科技发展方面作出的贡献表示深深感谢！资料汇编过程中，有关内容聘请“12396 北京新农村科技服务热线”的相关专家进行了编辑与审核，李明远老师提供了部分图片，对他们付出的辛勤劳动，在此表示诚挚感谢！北京市科委农村发展中心及北京市农林科学院的相关领导对本书的编写提供了大力支持，在此也表示衷心感谢！

鉴于编者技术水平有限，文中难免有所纰漏，敬请各位同行和广大读者不吝赐教、批评指正！

编　者

2013 年 9 月

目　录
CONTENTS

第一部分　品　种

一、番茄

（一）粉红大果品种

1. 中早熟抗线虫品种－仙客6号

品种来源：

北京市农林科学院蔬菜研究中心育成的粉色抗线虫品种。

品种特性：

无限生长，中早熟。果形稍扁圆或圆形，未成熟果无绿肩，成熟果粉红色，单果200～300克，果肉硬、耐运输。含有Mi基因，对分布广泛的南方根结线虫具有抗性，同时，具有对番茄花叶病毒病（ToMV）、叶霉病和枯萎病的复合抗性。

适宜地区：

适用于根结线虫为害严重的地区棚室种植，特别是夏秋茬及秋延迟日光温室根结线虫为害严重的茬口效果更明显。

2. 中熟抗线虫品种－仙客8号

品种来源：

北京市农林科学院蔬菜研究中心育成的粉色抗线虫品种。

品种特性：

无限生长，中熟，无绿肩。成熟果粉红色，高硬度，果皮韧性好，耐裂果性强，商品果率高。含有Mi抗虫性基因，同时，对番茄花叶病毒病（ToMV），叶霉病和枯萎病具有复合抗性。

适宜地区：

在根结线虫为害严重的地区日光温室及大棚种植效果更明显。这个品种抗热性好，也可以适于秋大棚栽培。

3. 中熟粉色硬肉大果品种－硬粉 8 号

品种来源：

北京市农林科学院蔬菜研究中心育成的粉色硬肉大果品种。

品种特性：

粉色硬肉、耐运输番茄一代杂交种。无限生长，中熟偏早。果形周正，以圆形或稍扁圆为主，未成熟果显绿果肩，成熟果粉红色，平均单果重 200 克，大果可达 300～500 克。果肉硬，果皮韧性好，耐运输性强，商品果率高。夏秋高温季节坐果习性较好，空穗、瞎花少。叶色浓绿、植株不易早衰。适合夏秋茬塑料大棚及麦茬露地栽培。抗番茄花叶病毒病（ToMV）、叶霉病和枯萎病。

适宜地区：

适合春、秋大棚，春露地。

4. 中熟一代杂交品种－中杂 101

品种来源：

中国农业科学院蔬菜花卉研究所培育的一代杂交品种。

品种特性：

无限生长类型，生长势强，叶色浓绿，节间稍长，中熟。果实近圆形，幼果有绿果肩，果实粉红色，颜色鲜艳，大果型，平均单果重 220 克。果实圆形，整齐度高，裂果少，品质好，果肉厚硬度大，耐贮藏和运输，商品性状优良。适合露地及保护地秋延后栽培，是目前我国替代以色列和荷兰番茄的优良品种。平均亩产（1 亩＝666.7 平方米，下同）一般为 8 000～20 000千克。高抗烟草花叶病毒病、叶霉病和枯萎病。

适宜地区：

适于北方春季日光温室及春秋大棚栽培。也适合于其他地区春夏温室、日光温室、塑料棚等保护地栽培。

5. 中熟一代杂交品种－中杂105

品种来源：

中国农业科学院蔬菜花卉研究所培育的一代杂交品种。

品种特性：

植株无限生长型，生长势中等，中早熟。幼果无绿色果肩，成熟果实粉红色。果实圆形，果面光滑，大小均匀一致，单果重180～220克。果实硬度高，耐贮运。商品果率高，品质优，口味酸甜适中。抗番茄花叶病毒病（ToMV）、叶霉病和枯萎病。丰产性好，特别适合日光温室和大棚栽培。

适宜地区：

适于北方春季日光温室及春秋大棚栽培。也适合于其他地区春夏温室、日光温室、塑料棚等保护地栽培。

6. 早熟杂交品种－金棚1号

品种来源：

西安皇冠蔬菜研究所选育的杂交品种。

品种特性：

属高秧无限生长粉果类番茄，植株生长势中等，开展度小，叶片较稀，茎秆细，节间短。早熟性突出，在较低温度下坐果率高，果实膨大快。果形好，果实高圆，似苹果形。幼果无绿肩，成熟果粉红色，均匀一致，一般单果重200～250克，特别大的和特别小的极少。硬度高，果肉厚，心室多，果芯大，耐贮运，口感比较好。高抗番茄花叶病毒病（ToMV），中抗黄瓜花叶病毒病（CMV），高抗叶霉病和枯萎病，灰霉病、晚疫病发病率低，极少发现筋腐病。抗热性好。

适宜地区：

适应性广，不但可作高架品种，而且摘心后可作有限生长类型品种栽培。适宜日光温室、大棚、中棚秋延后、春提早栽培，也可用于露地栽培。适宜全国各地栽培。

7. 中熟杂交品种 – 佳红 4 号

品种来源：

北京市农林科学院蔬菜研究中心育成的一代杂交品种。

品种特性：

无限生长型，生长势较强，叶色浓绿。中熟，幼果无绿肩，果色大红，果形周正，稍扁圆或圆形，单果重 120 ~ 150 克。果肉硬，抗裂果，耐贮运，商品果率高。可溶性固形物含量 6.0%，口感风味好。复合抗病性强，高抗番茄花叶病毒病（ToMV）、番茄叶霉病及番茄枯萎病。一般产量为 5 000 千克/亩以上，长季节周年栽培产量可达 20 000 千克/亩。

适宜地区：

丰产性良好，适宜春保护地及露地栽培。

8. 中熟硬肉红果品种 – 佳红 6 号

品种来源：

北京市农林科学院蔬菜研究中心育成的红果色杂交品种。

品种特性：

无限生长，中熟。单果重 150 ~ 200 克，未成熟果显绿果肩，成熟果红色，果皮韧性好，耐裂果性强。果形周正，稍扁圆形，商品性好。抗根结线虫、番茄花叶病毒病（ToMV）和枯萎病。

适宜地区：

适合保护地兼露地栽培。

9. 耐低温杂交品种 – 中研 988

品种来源：

北京中研益农种苗科技有限公司育成杂交一代品种。

品种特性：

高秧无限型粉红果，叶量中等。属早熟品种，耐低温性强，低温条件沾花畸形果极少，连续坐果能力强，耐高温能力极强，没有空洞果，单果重 300 ~ 400 克。植株长势旺盛，不黄叶，不早衰，丰产性好，果实膨大迅速，果实高圆，上下果整齐均匀，着色鲜艳亮丽。商品性极好，果皮厚，硬度高，耐贮运。高抗番茄早晚疫病，灰霉病、叶霉病、筋腐病；对根结线虫有一定抗性，基本不影响产量，

适宜地区：

适合越冬温室，春秋大棚、秋延栽培及越夏种植，适合于全国各地栽培。

10. 早熟抗病毒品种－浙粉 702

品种来源：

浙江省农业科学院蔬菜研究所选育的高抗番茄黄化曲叶病毒病品种。

品种特性：

早熟，无限生长类型，长势较强，叶色浓绿，叶片肥厚。第一花序节位 6 ~7 叶，花序间隔 3 叶，连续坐果能力强。果实高圆形，幼果淡绿色、无青肩，果面光滑，无棱沟。果洼小，果脐平，花痕小。成熟果粉红色，色泽鲜亮，着色一致，平均单果重 250 克左右（每穗留 3 ~4 果）。果皮、果肉厚，畸形果少，果实硬度好，耐贮运，商品性好，品质佳，宜生食。经鉴定高抗番茄黄化曲叶病毒病（TY）、抗番茄叶霉病。抗热性好。亩产 4 000千克以上。

适宜地区：

适合春秋保护地兼露地栽培。

11. 中晚熟杂交品种－毛粉 802

品种来源：

陕西省西安市蔬菜研究所选育的一代杂交品种。

品种特性：

中晚熟一代杂交种。无限生长花序。幼果有青肩，果实光滑、圆整、美观，脐小肉厚，不易裂果，果粉红色，单果重 200 克左右。果实维生素含量高，品质好，商品性好。该品种控制茸毛基因的表现，属一对显性纯会致死基因控制的质量性状遗传，受遗传规律的限制，杂种群体中，有茸毛株和普通株各占 50%，茸毛株有避

蚜效果。高抗烟草花叶病毒病（TMV），耐黄瓜花叶病毒病（CMV）和早疫病。

适宜地区：

适宜陕西、山东、湖北、北京、河北等省市保护地、露地栽培。

12. 中晚熟杂交品种－毛粉 808

品种来源：

陕西省西安市蔬菜研究所育成的杂交品种。

品种特性：

矮秧自封顶，生长势强，结果集中，果实大小一致，外形美观，粉红色，脐小肉厚，不易裂果，耐贮运，品质极佳，单果重 180 克左右。其中，50% 的植株有长而密的白色茸毛，对蚜虫、白粉虱、潜叶蝇有防避作用。耐高温、低温，耐弱光，抗烟草花叶病毒病（TMV），耐黄瓜花叶病毒病（CMV），抗叶霉病及早疫病，被菜农称为“四季绿”番茄，亩产 6 000千克以上。

适宜地区：

适宜全国各地保护地及露地栽培。

13. 进口中晚熟杂交品种－百利

品种来源：

荷兰瑞克斯旺公司育成，原包装进口种子。

品种特性：

荷兰瑞克斯旺公司研制生产、原包装进口、在国内销售的品种，早熟、生长势旺盛，坐果率高，丰产性好，耐热耐寒性强，适合于早秋、早春、日光温室和大棚越夏栽培，果实大红色、圆形、中型果、单果重 200 克左右。果实均匀，色泽鲜艳，口味佳。无裂纹，无青皮现象，质地硬，耐运输、耐贮藏，适合于出口和外运，抗烟草花叶病毒病（TMV）、筋腐病、枯萎病。

适宜地区：

适合于早秋、早春、日光温室和大棚越夏栽培。

14. 以色列引进早熟杂交品种 –189

品种来源：

从以色列引进的杂交一代品种。

品种特性：

从以色列引进的杂交一代早熟品种。无限生长型，全生育期可达 8 ~ 10 个月。株型高大，单果重 150 ~ 200 克，产量高，果色大红鲜艳，转色一致。极耐贮藏，保鲜期长。耐病性强，生育强健，耐贮运。

适宜地区：

适合在早春、秋季温室种植。

15. 韩国进口早熟粉果品种 –蒙特卡洛

品种来源：

从韩国进口的粉果品种。

品种特性：

韩国进口，早熟粉果品种。高产，无限生长类型，株型紧凑，叶片稀疏，光合效率高，适合保护地弱光条件下栽培，早熟，果实膨大快，坐果能力强，果实粉红色，色泽鲜艳，高圆形，无绿肩，单果重 250 ~ 350 克，大小均匀，果肉厚，硬度高，耐贮存。前期产量高。高抗病毒病、叶霉病和枯萎病，中抗灰霉病、晚疫病。

适宜地区：

适合在早春、秋季温室和大棚种植。

16. 中早熟抗病品种 –金冠 18 号

品种来源：

北京金土地农业技术研究所育成的杂交一代品种。

品种特性：

杂交一代，中早熟，抗病性强，属无限生长型，叶片较稀，叶量中等，在低温弱光下坐果能力强，果实无绿肩，大小均匀，高圆形，成熟果粉红色，表面光滑发亮，外形美观，单果重 250 ~ 300 克，最大可达 800 克，亩产可达 8 000 ~ 10 000 千克。该品种果皮厚，果肉较硬，耐贮耐运，货架寿命长，口感风味好。

栽培要点：

适宜日光温室，大棚、中小棚，春提早栽培、也可做秋延后及露地栽培，适时播种，育苗时温度不宜过低，苗龄不宜过长，栽培密度，温室亩栽 2 300 株左右，大棚一般 3 200 株左右，露地栽培 3 000 株左右。注意施足底肥，培育壮苗，花芽分化期夜间温度应不低于 12℃，防治病虫害，加强水肥管理。

适宜地区：

适宜日光温室，大棚、中小棚，春提早栽培。

17. 中早熟抗病品种 – 金冠 28 号

品种来源：

北京金土地农业技术研究所育成杂交一代品种。

品种特性：

植株无限生长型，生长势强，中早熟，抗病性强，适应性广，成熟果粉红色，着色鲜亮，果形近高圆形，单果重 250 ~ 300 克，最大果 800 克以上，坐果整齐均匀，果肉厚，果实硬度大，抗裂果，耐贮运。果实风味好，品质佳，商品性好，保护地及露地均可栽培。留 4 ~ 5 穗果，亩产可达 1 万千克以上。

栽培要点：

培育壮育，6 ~ 7 叶壮苗移栽，施足基肥，生果期 N、P、K 肥混合追施，及时防治病虫害，合理密植，一般保护地亩栽 2 600 株，露地 3 000 株左右。花芽分化期夜间温度应不低于 12℃，加强水肥管理。

适宜地区：

适宜日光温室，大棚、中小棚，春提早栽培。

（二）樱桃番茄品种

18. 中熟杂交樱桃番茄品种 – 京丹绿宝石

品种来源：

北京市农林科学院蔬菜研究中心 2001 年选育的特色珍稀樱桃

番茄一代杂交品种。

品种特性：

保护地特菜生产中的珍稀品种，成熟果绿色透亮似绿宝石。无限生长型，中熟。主茎7~8片叶着生第一花序，总状及复总状花序，坐果良好，果实圆形及高圆形，未成熟果有浅绿果肩，每株留3~4穗果，圆形果，单果重30克左右。果味酸甜浓郁，口感好，一般产量为2 500~3 000千克/亩，长季节周年栽培产量可达10 000千克/亩以上。高抗病毒病和叶霉病。

栽培要点：

与普通大宗番茄品种基本相同，但在塑料大棚、日光温室和连栋温室等保护地条件下周年栽培、供应才能充分发挥特色品种的优势，取得最佳经济效益。以北京地区为例，京丹绿宝石的周年栽培要点如下。

（1）茬口与生育期安排。

①冬春茬口：采用节能型日光温室和现代化连栋温室的设施条件较为适宜。播种期11月下旬至12月中旬，苗龄55~65天，翌年2月中旬定植，4月中旬开始采收。根据下茬农时安排，拉秧期6月下旬或7月中旬，一般每株留6~8穗果，采收期为75天或90天。

②春茬：一般使用单层覆盖的普通塑料大棚，也称为冷棚。播种期在1月中下旬，苗龄55~65天，3月25日左右定植，5月中旬开始采收。每株留4~5穗果，采收期50~60天，7月初或7月中旬拉秧。春棚种植番茄，育苗期间要在保温条件较好的日光温室或加温温室中进行。

③秋茬：设施条件与春茬使用的普通塑料大棚相同。播种期在6月中旬至7月初，苗龄25天左右。每株留4穗果，9月中旬或10月初开始采收。10月底或11月初霜冻到来前及时拉秧。

④秋延后：秋延后栽培使用的设施条件是普通日光温室或节能日光温室。播种期在7月中旬，苗龄25天左右，8月10日定植。每株留5~7穗果，10月底开始采收。视温室保温性能决定拉秧时

间，一般在 12 月中下旬或元旦前后。

⑤长季节高架栽培：长季节高架番茄可以周年生长，对设施条件要求较高，高效节能日光温室、现代化连栋加温温室适合长季节高架栽培番茄。播种期在 7 月中旬，苗龄 25 天左右。11 月中旬开始采收，每株留 20 多穗果，采收期可长达 8 ~ 9 个月。

（2）播种量与种植密度。不同茬口、不同栽培方式的生育期长短差别较大，种植的密度也大不相同。

①播种量：京丹绿宝石的种子千粒重为 2.8 克。春、秋塑料大棚栽培，生长期短，植株高度有限，种植密度较高，每亩用种 15 克；秋延后和长季节栽培，生长期长，植株高大，种植密度低，每亩用种 10 克。

②种植密度：第一，春、秋季塑料大棚每株留 4 ~ 5 穗果，每亩栽植 3 300 ~ 3 600 株。第二，秋延后日光温室：每株留 5 ~ 7 穗果，每亩栽植 3 000 株。第三，日光温室、连栋温室长季节栽培：每株留 8 ~ 10 穗果，每亩栽植 2 500 ~ 3 000 株；每株留 10 ~ 15 穗果，每亩栽植 2 200 ~ 2 500 株；每株留 15 穗果以上，每亩栽植 2 000 ~ 2 200 株（单杆整枝）或 1 000 株（双杆整枝）。

（3）保果措施。虽然京丹绿宝石属于樱桃番茄类型，坐果习性良好，但是为了保证坐果整齐，果实大小均匀一致，最好采用 2,4-D 或番茄灵等喷（蘸）花。使用的浓度要随气温的变化作适当的调整，即在外界气温低时，选用说明书上指出的较高的浓度；而当外界气温高时，则应选择说明书中指出的低浓度，否则易出现药害。

（4）水肥管理。多施优质有机肥很重要，一般每亩施 5 000 ~ 8 000 千克优质腐熟有机肥作底肥。苗期及定植后的管理与普通番茄品种相同。1 ~ 3 穗果采收前，一般不追施化肥。第三穗果采收完后可适当追施化肥。从盛花期开始，结合防病每 7 ~ 10 天喷施一次钾宝、磷酸二氢钾等叶面肥，喷施浓度 0.3% ~ 0.5%。只要植株生长正常，叶片不显缺水，就可以不浇水，此方法可以提高果实的含糖量和口感风味。进入采收期，土壤要保持潮润，要浇小水或采取滴灌控制浇水量，以防止和减少裂果，切忌忽干忽湿和大水漫灌。

（5）适时采收。虽然果实成熟时仍然为绿色，但是与未成熟时果实的绿颜色有明显不同。未成熟果表现为生绿或闷绿；而果实成熟后的绿色，则显出透亮，犹如绿宝石晶莹碧绿或微显黄绿。果实转熟时，用手轻轻挤捏，感觉有弹性或稍稍变软，此时，恰是采摘适期。采摘时，最好连果蒂一起剪摘，但是，与果蒂连接的果梗保留的越短就越不易刺伤其他果实，一般不提倡成穗采摘。

适宜地区：

适应性强，适宜北京等地春、秋季大棚和日光温室栽培。

19. 中熟杂交品种－京丹绿宝石2号

品种来源：

北京市农林科学院蔬菜研究中心育成的樱桃番茄一代杂交品种。

品种特性：

100%纯绿熟新奇特番茄品种。无限生长，中熟，生长势强，果形长椭圆有尖，成熟果晶莹剔透似宝石。单果重15～20克，口感风味好。果皮韧、耐裂果。

栽培要点：

（1）栽培管理技术与普通大宗番茄品种基本相同，为充分发挥特色品种的优势，以在塑料大棚、日光温室和连栋温室等保护地条件小周年栽培、周年供应的经济效益最佳。

（2）传统矮架栽培3 200株/亩，长季节双杆整枝1 000～1 200株/亩，长季节单杆整枝2 000～2 200株/亩，亩用种量5～10克。

（3）生长期需水量比普通大番茄品种少，栽培上采取“相对干旱”的水分管理方法。即只要植株生长正常，叶片不显缺水，就可以不浇水，此方法可以提高果实的含糖量和口感风味。

（4）进入采收期，土壤要保持潮润，可小水勤浇或采取滴灌的浇水方式，以防止和减少裂果，切忌大水漫灌，勿干勿湿，5～35天期间可在果实表面适当喷施液态钙，以增强果皮韧性。当果实手感有弹性，并显现晶莹碧绿时即可采收上市。

适宜地区：

适宜保护地栽培。

20. 中早熟杂交品种－京丹5号

品种来源：

北京市农林科学院蔬菜研究中心育成的樱桃番茄一代杂交品种。

品种特性：

无限生长型，中早熟。主茎7～8片叶着生第一花序，总状及复总状花序，坐果良好，果实长椭圆形，未成熟果有绿果肩，成熟后果色亮丽红润，每株留3～4穗果，单果重10～15克。糖度高，风味浓，可溶性固形物含量8.5%。抗裂果，耐贮运。对各种病害有较强的耐性。一般产量为2 500～3 000千克/亩，长季节周年栽培产量可达10 000千克/亩以上。

适宜地区：

适应性强，适宜北京等地春、秋季大棚和日光温室栽培。

21. 中熟杂交硬果品种－京丹8号

品种来源：

北京市农林科学院蔬菜研究中心育成的樱桃番茄一代杂交品种。

品种特性：

无限生长，中熟，果实圆形，单果重15～20克，成熟果红亮，折光糖度高、口感风味好，果肉硬保鲜期长，每穗留果8～10个时可成串采收。高抗病毒病、叶霉病和枯萎病。

适宜地区：

适宜保护地栽培。

22. 中熟杂交品种－京丹黄莺1号

品种来源：

北京市农林科学院蔬菜研究中心育成的樱桃番茄一代杂交品种。

品种特性：

植株为无限生长类型，主茎 8 片叶左右着生第一花序，中熟。果实长椭圆形或枣形，单果重 15～20 克，幼果有绿色果肩，成熟果黄色诱人，折光糖度 9.4，口感风味佳，耐贮运性好。

适宜地区：

适宜保护地栽培。

23. 中早熟杂交品种－京丹粉玉 1 号

品种来源：

北京市农林科学院蔬菜研究中心育成的樱桃番茄一代杂交品种。

品种特性：

无限生长，主茎 6～7 片叶着生第一花序，熟性中早。果实长椭圆形或椭圆形，单果重 15～25 克，幼果有绿色果肩，成熟果粉红色，口感风味佳，耐贮运性好，是保护地特菜生产中的珍品。抗根结线虫，耐热性强。

栽培要点：

传统矮架栽培 3 200 株/亩，长季节栽培，双杆整枝 1 000～1 200株/亩，单杆整枝 2 000～2 200株/亩，亩用种量 5～10 克。

适宜地区：

适合保护地长季节栽培。

24. 早熟杂交品种－京丹粉玉 2 号

品种来源：

北京市农林科学院蔬菜研究中心育成的樱桃番茄一代杂交品种。

品种特性：

植株为有限生长类型，主茎 6～7 片叶着生第一花序，早熟性，果实长椭圆形或椭圆形，单果重 15～20 克，幼果有绿色果肩，成熟果粉红色，品种上乘，口感风味佳，耐贮运性好，是保护地特菜生产中的珍品。

适宜地区：

适宜保护地和露地栽培。

25. 中熟黄果杂交品种－京丹小黄玉

品种来源：

北京市农林科学院蔬菜研究中心育成的樱桃番茄一代杂交品种。

品种特性：

植株为无限生长类型，主茎7～8片叶着生第一花序，中熟。果实高圆形和椭圆形，单果重20～25克，幼果显绿色果肩，成熟果颜色嫩黄诱人，口感风味好，果皮韧、耐裂果。

适宜地区：

适宜保护地栽培。

26. 引进早熟杂交品种－千禧

品种来源：

从中国台湾农友种苗有限公司引进的小果型杂交品种。

品种特性：

一代杂交种，早熟。植株长势极强，生长健壮，属无限生长类型。株高150～200厘米，抗病性强，适应范围广。果柄有节，果实排列密集，单穗可结14～31个果，单株坐果量大。单果重20克左右，果实圆球形，果肉厚，果色鲜红艳丽，风味甜美，不易裂果，产量高，采收期长。

栽培要点：

栽培地宜选择光照充足，通风良好，排水容易的地块。定植前要施足基肥，多施有机肥和磷肥，氮肥不可过量。亩栽2 800～3 000株，植株可采用双秆整枝立柱栽培，其他分枝宜早摘除。果实开始成熟时，须停止灌水，可提高糖分，减少裂果发生。

适宜地区：

适于春秋露地及保护地栽培。

27. 耐贮运杂交品种 –红贝贝

品种来源：

广西大学南宁市桂福园农业有限公司选育的樱桃番茄杂交种。

品种特性：

有限生长类型，植株高 120 ~ 150 厘米，半蔓生。第一花序着生节位为 7 ~ 8 节，每隔 1 ~ 2 节着生 1 个花序。果形倒卵圆形，果脐部有小凸尖；果实纵径 3.5 ~ 4.0 厘米，果肩横径 2.2 ~ 2.5 厘米。果肉红色，果面呈红色、平滑无棱沟、光泽好、特别鲜亮；未成熟果浅绿色、果肩浅绿色，成熟后转红色。果柄短（0.5 ~ 1.0 厘米），有离层。单果重 12 ~ 15 克，完熟果实可溶性固形物含量为 7.3%。硬度好、耐贮运，口感甜脆、品质优良。平均亩产量春种为 4 820 ~ 5 150 千克，夏种为 4 400 ~ 4 800 千克，秋种为 5 500 ~ 6 200 千克。

栽培要点：

（1）适时播种，培育壮苗。春播 2 ~ 3 月，夏播 4 ~ 7 月；秋、冬播 9 ~ 11 月。

（2）选择土层深厚、疏松、排灌方便的水稻田种植。

（3）双行定植，亩栽 2 200 ~ 2 500 株，行距 50 ~ 60 厘米，株距 45 ~ 50 厘米。

（4）立支架，及时进行植株调整，3 ~ 4 杆整枝，开花坐果期如遇低温或高温不良天气，需用番茄灵或坐果灵蘸花进行保花保果。

适宜地区：

适宜保护地、露地种植。

28. 中晚熟耐裂果杂交品种 –金曼

品种来源：

北京市农林科学院蔬菜研究中心育成的樱桃番茄一代杂交品种。

品种特性：

中晚熟。无限生长，生长势及综合抗性强。长椭圆形突尖顶果，成熟果金黄亮泽。单果重70~90克，口感风味浓郁。果肉硬，果皮韧性好，耐裂果性强，可成串采收，耐贮运，是特菜及边贸生产首选品种。

适宜地区：

适合保护地栽培。

29. 早熟品种－红曼

品种来源：

北京市农林科学院蔬菜研究中心育成的樱桃番茄一代杂交品种。

品种特性：

无限生长型，长势强健，高抗番茄黄化曲叶病毒病（TY），早熟，结果率强，果鸡心形，果色亮红，单果重60~80克，口感甜面，甜度高，硬度强，糖度高，不易裂果，既耐热又耐寒，商品性好，易采收。耐贮运，适宜一大茬种植、早春栽培。高抗TY，适合于秋延后大棚及日光温室栽培。

适宜地区：

适合于秋延后大棚及日光温室栽培。

二、黄瓜

（一）少刺型黄瓜品种

1. 耐低温长季节高产品种－瑞光2号

品种来源：

北京市农林科学院蔬菜研究中心选育的品种。

品种特性：

瑞光2号为全雌型，每节1瓜，生长势旺盛，侧枝丰富，单性结实能力强，可持续结瓜，兼具低温弱光耐受性与耐热性，适于全年保护地种植。瓜长24厘米（冬季栽培20厘米），横径3厘米，整齐度高，无瓜把，瓜色深绿，少刺瘤，着色均匀，果面有光泽，无果霜，清香味浓，货架期长，商品品质达到国外同类优秀品种水平，耐真菌与细菌性病害。特别适合长季节种植，生育期达 7 个月，每亩产量 10 吨。在越冬日光温室条件下栽培不易化瓜，畸形瓜率低。

适宜地区：

适宜华东、华北保护地栽培、华南沿海地区露地种植。

2. 早中熟抗病品种 – 中农 12 号

品种来源：

中国农业科学院蔬菜花卉研究所选育的杂交品种。

品种特性：

早中熟。植株生长势强，以主蔓结瓜为主，第一雌花始于主蔓 2～4 节，每隔 1～3 节出现 1 雌花，瓜码较密。果实商品性佳，长棒形，长 25～32 厘米，皮色深绿一致，有光泽，无花纹，瓜把短（小于瓜长的 1/8），具刺瘤，但瘤小，易于洗涤，白刺，质脆，味甜。前期产量高，丰产性好。抗霜霉病、白粉病、黑星病、枯萎病。每亩产量 5 000千克以上。

适宜地区：

适宜各地春秋大棚保护地及露地栽培。

（二）密刺型黄瓜品种

3. 杂交品种 – 中农 26 号

品种来源：

中国农业科学院蔬菜花卉研究所育成的杂交品种。

品种特性：

为普通花性杂交一代种。中熟，植株生长势强，分枝中等，叶色深绿、均匀。以主蔓结瓜为主，早春第一雌花始于主蔓第 3～4 节，节成性高。瓜色深绿、亮，腰瓜长约 30 厘米，瓜把短，瓜粗 3 厘米左右，心腔小，果肉绿色，商品瓜率高。刺瘤密，白刺，瘤小，无棱，微纹，质脆味甜。人工接种鉴定，抗白粉病、霜霉病，中抗枯萎病，高感黑星病。

栽培要点：

（1）合理密植，亩栽 3 000 ~3 500株。

（2）喜肥水，施足优质农家肥作底肥，勤追肥，有机肥、化肥、生物肥交替使用。

（3）打掉 5 节以下侧枝和雌花，中上部侧枝见瓜后留 2 叶掐尖。

（4）生长中后期可结合防病喷叶面肥 6 ~ 10 次，提高中后期产量。

（5）及时清理底部老叶、整枝落蔓，及时采收商品瓜。育苗每亩用种量 150 克。

适宜地区：

适宜华北地区日光温室早春茬栽培。

4. 中早熟杂交品种 – 中农 16 号

品种来源：

中国农业科学院蔬菜花卉研究所育成的一代杂交品种。

品种特性：

中早熟，植株生长速度快，结瓜集中，主蔓结果为主，第一雌花始于主蔓 3 ~4 节，每隔 2 ~3 片叶出现 1 ~3 节雌花，瓜码较密。瓜条商品性及品质极佳，瓜条长棒型，瓜长 30 厘米左右，瓜把短，瓜色深绿，有光泽，白刺、较密，瘤小，单瓜重 150 ~200 克。口感脆甜。抗霜霉病、白粉病、黑星病、枯萎病等多种病害。从播种到始收 52 天左右，前期产量高，丰产性好，春露地亩产量 6 000千克以上，秋棚亩产量 4 000千克以上。

栽培要点：

（1）适宜春露地及秋棚延后栽培，亦可在早春保护地种植。

（2）华北地区春茬日光温室 1 月中旬育苗，2 月中旬定植，3 月中旬始收。春棚 2 月中下旬育苗，3 月中下旬定植，4 月中下旬始收。春露地 3 月中旬播种，4 月中下旬定植，5 月底始收。

（3）该品种侧枝少、适于密植，每亩栽 3 500 ~4 000株。

（4）秋棚延后栽培可在7月下旬直播或育苗，可在1叶1心、3叶1心和5叶1心时喷施（100～150）$\times 10^{-6}$乙烯利或增瓜灵3～4次。定植前施足底肥，根瓜坐住后及时追肥；打掉基部侧枝，中上部侧枝见瓜后留2叶掐尖。

（5）商品瓜及时采收；露地种植后期注意防治蚜虫、红蜘蛛等病虫害。

适宜地区：

适于春秋大棚及春露地栽培。

5. 早熟耐低温品种－津优35号

品种来源：

天津科润黄瓜研究所育成的黄瓜品种。

品种特性：

植株长势中等，生长期长，不易早衰，叶片中等大小，主蔓结瓜为主，瓜码密，回头瓜多，瓜条生长速度快，丰产潜力大。早熟性好，耐低温、弱光能力强，抗霜霉病、白粉病、枯萎病。瓜条顺直，皮色深绿、光泽度好，瓜把短，刺密、无棱、瘤小，腰瓜长34厘米左右，不弯瓜，不化瓜，畸形瓜率低，单瓜重200克左右，果肉淡绿色，商品性佳。

栽培要点：

（1）华北地区日光温室越冬茬栽培一般在9月下旬播种，早春茬栽培一般在12月上中旬播种，苗龄28～30天，生理苗龄三叶一心时定植。

（2）越冬及早春茬生产采用高畦栽培方式，定植前施足底肥。定植后不宜蹲苗，肥水供应要及时。该品种瓜码密，化瓜少，最好不喷施增瓜灵及保果灵等激素药物。

（3）在温度最低时期，应尽量增加光照，保持黄瓜正常的光合作用。

（4）生长中后期应及时摘瓜，不可过分压瓜，以保持龙头旺盛生长。

适宜地区：

适宜三北地区日光温室越冬茬及早春茬栽培。

6. 耐低温品种－津优36号

品种来源：

天津科润黄瓜研究所育成的黄瓜品种。

品种特性：

植株生长势强，叶片大，主蔓结瓜为主，瓜码密，回头瓜多，瓜条生长速度快。早熟，抗霜霉病、白粉病、枯萎病，耐低温、弱光能力强。瓜条顺直，皮色深绿、有光泽，瓜把短，心腔小，刺瘤适中，腰瓜长32厘米左右，畸形瓜率低，单瓜种200克左右。

栽培要点：

（1）北京地区日光温室茬栽培一般在9月下旬播种，早春茬栽培一般在12月上中旬播种，生理苗龄三叶一心定植。

（2）定植后7天左右浇一次缓苗水，中耕2～3遍，然后覆盖地膜。

（3）生长中后期应及时摘瓜，不可过分压瓜，以保持龙头旺盛生长。

（4）对病虫害的防治应以预防为主，综合防治。在低温少日照，连续阴雨期或浇水后的晚上，及时用百菌清烟剂熏棚。

适宜地区：

适宜温室越冬茬及早春茬栽培。

7. 耐低温品种－津优38号

品种来源：

天津科润黄瓜研究所育成的黄瓜品种。

品种特性：

耐低温弱光能力强，在我国北方12月至翌年2月上旬低温弱光条件下生长势好，没有低温弱光障碍出现。植株长势中等，叶片中等大小，株形好，越冬日光温室栽培易于管理，通风透光好。主蔓结瓜为主，第一雌花节位5节左右，雌花节率50%左右。瓜条商品性好，瓜条长棒状，顺直，畸形瓜少；瓜条长度 32 厘米左右，单瓜重 180 克左右；瓜色亮绿，刺密，瘤适中，瓜把中等。瓜条生长速度快，持续结瓜能力强，不歇秧。高抗枯萎病，中抗霜霉病和白粉病。

适宜地区：

适合越冬日光温室及冬春日光温室栽培。

8. 日光温室专用品种－津绿 3 号

品种来源：

天津市黄瓜研究所育成的一代杂交品种。

品种特性：

植株生长势强，株型紧凑，叶色深绿，主蔓结瓜为主，第一雌花节位 3～4 节，雌花率 40% 左右，回头瓜多。耐低温，耐弱光能力强，在 11～14℃ 低温和 8 000勒弱光条件下能正常生产。商品性好，果实顺直，长 30～35 厘米，单果质量 200 克左右，果面深绿色，有明显光泽，瘤显著，密生白刺，瓜把短，心腔较细，果肉浅绿色，质脆。丰产性好，秋冬季和冬春季栽培亩产量 8 000千克左右，秋越冬栽培产量更高。日光温室专用品种，抗病性强，高抗枯萎病，中抗霜霉病和白粉病。

适宜地区：

适宜华北、东北、西北及华中地区春季大棚栽培。

9. 早熟抗病杂交品种－津春 2 号

品种来源：

天津市农业科学院黄瓜研究所育成的一代杂交品种。

品种特性：

植株生长势中等，株形紧凑，分枝少，叶色深绿，叶片较大而厚。以主蔓结瓜为主，第一雌花着生在 3～4 节，以后每隔 1～2 节结瓜，单性结实能力强。瓜条长棍棒形，长 32 厘米左右，单瓜重 200 克左右。瓜把短，瓜色深绿，白刺较密，棱瘤较明显，肉厚、质脆，商品性好。早熟，从播种到始收嫩瓜仅 65 天左右，瓜条发育速度快。亩产5 000千克以上。抗病性强，高抗霜霉病、白粉病和枯萎病。

栽培要点：

（1）华北春季保护地栽培，最佳播种期是从定植期前推35～40天，苗龄不宜过长，幼苗3叶1心时定植。

（2）定植期以棚内10厘米土层温度稳定在12～13℃以上、气温不低于5℃为宜。不宜蹲苗，肥水供应要及时，同时要注意通风，以利缓苗和植株生长。

（3）在肥水好的条件下，每亩保苗4 000株左右。

（4）根瓜应及时采收，以免坠秧。因以主蔓结瓜为主，分枝少，且自封顶，所以，不能掐尖打杈。果实采收后每隔6～7天叶面喷肥1次，保秧促瓜，提高中后期产量。

适宜地区：

适于河北省，东北、华北、华东等地区春季大棚、中棚、小棚栽培。

10. 耐低温早熟杂交品种－满冠

品种来源：

荷兰先正达公司进口的品种。

品种特性：

杂交一代品种。耐低温弱光，较早熟，节成性好；高产，抗病能力强；瓜色深绿，刺瘤密，瓜把短，商品性极佳；单瓜重180～190克，长30厘米，直径3.8厘米。华北地区越冬栽培可于9月下旬播种，黑籽南瓜嫁接。早春栽培可于12月至翌年1月播种。每亩定植2 500～2 800株。

适宜地区：

适宜越冬及早春大棚栽培。

11. 早熟抗病杂交品种－津美1号

品种来源：

天津市农业科学院黄瓜研究所育成的一代杂交品种。

品种特性：

植株生长势强，叶片肥大，深绿色，分枝性中等。主蔓结瓜为主，回头瓜多，单性结实能力强。瓜长棒型，绿色，白刺，刺瘤适中，有棱。瓜长30厘米左右，瓜把长4厘米左右，单瓜重200克。瓜条顺直，风味较佳。早熟，从播种至始收50天左右。抗病能力强，抗霜霉病和白粉病。耐低温、弱光能力强，适合越冬日光温室栽培。一般亩产5 000千克以上。

栽培要点：

（1）适时播种，华北地区越冬日光温室的播种期一般为9月下旬至10月上旬，苗龄一个月左右，培育壮苗，适期定植。

（2）宜采用高畦地膜覆盖定植，每亩栽3 500株。结瓜盛期加强肥水管理，及时采收。

（3）采用嫁接技术，更能发挥其耐低温、弱光能力，获得高产稳产。

适宜地区：

适合越冬日光温室栽培。

（三）水果型黄瓜品种

12. 高产品种－京研迷你2号

品种来源：

北京市农林科学院蔬菜研究中心选育的品种。

品种特性：

适于温室及春秋大棚种植，全雌性，每节1～2瓜，冬季种植瓜长11厘米左右，春季瓜长13厘米，无瓜把，光滑无刺，易清洗，不易附着农药，适于生产无公害蔬菜。可作为特菜供应元旦、春节及“五一”、国庆节市场，生长势强，坐瓜能力好，耐霜霉、白粉等真菌病害，注意防治蚜虫与白粉虱，以免传播病毒病。为了保证产量，底肥要施足，亩定植3 000～3 500株，亩产可达25 000千克。

适宜地区：

全国各地均可进行保护地栽培。

13. 长季节品种－京研迷你4号

品种来源：

北京市农林科学院蔬菜研究中心选育的品种。

品种特性：

为全雌型，每节1瓜，生长势旺盛，侧枝丰富，叶片较大、平展、浅绿色，单性结实能力强，可连续结瓜，兼具低温弱光耐受性与耐热性，抗（耐）黄瓜主要真菌与细菌病害，适于冬春及越冬保护地种植；瓜长15厘米（冬季栽培12厘米），横径2.5厘米，单瓜质量70克左右，皮色亮绿、有光泽，着色均匀，无刺瘤，无瓜把，清香味浓，口感甜脆，商品品质达到国外同类优良品种水平；生育期长达7个月，每亩产量稳定在10 000千克以上，越冬日光温室栽培不易化瓜、畸形瓜率低，特别适合长季节栽培。

栽培要点：

（1）播种育苗。北方地区越冬茬的适宜播期为9月下旬至10月下旬，建议采用嫁接栽培，以靠接为好。用黑籽南瓜作砧木，黄瓜种子提前4天播种，当南瓜子叶展平、初露真叶时进行嫁接。嫁接后立即将嫁接苗浇透水，并把育苗床面淋湿，支上小拱棚，盖双层遮阳网。5天内不通风，保证小拱棚内达饱和湿度，白天温度控制在25℃左右，夜间18℃左右，并在上午和下午光线不强时打开遮阳网少量见光。5天后逐渐通风并延长光照时间，10天后可除去遮阳网进行正常管理，14天时对黄瓜苗进行断根。

（2）定植。定植前14天每亩基施优质腐熟有机肥8～10立方米，深翻，灌足底墒，做畦。该品种无须蹲苗，所以苗龄不宜过长，自根苗苗龄30天、嫁接苗35天，二叶一心至三叶一心时在晴天上午定植，可采用“水稳苗”的方式，即先挖穴灌水，将苗坨放入，待水渗下后覆土封穴。北京地区定植期为10月下旬至11月下旬，每亩种植2 500株，采用大小行栽培，大行距80厘米，小行距40厘米。

（3）田间管理。定植后缓苗前不通风，温室内温度控制在28～30℃/16～18℃，中午如遇强光可放下草苫短时遮阴；缓苗后室内温度控制在25～28℃/14～16℃，达到30℃时要及时放风；结瓜期8:00～13:00室内气温控制在25～30℃，13:00～17:00控制在20～25℃，17:00～24:00控制在16～20℃，0:00～8:00控制在14～16℃。深冬季节及阴天光照弱时，可适当降低温度指标，在中午前后短时通风，以降温、排湿、换气。如遇连续晴天，室内过于干燥时要在操作行地面淋水，使室内湿度控制在75%～85%。

（4）缓苗后及时浇水并中耕，以保墒并促根生长，此期间不必追肥。第1次采收后，每亩结合浇水追施三元复合肥30千克，此后每5～7天浇1次水，隔次追肥，深冬寒冷季节可每10～12天浇1次水，如出现脱肥可追施叶面肥。该品种为高产型品种，所以，需较一般密刺类黄瓜增施30%肥水，N、P、K肥施用比例控制在5∶2∶8。

（5）植株调整。该品种为全雌型，侧枝丰富，主、侧蔓具有同样的坐瓜能力，生产上广泛采用移绳随畦落蔓法，即让植株生长点保持在1.5m高处，随瓜蔓生长逐渐移绳随畦落蔓，并除去下部老叶，每节留1条瓜，每株从正在开放的雌花到待收成瓜维持在10条左右，为获得高产、稳产，第八节以内不留瓜，以促进植株生长，此方法适用于日光温室及大型连栋温室栽培。

（6）病虫害防治。该品种对主要真菌及细菌病害抗性较强，所以，常规用药即可有效控制病害发生，管理同一般密刺类品种。该品种与其他国内外同类型黄瓜品种一样，不抗病毒病，栽培时须用纱网封住大棚的通风口，防止刺吸式昆虫进入传毒，如有需要可喷洒高效、低毒杀虫剂，也可在结瓜前喷施病毒A以增强抗性，发现病株要及时拔除，以防交叉感染。

（7）收获。当瓜条达到商品瓜外观时要及时采收，否则影响美观及品质，且不利于下茬瓜的收获。上午采收，用小剪刀将黄瓜剪下，保留0.5厘米长的瓜柄，以延长保鲜期。

适宜地区：

全国各地均可进行保护地栽培。

14. 迷你小黄瓜 – 白精灵

品种来源：

北京市农林科学院蔬菜研究中心选育的品种。

品种特性：

全雌性，节间短，瓜长 11 ~ 13 厘米，无瓜把，光滑无刺，易清洗，不易附着农药，适于生产无公害蔬菜。生长势强，坐瓜能力好，耐霜霉、白粉等真菌病害，不抗病毒病。耐寒性稍差，一般不做冬季栽培。高产，亩产可达 20 000千克。

适宜地区：

适合春秋大棚及春保护地栽培。

15. 荷兰进口长生长期品种 – 戴多星

品种来源：

荷兰瑞克斯旺种子有限公司进口的品种。

品种特性：

长势较强，适应性广，适合秋冬及早春季节温室无土栽培。生产期较长（冬季可达半年以上），植株开展度大，耐弱光。早熟，结果能力较强，孤雌生殖，单花性，每节 1 ~ 2 个果，气候变化时畸形果较多。果实深绿色，微有棱，果面光滑，果皮稍厚，果长 14 ~ 16 厘米，品质优，味道好，货架寿命长（贮藏适当可达 7 ~ 10 天）。耐霜霉病、白粉病和病毒病。抗黄花叶病毒病，黄脉纹病毒病，疮痂病和白粉病。

栽培要点：

播种盘或苗床育苗，2 ~ 3 片真叶定植，密度为每亩 2 000 ~ 2 300株，主茎留果。适宜较为肥沃的土壤。要施足底肥，多施农家肥和磷、钾肥，并注意及时浇水。

适宜地区：

适合在早春、早秋日光温室和大棚栽培。

16. 荷兰引进高档品种－拉迪特

品种来源：

荷兰瑞克斯旺种子有限公司进口的品种。

品种特性：

荷兰瑞克斯旺公司主推的一种无刺水果型小黄瓜。生长势中等，叶片小，叶色淡绿色。适合于早春和秋延后日光温室和大棚栽培。产量高，孤雌生殖，多花性，每节3~4个果，果实采收长度12~18厘米，表面光滑，味道鲜美。抗黄瓜花叶病毒病，黄脉纹病毒病，白粉病和疮痂病。该品种以其高产、优质、果型好的特性备受出口商和高档超市的青睐，市场平均售价高出同类产品20%左右，是菜农提高产量、增加收益的首选品种。

栽培要点：

该品种荷兰黄瓜嫁接育苗，可选取黑籽南瓜做砧木，亲和力好，可以增强黄瓜耐寒和耐高温性。秋冬茬和越冬茬的栽培，育苗时间争取提早到9月中下旬，最晚为10月中下旬。选用采光好、保温好、严冬最低温度不低于8℃的棚室栽培。

适宜地区：

适合早春和秋延迟日光温室和大棚栽培。

17. 进口抗病品种－MK160

品种来源：

荷兰德奥特种业集团推出的无刺迷你黄瓜品种。

品种特性：

生长势强，节成性好，一节多瓜、节节有瓜。瓜长14~16厘米，深绿色，成熟商品瓜油绿光亮、瓜条直匀称、商品性状好。该瓜清香甜脆，口感好，既可作为水果也可炒食，深受消费者喜爱。它高抗霜霉病、疫病、白粉病、黑腥病。单瓜重75~100克，4个月亩产2 500~3 000千克。

栽培要点：

（1）该品种耐低温弱光能力稍差，不宜在冬季种植，宜安排在秋延后，春提前种植。

（2）采取嫁接育苗，亩保苗2 000～2 300株。

（3）及时追肥灌水。

（4）及时防治灰霉病。

（5）提早采收，保证商品性状。

适宜地区：

宜安排在秋延后、春提前种植。

18. 耐寒高产品种－康德

品种来源：

荷兰瑞克斯旺种子有限公司进口的品种。

品种特性：

长势旺盛，耐寒性好，适合于早春、秋延迟、越冬日光温室栽培，孤雌生殖，单性花，每节1～2个果。果实采收长度12～18厘米，表面光滑，味道鲜美，果皮较厚，耐贮耐运，适合出口。高抗白粉病和结痂病，耐霜霉病，产量高，周年生产一般亩产可达2万千克。

栽培要点：

（1）用白籽南瓜嫁接，防寒抗病。

（2）适时使用激素，在黄瓜长到二叶一心和四叶一心时各喷1次乙烯利，浓度掌握在100～180毫克/千克。

（3）定植密度，大棚2 200株/亩，日光温室1 800株/亩。

（4）结瓜盛期肥水供应及时，以免脱肥引起化瓜。

（5）适时采摘，以免坠秧及影响黄瓜品质。

适宜地区：

适于早春、秋延迟、越冬日光温室栽培。

19. 引进杂交品种－HA-454

品种来源：

从以色列引进的杂交一代品种。

品种特性：

“HA-454”黄瓜是从以色列引进的水果型小黄瓜，中文名“萨瑞格”。该品种为早熟杂交一代品种，属无限生长型，植株生长旺盛，主蔓每节有2个以上雌花，每节一般可留2瓜，单果长14～16厘米，单瓜重80～100克，在低温下坐果能力强，单株产量可达3～5千克，较耐受白粉病。瓜条顺直、光滑无刺、圆柱形，果实暗绿色，肉厚质脆清甜、口味佳，适宜在超市、宾馆作水果销售。亩产可达10 000～15 000千克。

适宜地区：

适用于春、夏和早秋露地及保护地栽培。

三、茄子

（一）圆茄品种

1. 早熟杂交品种－京茄1号

品种来源：

北京市农林科学院蔬菜研究中心育成的圆茄杂交一代品种。

品种特性：

早熟、丰产、抗病，对低温适应性强。植株生长势较强，叶色紫绿，株型半开张，始花节位7～8片叶，连续结果性好，平均单株结果数8～10个，单果重400～500克。果实扁圆形、紫黑发亮，果肉浅绿白色，肉质致密细嫩、品质佳。该品种低温下果实发育速度较快，前期产量比北京七叶茄增产30%以上。

栽培要点：

（1）北京地区日光温室栽培一般10月底播种育苗，翌年2月初定植。春季大棚栽培12月底至翌年1月初播种育苗，3月中下旬定植。

（2）行距60厘米、株距40厘米，栽植密度每亩3 000株左右。

（3）植株调整采取双杆整枝，花期用20～30毫克/千克的2,4-D蘸花，注意水肥管理。

适宜地区：

适应性强，适宜华北、西北、东北地区温室和大中棚保护地栽培。

2. 早熟杂交品种－黑宝

品种来源：

石家庄冀新种业有限公司育成的杂交品种。

品种特性：

早熟一代杂交种，适于早春保护地栽培。抗逆性强，果实膨大快。正常气候情况下，栽培管理得当时第七节位开始着生门茄，植株生长稳健，抗病、高产，坐果率高，结果期长，果实圆形，紫黑光亮，果肉细嫩，品质佳，耐贮运，商品性好，单果重900克左右，亩产7 500千克以上，

栽培要点：

（1）建议每亩定植1 800～2 000株。

（2）保护地棚内地温稳定在13℃以上即可定植，苗龄达到80天左右，真叶达七片叶以上开始现蕾时定植最佳。

（3）根据长势，注意蹲苗。加强水肥管理，第一水移栽时浇透水1次，第二水应该到70%左右植株门茄鸡蛋大小时浇第二水，以防徒长造成坐不住果或僵果。

（4）根据温度，掌握好适当变化浓度的2,4-D沾花或喷花辅助受粉（温度高时浓度要低，温度低时浓度要高）。

（5）采取高垄栽培，整枝管理，及时摘除下部老叶，保持棚室内通风透光，能增加果实亮度及商品性。注意病虫害防治。

适宜地区：

适合保护地及露地栽培。

3. 中晚熟品种－捷圆2号

品种来源：

北京捷利亚种业有限公司培育的杂交品种。

品种特性：

一代杂交品种，中晚熟，九叶茄，生长势强，坐果率高；果实圆形，紫黑色，果面光亮，耐贮运，适应性广。平均单果重约700

克；果肉浅绿白色，品质佳，耐贮运，抗病性强；亩定植2 000株，一般亩产6 000千克以上。

适宜地区：

适应性广，露地、保护地均可栽培。

4. 中早熟抗病杂交品种－京茄6号

品种来源：

北京市农林科学院蔬菜研究中心育成的一代杂交品种。

品种特性：

中早熟、丰产、抗病，较耐低温弱光。植株生长势较强，果实为扁圆形、果皮紫黑发亮，商品性状极佳。该品种易坐果，低温下果实发育速度较快，畸形果少。

适宜地区：

特别适合保护地生产和露地早熟栽培。

5. 地方品种－天津快园茄

品种来源：

天津市的地方品种。

品种特性：

株高50～60厘米，开展度较小，茎绿紫色，叶绿色，叶柄及叶脉浅绿色。门茄多着生于6～7节。果实圆球形稍扁，果皮深紫色，有光泽，定植至始收期35～45天，果实生长快，前期产量高，亩产3 500千克以上。耐寒，果肉细而紧，品质和外观均佳。

适宜地区：

适合于华北露地早熟及保护地栽培。

6. 晚熟地方品种－九叶茄

品种来源：

原为北京市的地方品种。

品种特性：

晚熟种，定植至始收约60天。植株高1米，株幅1.2米，生长势强，侧枝生长较直立。门茄着生在第九节上。果实扁圆形，外皮黑紫色，有光泽，果肉浅绿白色，肉质致密、细嫩，籽少，品质好。适宜夏季露地栽培，可恋秋。耐热性较强，但耐涝性和抗病性较差，易受茶黄螨、红蜘蛛为害。每亩产量3 000～5 000千克。

栽培要点：

北京市4月中下旬至5月上旬露地播种育苗，5月下旬至6月下旬定植，宽垄双行密植。每亩栽苗2 000～2 500株。生长期间适当整枝，并深培土防倒伏。雨季注意防涝。注意防治病虫害。

适宜地区：

北京及华北地区露地及保护地种植。

7. 中晚熟地方品种－二苠茄

品种来源：

天津市的地方品种。

品种特性：

中晚熟种，定植至始收约50天。株高约75厘米，开展度75厘米，茎秆紫色，叶长卵圆形，绿色，叶柄及叶脉紫色。第一果着生于主茎7～8叶节上方。果实扁圆球形，外皮紫黑色，有光泽。果肉致密、细嫩、籽少，不易老，品质好，单果重750克，最大单果重1 500克以上。耐热，抗病，喜肥水，较耐盐碱，较耐贮运。适合于春露地早熟栽培、秋延后栽培和深冬茬日光温室栽培。亩产量为5 000千克左右。

栽培要点：

（1）育苗和定植。冬季日光温室栽培的定植时间在9月上旬至10月下旬，一般选择嫁接栽培，提前40天左右播种育苗，定植前每亩施7 000千克腐熟的优质农家肥、80千克三元复合肥。旋耕将肥料与耕层土壤混匀，做畦，造墒，每亩定植2 000株，定植时嫁接口要高于地面5厘米或更多，以防嫁接口感染。

（2）定植后的管理。定植后浇水保湿促进缓苗，缓苗后要及时中耕、松土，5～6天再浇1次缓苗水，以后不干不浇水，进行蹲苗管理。当门茄“瞪眼”后，可以开始大量提供肥水，也可以根据植株长势待门茄摘除后再追肥，每亩施硝酸钾型复合肥15千克、磷酸氢二铵5千克或全元复合肥5千克。进入深冬后水分的消耗减少，所以要适当控水，一般15~20天浇水1次，翌年春天后再加大浇水量，4月份后，逐渐调整为每周浇1次水。

(3) 本品种采用双干整枝。开花后采用2,4-D，或强力坐果灵（主要成分为吡效隆）蘸花，并适时打掉茎部老叶或病叶，摘除下部腋芽和侧枝，以提高果实的着色度。原则上打叶部位略滞后于果实采收部位，即平时在采收的果实以下适当保留1~2片叶片。

(4) 棚膜最好采用茄子专用膜。扣膜初期要大通风，随着气温的逐渐降低，放风量要渐渐减小。当外界气温降到15℃左右时，夜间要闭风。温室内最低气温降到15℃时，开始覆盖草苫，同时要经常除去棚膜上的灰尘，适时揭盖草苫，尽量使温室温度白天保持在25~28℃，夜间最低气温在15℃左右。

适宜地区：

适宜京津地区保护地或露地早熟栽培。

8. 抗病杂交品种－圆杂2号

品种来源：

中国农业科学院蔬菜花卉研究所育成的一代杂交品种。

品种特性：

中早熟，植株生长势强，单株结果数多。果实圆球形，纵径9~11厘米，横径11~13厘米，单果重400~750克。果皮紫黑色，有光泽，商品性好。果肉致密、细嫩，品质好。抗病性、抗逆性强。每亩产量4 500千克。

栽培要点：

(1) 最适于露地早熟栽培，也可进行夏秋季栽培和保护地栽培。

(2) 北京地区春季早熟栽培，12月下旬播种育苗，翌年4月初定植，覆盖地膜，加小拱棚。

(3) 行距60厘米、株距50厘米，栽植密度亩2 000株左右。5月中旬始收。夏季栽培育苗移栽，苗龄55天左右。用种量亩25克。

适宜地区：

适宜华北、西北等地保护地、春露地及夏播栽培。

9. 温室专用杂交品种－茄杂 8 号

品种来源：

河北省农林科学院经济作物研究所育成的温室专用杂交种。

品种特性：

该品种早熟，耐低温、弱光能力强。植株紧凑，始花着生于第七节左右，果实扁圆形、紫红色，低温弱光下着色好，果实白肉，肉质致密、细腻。单果重 500～700 克，连续坐果能力强。一般亩产 4 500～5 500千克。

栽培要点：

（1）在棚室育苗，冀中南大棚 12 月中下旬播种，3 月上中旬定植，一般每亩定植 1 500～1 800株。播前浇足底水，水渗后将种子均匀撒于床面，覆细土 1 厘米。

（2）缓苗期注意加强温、湿度管理，中耕除草 2～3 次。当门茄长到核桃大小时，结合浇水亩追施氮肥 6 千克（折尿素 13 千克）、钾肥 4 千克（折硫酸钾 8 千克）。以后保持土壤见干见湿，隔一水追肥一次。

（3）盛果期可用 0.2% 尿素 + 0.2% 磷酸二氢钾 + 0.1% 膨果素的混合液，叶面追肥 2～3 次。及时打掉门茄以下侧枝及植株下部老叶、病叶。

（4）棚室栽培时用防落素 2 500～3 000倍液喷花保果。门茄要早收，对茄要及时收，以后要根据市场需求收。

（5）茄子常见病有绵疫病、褐纹病、黄萎病。绵疫病、褐纹病，可在发病初期喷施 75% 百菌清粉剂 600 倍液、64% 杀毒矾粉剂 500 倍液、80% 代森锰锌 500 倍液、77% 可杀得 400～500 倍等，每 7 天 1 次，交替使用效果好。黄萎病，发病初期用 50% DT 杀菌剂可湿性粉剂 350 倍液灌根，每株 0.3～0.5 千克，连灌 3 次；用 12.5% 敌萎灵 800 倍液喷雾或灌根。

（6）茄子常见虫害有红蜘蛛、茶黄螨、潜叶蝇、棉铃虫。早发现，早防治。突出预防为主，综合防治。

适宜地区：

适宜华北等地保护地栽培。

（二）长茄品种

10. 高产抗病耐低温长茄品种－布利塔

品种来源：

荷兰瑞克斯旺公司进口的高产抗病耐低温优良品种。

品种特性：

植株开展度大，无限生长，花萼小，叶片中等大小，无刺，早熟，丰产性好，生长速度快，采收期长。适用于日光温室、大棚多层覆盖越冬及春提早种植。果实长形，长 25～35 厘米，直径 6～8 厘米，单果重 400～450 克，紫黑色，质地光滑油亮，绿萼，绿把，比重大。味道鲜美。耐贮存，商品价值高。正常栽培条件下，亩产 18 000千克以上。

栽培要点：

（1）施肥。定植前 20 天要施足底肥，一亩施腐熟的猪粪或鸡粪 10 立方米左右、复合肥或复混肥 75 千克、过磷酸钙 200 千克、硫酸钙 50 千克、硫酸钾 50～100 千克、硫酸镁 7.5～10 千克、锌肥 5 千克、硼砂 5 千克、硫酸亚铁 3 千克、硫酸铜 3 千克，深翻 30 厘米、拌匀。定植后至开花前，要进行滑除、中耕、疏松土壤，增加地表的通透性，并控制浇水，以防苗子徒长。浇水时要随水冲肥，以保证养分供应。

（2）定植。定植时要覆土 1 厘米左右，与地面齐平，过深过浅都会影响幼苗的生长，定植后浇足缓苗水，栽培密度要求每平方米 2.5～3 株，株距 45～50 厘米，行距 75～80 厘米。亩株数 1 500～1 800株。

（3）植株调整。采取双杆整枝、主杆留果的方法。植株 70～80 厘米时及时吊蔓。对茄以上主干上每对茄子下留一个侧枝，侧枝上留一个茄子，留一片叶掐尖，离侧枝茄子最近的腋芽打掉；离主干最近的腋芽留 2 片叶掐尖，留着接回头茄子。

（4）保花。一般采用 2,4-D 和赤霉素点花，冬天浓度 25～30 毫克/千克，夏季 20～25 毫克/千克，点花位置在花柄中间偏上的部位，拉长 1 厘米一段就可以了。春天点花要点未开放的花；冬天要等到花略微开放再点。对于茎叶生长过于旺盛或徒长的植株，可用 50～100 毫克/千克的 B9 喷洒全株。

适宜地区：

适合于华北、东北地区，越冬、春、秋等日光温室及春秋大棚栽培。也适合于南北方等地区露地种植。

11. 进口品种－尼罗茄子

品种来源：

荷兰瑞克斯旺公司进口的品种。

品种特性：

植株开展大，株型直立，门茄着生节位低，一般在 8～9 节。花萼小，叶片小，无刺，无限生长型，生长势中等，坐果率极高，连续结实能力极强。早熟，丰产性好，采收期长。可适应于冬季温室和早春保护地种植。

果实长形，平均果长 28～35 厘米，直径 5～7 厘米，单果重 250～300 克。果实紫黑色，在弱光条件下着色良好。质地光滑油亮，绿把，绿萼，比重大，味道鲜美。货架寿命长，商业价值高，亩产 16 000千克以上。

耐低温性较强，在低温多湿条件下依然生长良好正常结果，几乎没有畸形果，商品性佳。抗病性强，对低温多湿条件下发生的多种病害，有较强的抗性。

栽培要点：

（1）培育壮苗。根据情况播种期以 6 月 15～30 日为宜，苗龄期 25～30 天（自根苗），嫁接苗为 45～55 天，生理苗龄以 4～6 片叶为宜。育苗最好采用营养钵或营养块育苗。育苗用土要充分消毒，并在播种后的苗床上及时喷洒普力克以防猝倒病的发生，并用防虫网保护苗床以防病毒病感染。

（2）整地施肥。尼罗茄子品种生长速度快，喜欢肥力水平高的土壤，一般要求每亩施用沤制好的鸡粪 6～8 方并施入土壤杀菌剂：五氯硝基苯或多菌灵 3 千克/亩，杀虫剂辛拌磷 1～2 千克/亩，复合肥 100 千克，二铵 20 千克，开花、坐果、果实膨大期要结合灌水适当追肥。

（3）栽培密度。每亩 1 800～2 000粒。作床要求大垄双行，床宽 1 米，步道沟 0.5 米，7～8 月定植要求在 1 米的床面上两边各让 8～10 厘米开定植沟，株距为 0.5 米。采用大垄双行栽培，灌溉与排水方便，利于防病，防止倒伏。

（4）整枝及点花。采用双杆整枝。即留双杆，以主蔓结果为主，当每枝采收 8～10 个果，且植株生长旺盛时，侧枝上可留 1 个果，侧枝结果后应及时摘心。同时要及时整枝打叶，增加通风透光。点花一般用 2,4-D 和赤霉素，点花在开花前后各 1 天均可，温度在 18～28℃。晴天最好。

（5）水肥管理。该品种生殖生长极为旺盛，营养生长相对缓慢，因此，在果实坐住长到 3 厘米左右时，需大水大肥，但要求以钾肥为主，要求本着“多施、勤施”的原则，浇供水视季节、天气情况而异，一般季节 10～15 天 1 次。

（6）嫁接栽培。由于连作原因，日光温室茄子易发生黄萎病，靠倒茬防治黄萎病是很困难的，最有效的办法便是采用嫁接栽培。因嫁接栽培可提高抗病性，减少病株，提高产量，避免了土传病害黄萎病等的发生。

（7）采收。及时采收门茄，以免坠秧，影响后期产量。

（8）病虫害防治。注意防治早、晚疫病、灰霉病和绵腐病及白粉虱、蚜虫、潜叶蝇、茶黄螨等病虫害。

适宜地区：

适应范围广，可在适宜紫长茄生产的地区栽培，亦适合割茬换头再生栽培。

12. 长季节栽培中晚熟品种－京茄18号

品种来源：

北京市农林科学院蔬菜研究中心培育的长茄杂交一代品种。

品种特性：

中晚熟。果形棒状，果长35～40厘米，果实横径5～48厘米，单果重250～440克。果形正，深紫色，果皮光滑，光泽度极佳。该品种耐低温弱光，抗逆性强，保护地长季节栽培。亩产10 000千克以上。

栽培要点：

春大棚栽培北京地区12月底至1月初播种，3月中下旬定植。行株距80厘米×50厘米，亩栽1 500株左右。春露地栽培，1月下旬播种，4月定植。温室栽培可8月底育苗，9月定植，11月开始收获。一直持续到翌年6月。

适宜地区：

适宜保护地长季节栽培，可在我国南北方种植。

13. 耐贮运杂交品种－京茄20号

品种来源：

北京市农林科学院蔬菜研究中心育成的欧洲类型长茄一代杂交品种。

品种特性：

长势强、耐贮运、绿萼片、易坐果，果实黑紫色，果皮光滑油亮，光泽度极佳。果柄及萼片呈鲜绿色。果形棒状，果长25～30厘米，果实横径8厘米，货架期长。

适宜地区：

适宜保护地长季节栽培。

14. 中早熟杂交品种－长杂8号

品种来源：

中国农业科学院蔬菜花卉研究所选育的一代杂交品种。

品种特性：

中早熟，株型直立，生长势强，单株结果数多。果实长棒形，果长 26 ~ 35 厘米，横径 4 ~ 5 厘米，单果重 200 ~ 300 克。果色黑亮，肉质细嫩，籽少。果实耐老，耐贮运。

栽培要点：

适于春露地和保护地栽培，北京地区春露地栽培苗龄 70 ~ 80 天，保护地栽培 90 ~ 100 天，株行距（40 ~ 50）厘米 × 66 厘米。亩栽苗 2 000 ~ 2 500株，亩用种量 25 克。

适宜地区：

适宜东北、华北、西北地区种植。

四、甜辣椒

（一）甜椒品种

1. 中早熟大果品种 – 京甜 3 号

品种来源：

北京市农林科学院蔬菜研究中心育成的杂交品种。

品种特性：

为大果型甜椒一代杂交品种，中早熟，始花节位为第 9 ~ 10 节，植株生长健壮。持续坐果能力强，整个生长季果形保持良好。果实方灯笼形，以 4 心室为主，果实绿色，果面光滑，单果重 160 ~ 260 克。该品种于 2007 ~ 2009 年参加全国农业技术推广服务中心组织的全国辣椒品种试验，每亩产量 3 500千克左右。高抗烟草花叶病毒病（TMV），抗黄瓜花叶病毒病（CMV），耐疫病，对青枯病有一定抗性。

栽培要点：

（1）华北地区保护地栽培 12 月中旬至翌年 1 月上旬播种，3 月上至下旬定植；露地栽培 1 月下旬至 2 月上旬播种，4 月下旬定植，小高畦栽培，株距 35 ~ 40 厘米，行距 50 ~ 60 厘米，每亩栽 3 000 ~ 4 000株。

（2）华南地区露地栽培 8 月上旬至 10 月上旬播种，9 月上旬至11月上旬定植，高畦栽培，每亩栽3 000～4 000株。

（3）重施沤熟基肥，及时追肥。栽培过程中应重施有机肥，追施磷钾肥，同时，注意钙肥的施用，果实膨大期避免发生缺钙现象。

（4）注意防治病虫害，搭支架栽培，以防倒伏。

适宜地区：

华北保护地及华南露地种植。

2. 早熟杂交种品种－国禧105

品种来源：

北京市农林科学院蔬菜研究中心育成的甜椒杂交一代品种。

品种特性：

早熟，果实方灯笼形，果表光滑，4心室率高，果实淡绿色，连续坐果能力强，青熟果翠绿色，生理成熟果红色。果纵径10厘米左右，横径9厘米左右，单果重200克左右。整个生长季果形保持很好，低温耐受性强，耐贮运。青熟果中，高抗病毒病，抗青枯病。亩产约3 800千克。

适宜地区：

适宜设施栽培。

3. 中早熟杂交品种－中椒5号

品种来源：

中国农业科学院蔬菜花卉研究所选育的杂交品种。

品种特性：

中早熟一代杂交种，株高55～62厘米，开展度42～59厘米，始花节位9～11节。叶色绿，果实灯笼形、绿色，果面光滑，单果重80～120克。北方地区春季露地种植，定植后30～35天采收，植株生长势强，连续结果能力强，苗期接种鉴定，抗烟草花叶病毒病（TMV），耐黄瓜花叶病毒病（CMV），味甜，宜鲜食。一般亩产3 000～4 500千克。

栽培要点：

（1）华北地区保护地栽培于12月中旬至1月上旬播种，3月初至3月下旬定植。露地于1月下旬至2月上旬播种，4月下旬定植。

（2）小高畦栽培，平均株行距（35～40）厘米×（50～60）厘米，亩栽3 000～4 000株。

（3）重施沤熟基肥，及时追肥和防治病虫害。注意搭软支架栽培，以防倒伏。

（4）栽培过程中应重施有机肥，追施磷钾肥，同时，注意钙肥的施用，果实膨大期避免发生缺钙现象。

适宜地区：

华北地区保护地或露地栽培。

4. 早熟杂交品种－中椒7号

品种来源：

中国农业科学院蔬菜花卉研究所选育的杂交品种。

品种特性：

早熟，定植后28天左右即可采收。植株生长势强，保护地栽培株高70厘米，开展度60厘米。始花节位在7～8节，果实灯笼形，果大形好，胎座小，可食率高，单果重100～120克，果色深绿，果皮薄，味甜质脆，商品率高。中抗烟草花叶病毒病、黄瓜花叶病毒病和疫病。产量3 500～4 000千克/亩。

栽培要点：

（1）北方栽培可于12月下旬至翌年2月初播种，3月下旬或4月底定植，亩定植密度4 000株左右。

（2）追肥少施、勤施、雨季注意排水防涝。

（3）及时防治蚜虫、烟青虫和茶黄螨等害虫为害。

适宜地区：

该品种主要适于保护地栽培，也可在露地作早熟覆盖栽培。适宜河北、山西两省及相似生态区作早熟品种种植。

5. 进口中熟彩椒品种－黄贵人

品种来源：

荷兰先正达种子公司进口的品种。

品种特性：

中熟，黄色方椒品种；植株生长势中等，果实方形且均匀，平均果长 8.7 厘米，宽 8.5 厘米，平均单果重 180 克，保护地生产亩产为 10 000 千克左右；果肉厚，味微甜，成熟时由绿转黄，硬度好，货架期长，耐运输；抗 TMV4，适宜越冬及早春栽培。

栽培要点：

（1）选择合理播期：华北地区越冬可 7 月上中旬播种，春播可在 12 月至翌年 2 月播种。

（2）合理密植：2 000 株/亩左右。

（3）支架或吊蔓高垄栽培，合理整枝，建议 3 杆整枝。

（4）及早去掉门椒和畸形椒，及时采收前期果实。

（5）整个生育期保证充足均衡的肥水供应。

适宜地区：

适宜保护地栽培，华北地区深秋栽培。

6. 进口彩椒品种 – 黄太极

品种来源：

荷兰瑞克斯旺种子有限公司进口的品种。

品种特性：

植株开展度大，生长能力强，节间短，适应于冬暖式温室和早春大棚种植。坐果率高，灯笼形，成熟后转黄色，生长速度快，在正常温度下，果长 8 ~ 10 厘米，直径 9 ~ 10 厘米，果实外表光亮，适应绿果采收，也适应黄果采收，商品性好，耐贮运。单果重 200 ~ 250 克，抗烟草花叶病毒病。

栽培要点：

（1）播种。播种最好用育苗盘播种，在可以控制温度和湿度的温室中进行育苗。最适发芽温度为 25℃，发芽时间 7 ~ 8 天。

（2）定植。一般在 4 ~ 5 片叶时定植。株行距 50 厘米 × 70 厘米。定植后浇封窝水。每隔 15 ~ 20 天打一次药，防止椒类疫病发生。

（3）施肥。基肥如用粪肥，粪肥必须是充分熟透，使用时要与土壤混合均匀；如用畜粪每个温室（以 500 平方米计）10 立方米，如用禽粪每个温室 8 立方米。追肥的施用量按作物的生长期和土壤肥力情况而定。

（4）浇水。等对椒座下，长到核桃大时再浇水，以免早浇水植株旺长，落花落果。最好保持土壤湿润。使含水量稳定一致。水分时多时少会影响果实的正常发育，导致畸形果。最好能够使用滴灌系统。

（5）温度管理。与其他作物相比较，甜椒对温度的反应更加敏感，移植后白天最适气温 23～28℃，夜晚最适温度为 15～18℃，最低土壤温度 20℃，因此，建议北方温室 7～8 月育苗。以便移栽后的幼苗在低温来临之前能有充分的时间进行根系发育，当温度超过 35℃以上也会影响植株正常生长甚至不坐果。

（6）整枝。该品种属无限生长型，整枝时。每株保留 3～4 个生长健壮的茎，每茎连续留果。可根据植株生长情况侧枝留果或除去一部分小侧枝。以便通风透光。

（7）果实采收。果实的采收次数决定于棚室的温度，保温条件好的棚，一般春夏茬口可以收到两茬彩果，采收后的果实要注意遮阴，避免被阳光直射。

适宜地区：

适宜保护地栽培。

7. 进口彩椒品种－红太极

品种来源：

荷兰瑞克斯旺种子有限公司进口的品种。

品种特性：

植株生长势中等，节间短，适合早春日光温室和春夏大棚种植。果实大，灯笼形，果肉厚，长 9～10 厘米，直径 9～10 厘米，单果重 200～260 克。色泽鲜艳，商品性好。以绿果采收为主，也可以红果采收，耐运输，货架寿命长，抗烟草花叶病毒病，番茄斑萎病毒病，马铃薯 Y 病毒病。

适宜地区：

适宜保护地栽培。

8. 中早熟品种－海花 3 号

品种来源：

北京市海淀区植物组织培养技术实验室利用由国外引进的品种经花药单倍体育种育成的甜椒品种。

品种特性：

株型紧凑，平均株高 37 厘米，开展度 29 厘米，一级分枝 2.8 个。第一花着生节位平均在第 11 叶节。果实为长灯笼形，果面光滑、色深绿，3~4 个心室，果肉厚 0.4 厘米，单果重 60.8 克，单株结果 7.2 个。在北京早熟，从播种至采收 120~130 天，平均亩产 2 500~4 000千克。较耐病。

栽培要点：

在北京该品种生长前期发秧较慢，因此，定植初期应采取积极促秧生长的措施。该品种株幅较小，为了使其在进入高温季节前植株能遮掩地面，需相应增加栽植密度，一般每亩栽 5 000穴（单株或双株）以上。单株结果量较大，特别是前期结果集中，因此，应施足含氮、磷、钾的有机肥作基肥，并适当补施化肥。

适宜地区：

适宜于北京市、陕西省种植。

（二）辣椒品种

9. 早熟长牛角杂交品种－国福 308

品种来源：

北京市农林科学院蔬菜研究中心选育的杂交品种。

品种特性：

为牛角形杂交一代品种，早熟。生长势强，株型紧凑，耐低温弱光，持续坐果能力强，膨果速度快。果实特长牛角形，青熟果黄绿色，生理成熟果红色，近果柄处略有褶皱，果面光亮，果纵径 30

厘米左右，横径5厘米左右，单果重140克左右。辣味适中，品质佳，耐贮运，较耐热耐湿。抗病毒病和青枯病。2007年、2008年两年生产试验平均亩产3 066.1千克。

栽培要点：

（1）华北地区保护地栽培12月中旬至翌年1月上旬播种，3月上旬至下旬定植。露地栽培1月下旬至2月上旬播种，4月下旬定植。

（2）小高畦栽培，株距35～40厘米，行距50～60厘米，每亩栽3 000～4 000株。

（3）北方拱棚秋延后栽培6月中旬左右播种，7月底至8月初定植。培育壮苗移植，株行距50厘米见方。

（4）重施沤熟基肥，及时追肥，注意防治病虫害，搭支架栽培，以防倒伏。

（5）栽培过程中应重施有机肥，追施磷钾肥，同时，注意钙肥的施用，果实膨大期避免发生缺钙现象。

适宜地区：

适合华北地区设施长季节及露地栽培。

10. 中早熟杂交品种－国福208

品种来源：

北京市农林科学院蔬菜研究中心选育的杂交品种。

品种特性：

为羊角形杂交一代品种，中早熟。植株生长健壮，果实长粗羊角形，果形顺直，肉厚腔小。果纵径27厘米左右，横径3.6厘米左右，单果重100克左右，辣味中。持续坐果能力，青熟果翠绿色，生理成熟果红色，果面光亮，质脆腔小。商品率高，耐热耐湿，耐贮运。高抗病毒病和青枯病、耐疫病。2008年、2009年两年生产试验平均亩产3 096.2千克。

适宜地区：

北方保护地及露地种植，华南地区露地种植。

11. 进口品种－迅驰

品种来源：

荷兰瑞克斯旺种子有限公司进口的品种。

品种特性：

为无限生长型，植株长势强，叶色绿，始花节位 8 节，定植到始收 60 天左右，连续坐果性强，采收期长。果实羊角形，尾尖、果较直，表皮光滑、有光泽，商品嫩果淡绿色，成熟果红色。果长 23 厘米左右，单果重约 90 克，嫩果微辣。示范亩产量 7 500 千克左右。

适宜地区：

保护地种植及露地栽培。

12. 中熟杂交品种－国塔 109

品种来源：

北京市农林科学院蔬菜研究中心育成的中熟辣椒一代杂交品种。

品种特性：

利用雄性不育系育成中熟干鲜两用辣椒一代杂交种，植株生长健壮，半直立株型；青辣椒呈绿色，干椒呈浓红色，辣味浓，高油脂，辣椒红素含量高，商品率高：果实中长锥圆羊角形，果型为（14～15）厘米×2.4 厘米，单果重 28～40 克，持续坐果能力强，单株坐果 40～60 个；是速冻红椒、干椒兼用出口大果品种。抗病毒病和青枯病。

适宜地区：

适宜我国内蒙古、吉林、山东、西北各省及自治区等规模化出口干椒生产基地露地种植。

13. 早熟杂交品种－京辣 4 号

品种来源：

北京市农林科学院蔬菜研究中心选育的一代杂交品种。

品种特性：

为早熟一代杂交种，定植至始收 40 天。生长势强，连续结果性好，株高 73 厘米，开展度 69.5 厘米，始花节位为第 8 ~ 10 节。果实长羊角形，果长 25 ~ 28 厘米，横径 3.0 ~ 3.2 厘米，肉厚 0.3 厘米，果面光滑，商品果绿色，老熟果红色，果表光滑，味辣，单果质量 65 ~ 75 克，低温耐受性强。适宜全国各地保护地及露地栽培。抗病毒病和青枯病。露地栽培每亩产量为 2 500千克左右，保护地栽培每亩产量 3 900千克左右。

栽培要点：

（1）北京地区保护地栽培 12 月中旬至翌年 1 月上旬播种育苗，3 月上旬定植于日光温室，3 月下旬定植于大棚。

（2）露地栽培 1 月下旬至 2 月上旬播种育苗，4 月下旬定植。

（3）采用小高畦地膜覆盖栽培，畦距 1 米，或宽窄行栽培，行距 50 厘米，穴距 30 厘米、每穴栽 2 株，或穴距 25 厘米、每穴栽 1 株。

（4）定植前施足腐熟农家肥，配合施用磷钾肥。定植后加强肥水管理，适时浇水，注意防治病虫害。

适宜地区：

适宜华北地区保护地及露地种植。

14. 早熟杂交品种 – 海丰 23 号

品种来源：

由北京市海淀区植物组织培养技术实验室育成的早熟一代杂交品种。

品种特性：

为早熟一代杂种。果实牛角形，绿色，微辣。果长 22 ~ 26 厘米，横径 4 厘米左右，果肉厚 3 毫米。单果重 100 克左右，最大果重可达 150 克。果实顺直，果面光滑，商品性好。植株生长势强，坐果集中。每亩产量 4 500千克左右。

适宜地区：

保护地、露地均可种植。保护地栽培，单株种植，应搭架或吊秧。

15. 中早熟杂交品种－京辣 8 号

品种来源：

北京市农林科学院蔬菜研究中心选育的杂交品种。

品种特性：

为短牛角形杂交一代品种，中早熟。微辣型绿、红兼用炮椒，植株生长势强，果实粗锥牛角形，青熟果翠绿色，生理成熟果红色，果面光滑，果长 16 厘米，横径 5.2 厘米，单果重 90～150 克，肉厚 0.42 厘米，持续坐果能力强，每株能连续结果 30 个以上。商品性佳，耐贮运。青熟果中，维生素 C 含量 94.3 毫克/100 千克、可溶性糖含 2.58%、可溶性固形物含 4.6%。抗病毒病、青枯病和疮痂病，适宜露地及设施栽培。2005 年、2006 年、2007 年三年区试平均亩产 2 818.2千克，比对照湘研 13 号增产 15.6%。2007 年、2008 年两年生产试验平均亩产 3 332.3千克，比对照湘研 13 号增产 20.9%。

栽培要点：

（1）华北地区保护地栽培 12 月中旬至翌年 1 月上旬播种，3 月上旬至下旬定植。露地栽培 1 月下旬至 2 月上旬播种，4 月下旬定植，小高畦栽培，株距 35～40 厘米，行距 50～60 厘米，每亩栽 3 000～4 000株。

（2）长江流域秋延后栽培，6 月底至 7 月中旬播种，8 月底至 9 月中旬定植，高畦栽培，每亩栽 2 500～3 000株。

（3）重施沤熟基肥，及时追肥，注意防治病虫害，搭支架栽培，以防倒伏。

（4）栽培过程中应重施有机肥，追施磷钾肥，同时，注意钙肥的施用，果实膨大期和转色期避免发生缺钙现象。

适宜地区：

适宜长江流域春秋及秋延后大棚、拱棚种植，也适于高山反季节栽培及秋延迟拱棚种植。

16. 中早熟杂交品种－中椒6号

品种来源：

中国农业科学院蔬菜花卉研究所选育的微辣型一代杂交品种。

品种特性：

中早熟微辣型辣椒一代杂种，植株生长势强，分枝多，连续结果性好。果实粗牛角形，果色绿，果面光滑，纵径12厘米，横径4.0厘米，肉厚0.33厘米，单果重45～60克。中早熟，定植后30～35天始收。味微辣，品质优良，商品性好。耐贮运、耐热、抗病毒病，中抗疫病，亩产2 500千克左右。

栽培要点：

（1）京津地区一般于1月下旬至2月上旬播种育苗，4月下旬或5月初终霜后定植露地，每亩定植4 000穴左右。

（2）利用保护设施栽培要适当控制营养生长。

（3）生长期间应注意及时防治蚜虫、茶黄螨和棉铃虫等虫害。

（4）该品种由于生长势强，分枝和结果多，因此，需选择肥沃富含有机质的沙质壤土种植，并要求有水源、能灌溉，雨后能及时排涝，以防疫病发生。有条件的地区可进行地膜覆盖。

适宜地区：

该品种抗逆行强，适应性广，适宜华北、西南、华南、华中、华东等地区种植。

17. 韩国艳红朝天椒

品种来源：

韩国现代农业株式会社引进的品种。

品种特性：

该品种抗病性强，生长势强壮，单果长约5厘米，单果重约3克，连续采收期长。颜色鲜红有光泽、硬度高、极为高产、抗病、耐热耐湿、商品性好。在华南、海南等地均有大面积的种植，极受农民的喜爱。在市场上也深受消费者的欢迎。是目前市场朝天椒品种中最好的品种。

适宜地区：

适宜设施栽培及华南、西南等地区露地栽培。

18. 引进早熟杂交品种－韩美 404 海花红

品种来源：

从韩国引进的品种。

品种特性：

从韩国引进的杂交一代牛角椒。种植容易，产量高，早熟，收获期特长，辣椒肉厚，皮色光滑油亮，食味香辣。长 11～15 厘米，宽 2 厘米左右。耐运输及贮藏，是南方及东南亚首选品种。

适宜地区：

适宜设施栽培及南方地区露地栽培。

五、西瓜

（一）大西瓜品种

1. 早熟抗病品种－双星

品种来源：

河北省双星种苗有限公司育成的品种。

品种特性：

出苗整齐，生长稳健，长势中等，抗病力强，易坐果且低温坐果性强。自开花至果实成熟 30 天左右，一般单瓜重 6～8 千克。果实正圆球形，果型极端正，无畸形果。果皮深绿色覆黑色均匀宽条纹。皮略厚、不裂果，果肉深橘红、细甜脆爽，汁水丰多，不空心，耐贮运。含糖量 12 度，品质佳。一般产量 5 000千克/亩左右。

适宜地区：

适合华东、华北等地区保护地及露地栽培。

2. 早熟品种－京欣 1 号

品种来源：

北京市农林科学院蔬菜研究中心 1987 年育成的品种。

品种特性：

属早熟品种，全生育期90~95天，果实发育期28~30天，第一雌花节位6~7节，雌花间隔5~6节，抗枯萎病、炭疽病较强，在低温弱光条件下容易坐果。果实圆形，果皮绿色，上有薄薄的白色蜡粉，有明显绿色条带15~17条，果皮厚度1厘米，肉色桃红，纤维极少，含糖量11%~12%，平均单果重5~6千克，最大可达18千克。在北京市安排的西瓜区试，产量比对照郑州三号增产12%~25%。在北京地区安排的早熟西瓜评比试验，平均折合亩产3 873千克，比对照郑杂7号增产45.88%。

栽培要点：

（1）该品种适用于温室、大中小棚、露地地膜覆盖栽培等多种栽培形式。

（2）施肥以底肥为主，每亩有机肥3 000千克左右，在栽培过程中实施追施氮磷钾等肥料。

（3）每亩700~800株；株行距0.6米×1.5米。

（4）采用三蔓整枝，每棵秧选坐1个果，留瓜节位在12~15节，以侧蔓第2个雌花坐果为主，当果实达到鸭蛋大时，及时灌膨果水肥，以后保持地面湿润，采收前5~7天，停止浇水以防裂瓜。

适宜地区：

适宜北京市、天津市、河北省及全国各地保护地栽培。

3. 早熟品种－京欣2号

品种来源：

北京市农林科学院蔬菜研究中心1997年育成的品种。

品种特性：

是“京欣1号”的换代品种，已通过国家审定，获得植物新品种保护。该品种在低温弱光下坐瓜性好，膨瓜快，外观漂亮，整齐，产量高，上市早。全生育期88~90天，比“京欣1号”生长势稍强。圆果，绿底条纹稍窄，有蜡粉。瓜瓤红色，果肉脆嫩，口感好，甜度高，含糖量为12%以上。皮薄，耐裂性能比“京欣1号”有较大提高。抗枯萎病，耐炭疽病，单瓜重6~8千克。一般亩产 4 000千克左右。

栽培要点：

（1）适于保护地与露地早熟栽培。

（2）选择沙壤地块种植。由于“京欣 2 号”较抗枯萎病，故可连作 2 ~ 3 年或适当缩短轮作年限。底肥以有机肥为主，每亩可施鸡粪 2 500千克左右，复合肥 10 ~ 20 千克。

（3）每亩地定植株数为 750 株左右，株行距 60 厘米 × 150 厘米，单行地爬，三蔓整枝。育苗以营养钵育苗为最佳，三叶一心时定植。

（4）伸蔓期前后以肥水促秧为主。定植水要充足，浇团棵水时可每亩追施尿素 10 ~ 15 千克。授粉期间一般不宜浇水，土壤水分要适度，否则不利坐果，或果实发育缓慢，形成僵果或畸形果。授粉后 7 ~ 10 天，果实长到 10 厘米左右，要及时浇膨果水，并追施尿素 15 千克，复合肥 10 千克左右。

（5）“京欣 2 号”仍属脆瓤型品种，为提高其耐贮运性，膨果水不宜过晚，在果实发育期间保证土壤见湿见干，收获前 7 天要停止浇水。

适宜地区：

适合全国保护地栽培。

4. 早熟品种 – 京欣 3 号

品种来源：

北京市农林科学院蔬菜研究中心育成的品种。

品种特性：

早熟，果实发育期 28 天左右，全生育期 88 天左右。植株生长势中上，抗病性好。圆瓜，亮绿底覆盖规则墨绿色窄条纹，外形美观。单瓜重 5 ~ 7 千克，红瓤，中心可溶性固形物含量 12% 以上。肉质酥嫩，口感好，风味佳。2005 ~ 2007 年连续三届获得北京市大兴西瓜擂台赛综合瓜王奖第一名，具有小瓜的品质，大瓜的产量等优点。

适宜地区：

适合保护地早熟嫁接栽培。

5. 早熟耐裂品种－京欣4号

品种来源：

北京市农林科学院蔬菜研究中心育成的品种。

品种特性：

早熟、优质、耐裂、丰产新品种。果实发育期28天，全生育期90天左右。植株生长势强，抗病，坐瓜容易。果实圆形，绿底覆盖墨绿窄条纹，外形美观。单瓜重7～8千克，剖面均匀红肉，中心可溶性固形物含量12%。皮薄，耐裂，耐贮运，肉质脆嫩，口感佳。与“京欣1号”相比，耐裂性有较大提高，单瓜重大，糖度高，瓤色更红。

适宜地区：

适于早春小拱棚、露地和秋大棚栽培及远距离运输。

6. 中熟品种－中国台湾新1号

品种来源：

北京市农林科学院蔬菜研究中心育成。

品种特性：

中熟，生长势强，耐雨水，结果力较强果形较大，果实正球形，墨绿皮有深黑色狭条纹。全生育期95天左右，长势强壮，结果力强，果形大，单果重6～12千克，瓤色大红，肉质爽口，细腻多汁，中心糖度12度左右。高抗枯萎病及炭疽病，不易空心，耐贮运。是无籽西瓜系列中的优良品种。

适宜地区：

适合保护地及露地栽培。

7. 耐低温品种－华欣

品种来源：

北京市农林科学院蔬菜研究中心育成的优质大果京欣荣耀品种。

品种特性：

中熟丰产，抗病性好，果实正圆形，青绿底色，墨绿条带，细直亮丽，覆蜡粉，外观美丽诱人，皮瓤分明，果皮薄而稍硬，韧性极强，肉质细密酥甜，入口即化，口感极佳，回味悠长，小黑籽，转红快，果肉大红，含糖量极高，高温下不易倒瓤，畸形瓜少，商品率高，抗病性强，授粉后 28 ~ 32 天成熟，单果重 9 ~ 25 千克。瓜瓤大红色，口感好、甜度高，果实中心可溶性固形物含量为 12% 以上。特耐低温弱光，长势健旺，坐果容易，不易起棱空心，膨果速度极快，商品率高。是目前京研华欣系中，两个优质大果高产栽培荣誉经典京欣西瓜姊妹系品种。

适宜地区：

适宜早春大棚、小拱棚及露地高产栽培。

8. 早熟品种 –8424 西瓜

品种来源：

新疆农业科学院育成的品种。

品种特性：

早熟，开花后 28 天左右成熟。圆形果，浅绿皮，条纹绿色。表皮有霜。肉色粉红，皮薄，单瓜重 5 ~ 6 千克，中心糖度 12%，品质佳。

适宜地区：

适合保护地、露地栽培。

9. 耐贮运品种 – 超佳

品种来源：

北京市农林科学院蔬菜研究中心育成的品种。

品种特性：

8424 类型西瓜，单瓜重 7 千克左右，糖度高，品质好，早熟，瓜皮浅绿底，墨绿条，粉红肉、耐贮运，口感脆嫩，不易厚皮起棱空心。

适宜地区：

适宜保护地和露地栽培。

10. 耐低温品种－京蜜宝

品种来源：

北京市农林科学院蔬菜研究中心育成的品种。

品种特性：

墨麒麟类型西瓜，单瓜重6千克左右，高品质、口感脆，深桃花肉，皮薄抗裂，耐低温，易坐瓜。

适宜地区：

适宜保护地和露地栽培。

11. 无籽西瓜－新秀1号

品种来源：

广东省农业科学院蔬菜研究所育成的无籽西瓜一代杂交品种。

品种特性：

生长势强，分枝力强，始花节位8～7叶节，坐果节位17～18节。易坐果，单株结果1.28个，单果重5千克左右。果实近圆形，皮色墨绿暗花，肉色大红，品质好，可溶性固形物12%，中心糖高，白籽少，可食率55.96%。皮厚1.1厘米，薄而坚韧，耐贮运。中熟，果实成熟期35天，全生育期98天，露地栽培亩产2 500～3 000千克。

栽培要点：

（1）种子播种前须经破壳处理。

（2）合理密植，亩栽350～400株，需配植1/10的二倍体西瓜作授粉株。

适宜地区：

适宜保护地栽培以及长江以南各地春、秋栽培。

12. 纯黑皮无籽西瓜品种－黑晶

品种来源：

北京中农绿亨种子科技有限公司选育的杂交品种。

品种特性：

中晚熟无籽西瓜杂种一代。无籽性好，植株生长势强，第一雌花节位 12 ~ 13 节，果实发育期 34.6 天。果实高圆形，单瓜重 6.56 千克，果皮墨绿色，有蜡粉，皮厚 1.6 厘米，果皮硬。果肉红色，中心部含糖量 10.10%，边部含糖量 7.40%。果实商品率 98.70%。对西瓜枯萎病，苗期室内接种鉴定结果为感病。2010 年、2011 年北京市区域试验平均亩产量 4 011千克。

栽培要点：

磕籽催芽，出苗时及时去掉种壳。选择沙壤地块种植，每亩定植 500 株左右，施足底肥。双蔓或三蔓整枝，配置授粉株，人工辅助授粉，主蔓第三或第四朵雌花坐果，每株留 1 个瓜。采收前 10 天控制灌水，正常防治病虫害。

适宜地区：

适宜保护地栽培。

（二）小西瓜品种

13. 早熟品种 – 京秀

品种来源：

北京市农林科学院蔬菜研究中心育成的品种。

品种特性：

“早春红玉”类型。早熟，果实发育期 26 ~ 28 天，全生育期 85 ~ 90 天。生长势强，果实椭圆形，绿底色，锯齿形显窄条带，果实周整美观。单果重 1.5 ~ 2.0 千克，每亩产量 2 500 ~ 3 000 千克。果实剖面均一，无空心、白筋；果肉红色，肉质脆嫩，口感好，风味佳，少籽；中心可溶性固形物含量 13% 以上，糖度梯度小。曾获得第十四届北京大兴西瓜节西甜瓜擂台赛西瓜新品种奖，2001 年山东省昌乐西瓜品比会一等奖，2007 年北京市大兴西瓜擂台赛小型西瓜综合组第一名。

适宜地区：

适宜保护地种植。

14. 极早熟黄瓤品种 – 京阑

品种来源：

北京市农林科学院蔬菜研究中心育成的品种。

品种特性：

极早熟黄瓤小型西瓜杂种一代。果实发育期25天左右，前期低温弱光下生长快，极易坐果，适宜于保护地越冬和早春栽培。可同时座2～3个果，单瓜重2千克左右，皮极薄，皮厚3～4毫米。果皮翠绿覆盖细窄条，果瓤黄色鲜艳，酥脆爽口，入口即化，中心可溶性固形物含量12%以上，品质优良。

适宜地区：

适于保护地或搭架早熟栽培。

15. 极早熟小型品种 – 早春红玉

品种来源：

由日本引进的特早熟小型一代杂交品种。

品种特性：

杂交一代极早熟小型红瓤西瓜，春季种植5月收获，坐果后35天成熟，夏秋种植，9月收获，坐果后25天成熟。该品种外观为长椭圆形，绿底条纹清晰，植株长势稳健，果皮厚0.4～0.5厘米，瓤色鲜红肉质脆嫩爽口，中心糖度12.5以上，单瓜重2.0千克，保鲜时间长，商品性好。早春低温光下，雌花的形成，及着生性好，但开花后遇长时间低温多雨花粉发育不良，也存在坐果难，或瓜型变化等问题。

适宜地区：

保护地种植及我国长江流域等地露地种植。

16. 优质早熟品种 – 京颖

品种来源：

北京市农林科学院蔬菜研究中心育成的品种。

品种特性：

“早春红玉”类型。早熟，果实发育期26天，全生育期85天左右。植株生长势强，果实椭圆形，底色绿，锯齿条，果实周正美观。平均单果重2.0千克左右，一般亩产2 500～3 000千克。果肉红色，肉质脆嫩，口感好，糖度高，中心可溶性固形物含量高的可达15%以上，糖度梯度小。2010年获得第二十二届北京市大兴西甜瓜擂台赛小型组第一名。

适宜地区：

适宜保护地种植。

17. 耐裂品种－京美

品种来源：

北京市农林科学院蔬菜研究中心育成的品种。

品种特性：

最新育成小型西瓜新品种。其突出优点是：果实短椭圆形，底色光亮，蜡粉重，条纹漂亮，肉色正红均匀，籽少，口感脆，含糖量13%左右，皮薄，耐裂。产量高，易坐瓜，单瓜重3～4千克。

适宜地区：

适于保护地及露地早熟栽培。

18. 早熟品种－京铃

品种来源：

北京市农林科学院蔬菜研究中心育成的品种。

品种特性：

果实圆形，绿底色，覆盖墨绿条纹，果实周整美观。早熟，果实发育期26天左右，全生育期85天左右。植株生长势中等，易坐果，皮薄耐裂，无籽性能好。果实剖面均一，不易空心、白筋；果肉红色，口感脆爽；中心可溶性固形物含量12%～13%，糖度梯度小。单瓜重1.5～2.5千克，一株可结果2～3个。

适宜地区：

适于保护地或搭架早熟栽培。

19. 中早熟品种－中国台湾黑美人

品种来源：

从中国台湾引进的品种。

品种特性：

中早熟，生育强健，果实长椭圆形非常可爱，果皮黑绿色有不明显黑色斑纹，果皮薄而坚韧，耐搬运，不易空心，外观优美，果重常在3～4千克。肉色深红，肉质细嫩多汁，糖度常在13度左右，最高可达15度。尤其靠皮部品质与心部同样爽口甜美且糖度可达13度，且第二次所结之果实（瓜尾果）品质仍甚安定。适合嫁接栽培，高节位坐果不易变形，极耐贮运。

适宜地区：

适合早春保护地和夏、秋露地种植。

20. 极早熟小型高档西瓜品种－超越梦想

品种来源：

北京市农业技术推广站选育的品种。

品种特性：

极早熟小型高档西瓜品种，全生育期80天，成熟期26～28天，低温生长性好，果实椭圆形，条带细，外观美丽有光泽，极易坐果，果实整齐度好，单瓜重2～2.5千克，果肉大红色，肉质酥脆，皮薄且韧，不裂瓜，中心含糖量在14%左右，纤维少，风味极佳。

栽培要点：

（1）吊架栽培每亩可种1 100株，每株2果，亩产4 000千克左右。

（2）适宜日光温室，塑料大棚等保护地栽培，采用多层覆盖可提早收获，效果更佳。地爬，立架均可，施足底肥，膨瓜期加强肥水供应，以提高产量，采收前7天控水，提高品质。

适宜地区：

适宜日光温室，塑料大棚等保护地栽培，全国均可种植。

21. 极早熟高档小型西瓜－黄晶1号

品种来源：

北京市农业技术推广站选育的杂交品种。

品种特性：

杂交一代小型西瓜品种，田间生长势较强，第一雌花节位 7.65 节，果实发育期 33 天左右，易坐果，平均单瓜重 1.64 千克，果实短椭圆形，果形指数为 1.16，果皮黄色，覆深黄色条带，果实表面光滑，颜色均匀一致，红瓤，质地脆，口感较好，中心折光糖含量 10.23%，边糖 7.78%，果皮薄，果皮韧，耐运性好，果实商品率 96%，枯萎病苗期接种鉴定结果为中抗。亩产 3 000千克以上。

栽培要点：

（1）北京地区一般在 1 月底至 2 月初播种，温室育苗，嫁接栽培，苗龄 45 天左右，定植前去除叶柄不发黄的杂株，亩用种量约 70 克。

（2）大棚立架栽培，种植密度以每亩 1 300株为宜，三蔓整枝，及时打掉多余侧枝，提高光合作用效率。主蔓第三雌花或侧蔓第二雌花留果，人工辅助授粉，以提高坐瓜率，每株留 2 果。

（3）定植前施足底肥，灌足底水。每亩施优质腐熟农家肥 3 000千克，三元复合肥 100 千克，饼肥 100 千克，银灰色地膜覆盖。

（4）定植缓苗后，及时浇伸蔓水，开花坐果期前后控制水肥，待幼瓜长到馒头大小时，加强水肥管理，见干见湿，忌大水，以减少裂果。

（5）注意棚内通风，及时打药防病，去除病叶、老叶，提高植株自身抗性。

适宜地区：

适宜日光温室，塑料大棚等保护地栽培，全国均可种植。

22. 早熟杂交品种 -红小玉

品种来源：

湖南省瓜类研究所 1994 年从日本引入的品种。

品种特性：

早熟小型西瓜杂种一代，全生育期 88 天左右，果实生育期 28 天左右。植株生长势旺盛。抗性强，对炭疽病、疫病有较强的抗性，耐低温性较好。正常结果植株主蔓长 4.0 厘米左右，主蔓粗 0.8 厘米左右，茎近圆形。叶长 18 厘米，叶宽 14 厘米，叶色浓绿，双蔓第一雌花节位 5 ~ 7 节，以后每隔 4 ~ 5 节着生一雌花。坐果性好，主蔓、侧蔓、孙蔓均可坐果，可连续坐果。果实高球形，果型指数 1.1，单果重 2 千克左右，果形端正。果皮深绿色有 16 ~ 17 条细虎纹状条带。皮极薄，仅 0.3 厘米，果皮硬度强，较耐贮运。果肉浓桃红色，质脆沙、味甜，中心含糖量 11% 左右，口感风味佳。露地区试平均亩产 2 000千克，立架栽培可达 3 000千克。

栽培要点：

（1）选地、整地。选择土层深厚，排灌方便的土壤种植，亩施腐熟有机肥 2 000千克，并混施复合肥 40 千克，进行高畦地膜覆盖栽培，或大棚温室特早熟栽培和夏秋延后栽培。

（2）播种、育苗、定植。保护地特早熟栽培 2 月底至 3 月初播种，温床育苗，大苗定植，露地栽培 3 月中、下旬播种，冷床育苗，大苗移栽；夏秋延后栽培 7 月中、下旬至 8 月初播种，育苗定植或大田直播。

（3）栽培密度及整枝方式。爬地栽培以 600 ~ 800 株/亩为宜，二蔓至三蔓整枝，立架栽培以 1 000 ~ 1 200株/亩为宜，二蔓整枝。

（4）肥水管理。与大果型品种相比，在栽培上无论基肥或追肥都应减少氮肥施用量，尽量少施或不施氮肥。为了最大限度地提高肥效，应自始花期至收获早期逐渐增加追肥。

（5）立架与吊瓜。立架栽培瓜蔓长 50 厘米时引蔓上架，幼瓜拳头大小时吊瓜。

（6）留瓜与采收。一般一蔓选留一果，以九成熟时采收为宜。

适宜地区：

适宜北京地区露地和保护地栽培种植。

23. 早熟品种 – 黄小玉

品种来源：

湖南省瓜类研究所从日本引进，2001 年湖南省农作物品种审定委员会审定，北京市农作物品种审定委员会认可。

品种特性：

属早熟品种，露地栽培3月中下旬播种生育期82~87天，大棚温室栽培2月底至3月初播种为97~98天。植株生长势中等，对炭疽病和疫病有较强抗性。第一雌花节位5~7节，以后每隔4~5节着生一朵雌花，坐果性极好。果实高圆形，果形指数1.13，单果重2千克左右，果皮厚度0.3厘米，果皮翠绿色有虎纹状条带，果肉浓黄，中心可溶性固形物含量12.5%以上。1996—2001年在湖南省洞口、岳阳、长沙等地的区域试验和生产试验，产量为1 650~2 000千克。

栽培要点：

（1）选择土层深厚，排灌方便的土壤，亩施腐熟有机肥2 000千克，并混施复合肥40~50千克，进行高畦地膜覆盖栽培。

（2）南方地区保护地栽培2月底至3月初播种，温床育大苗移栽，露地栽培3月中下旬播种，冷床育大苗定植，夏秋栽培7月中旬至8月初与小苗移栽或大田直播。

（3）基肥和追肥尽可能少施或不施无机氮肥，增施有机肥，坐果后强调追施膨果肥，宜少量多次。

（4）地爬栽培以600~800株/亩为宜，三蔓整枝，立架栽培以1 000~1 200株/亩为宜，二蔓整枝。

（5）一般一蔓留一果，九成熟时采收。

适宜地区：

适宜在湖南省、北京市等地区种植。

24. 进口品种－墨童

品种来源：

荷兰先正达种子有限公司选育的杂交一代品种。

品种特性：

植株长势旺，分枝力强。第一雌花节位6节，雌花间隔节位6节。果实圆形，黑皮有规则浅棱沟，表面有蜡粉，外形独特美观，果肉鲜红，纤维少，汁多味甜，质细爽口。中心糖含量11.5%~12%，边延梯度小，无籽性好。皮厚0.8厘米，平均单果重2.0~

2.5千克。果实生育期25～30天，易坐果，果实商品率90%以上，耐贮运。抗逆性中等，适应性广。抗病毒病、枯萎病能力较强。亩产2 500千克左右。

适宜地区：

全国各地均可栽培。

25. 杂交品种－福运来

品种来源：

北京特种蔬菜种苗公司选育的杂交品种。

品种特性：

属小型西瓜杂种一代。植株生长势中等，第一雌花平均节位8.4，果实发育期33.4天。单瓜质量1.55千克，果实椭圆形，果型指数1.25，果皮绿色覆齿条，有蜡粉，皮厚0.6厘米，果皮较韧。果肉红色，中心折光糖含量11.8%，边糖含量9.9%，口感好。果实商品率97.6%。枯萎病苗期室内接种鉴定结果为中抗。亩产3 000千克以上。

适宜地区：

适宜北京市地区种植。

六、芹菜

（一）本芹品种

1. 农家品种－铁杆芹菜

品种来源：

石家庄、保定、承德等地栽培的农家品种，栽培历史悠久。

品种特性：

植株高大，叶色深绿，有光泽，叶柄绿色，实心或半实心，植株较直立，株高70～80厘米，叶色绿。叶柄浅绿，最大叶柄长60厘米。宽1.5厘米，厚1.0厘米，单株重0.25千克，亩产5 000千克左右。

适宜地区：

北京市周边地区栽培。

2. 耐热品种－津南实芹1号

品种来源：

该品种是天津市宏程芹菜研究所、天津市津南双港农科站经多年杂交选育，以耐热为主要目标定向育成的芹菜品种。2001年3月通过审定。

品种特性：

该品种根系发达，生长势强。叶为羽状复叶，面积较大，约0.85平方厘米，绿色，锯齿较大，叶柄长60厘米，宽1.4厘米。叶柄挺立，表面光滑。一般单株重0.5千克，高80～100厘米。白色小花，5枚花瓣。种子千粒重0.4克。品质鲜嫩，营养价值高，葡萄糖和维生素C的含量比其他品种高，粗纤维含量较低。丰产稳产。保护地栽培一般亩产5 000千克以上，最高可达15 000千克，较其他品种高10%以上。实心率高，叶柄实心率达95%以上。抽薹晚，保护地越冬种植在京津地区4月中旬开始抽薹。分枝少，在营养生长期分蘖一般在5%～10%。耐寒性好，四叶一心小苗，在京津地区可在不加草苫的大棚中定植越冬。定植缓苗后遇短时间－10～－6℃的低温，可恢复生长。抗逆性、适应性强，在发病年份，斑枯病发病率仅为6.7%，病情指数为1.7。

栽培要点：

（1）京津地区春夏种植2～3月保护地育苗，因三叶以后进入春化苗龄，10℃以下经过19天就能通过春化应注意苗期保温。4～5月定植，7～8月收获。

（2）苗期保水、保温，定植前放风锻炼培育壮苗。定植后防冻、防霜，适当浇水见湿见干，中耕除草。

（3）7～8月应适当加盖遮阳网防止暴晒和气温过高，并及时防治蚜虫、病毒病和斑枯病。夏季播种应在20℃左右的温度催芽。

适宜地区：

适于全国各地栽培，大棚、温室、露地、阳畦等不同栽培条件下种植，生长、发育均为良好。

3. 耐寒品种－津南实芹 2 号

品种来源：

天津市津南区宏程芹菜研究所选育的芹菜品种，又称津南冬芹。

品种特性：

耐寒性好，适宜生长温度 15～20℃。冬季生长根系发达，生长速度快，叶片浓绿肥厚耐寒性好，长时期较低温度生长糠心率很低，抽薹晚，分枝少。正常生长一般株高 90～100 厘米，单株重 0.5 千克左右，最适合冬季生产。经多年试种在许多地方夏季种植表现也很好，表现抗病、生长快、产量高，耐热性也很好。

栽培要点：

华北地区冬季生产 7 月育苗，9 月定植，12 月至翌年 2 月上市。亩产 5 000千克左右，经济效益很好。

适宜地区：

适于全国各地栽培，尤其适合冬季栽培。

4. 耐热品种－津南实芹 3 号

品种来源：

天津市宏程芹菜研究所、天津市津南双港农科站经多年杂交选育的品种。

品种特性：

该品种春夏种植，耐热性能好。比一般品种耐热性能高 2～3℃，较抗病毒病和腐烂病、生长势强、产量高、一般亩产 4 000千克以上。品质优、粗纤维少、维生素 C 含量高于意大利夏芹，抽薹比意大利夏芹晚 10 天左右。叶绿色、叶柄实心近圆形淡绿色，一般株高 90 厘米左右单株重 0.3～0.5 千克，最适宜春夏季栽培。经几年各地试种在保护地种植表现也很好。

适宜地区：

适宜于全国各地栽培，大棚、温室、露地、阳畦等不同栽培条件下种植，生长、发育均为良好。

5. 香芹品种－细香芹菜

品种来源：

北京市特种蔬菜种苗公司育成的品种。

品种特性：

柄细长，包括紫茎、绿茎两个类型。紫茎类型叶柄微紫；绿茎类型叶柄为全绿色。株高45～50厘米，耐热、抗病、生长快，定植后50天左右带根采收，捆成小把上市。香辛味浓。

栽培要点：

（1）适于夏秋季露地栽培，适宜种植期为5月上旬至12月上旬，直播、育苗均可。

（2）高温多雨季节育苗要搭阴棚遮阴防雨，忌重茬地种植。

（3）用种量直播100～120克/亩，育苗50克/亩，定植行距15～20厘米、株距10厘米。

（4）生长期勤浇水，勤松土，当株高45～50厘米时采收。

适宜地区：

全国各地露地和保护地均可栽培。

（二）西芹品种

6. 进口品种－文图拉

品种来源：

由美国引进的西芹品种。

品种特性：

早熟，定植后70～75天收获，植株高大，生长旺盛，株高80厘米左右，叶偏大，叶色绿。叶柄绿白色，叶柄抱合紧凑，宽2～3厘米，叶柄8片左右，腹沟浅，浅绿色，光泽好，纤维少，叶缘深裂，株型紧凑；品质脆嫩，纤维级少，抗枯萎病，冬性强，耐抽薹，抗病性好，商品性佳。对缺硼症抗性较强，单株重1千克左右，亩产7 500千克以上。

栽培要点：

适合秋季大棚，秋冬季改良阳畦，冬季温室栽培，6 月中下旬至 9 月上中旬播种育苗，播种量 30 ~ 50 克，苗龄 60 ~ 70 天，株行距 25 厘米 ×25 厘米。栽培最适宜温度 20°C 左右。

适宜地区：

适于保护地，春秋露地栽培。

7. 法国早熟品种 – 皇后

品种来源：

由法国 Tezier 公司选育的超级西芹品种。

品种特性：

法国超级西芹品种，中早熟，定植后 70 ~ 75 天收获，耐低温，抗病性强，色泽淡黄，有光泽，不空心，纤维少，商品性好，高产，株形紧凑，径宽厚沟槽较浅，横截面为半圆状，基部宽度为 4 ~ 5 厘米，株高 80 ~ 90 厘米，叶柄长 30 ~ 35 厘米，单株重 500 ~ 1 000克，株重 1 ~ 1.5 千克。耐低温，抗病性强，抗枯萎病，对缺硼症抗性较强，亩产 10 000 千克左右，当属保护地及露地首选品种。

栽培要点：

（1）浸种催芽是保证全苗旺苗的关键，种子发芽适温 15 ~ 20℃。

（2）大棵栽培每亩定植 3 000 ~ 5 000 株，株行距 35 厘米 ×45 厘米；中棵栽培每亩定植 15 000 ~ 20 000 株，株行距 18 厘米 ×20 厘米；小棵栽培每亩定植 35 000 ~ 40 000 株，株行距 12 厘米 ×15 厘米。

（3）掌握好施肥时间、施肥量及氮、磷、钾比例，注意植株不能缺少钙硼、铁、镁、锌等微肥。

（4）及时防治叶枯病、斑枯病、蚜虫等病虫害。

适宜地区：

保护地及露地首选品种。

8. 杂交品种－双港西芹

品种来源：

天津市宏程芹菜研究所用美国西芹（文图拉）与津南实芹杂交后选育的西芹品种。

品种特性：

叶片较小，叶缘尖齿形，正常生长条件叶柄实心，浅绿色，一般单株高70厘米，单株重0.5～1.5千克。生长速度快，高产，抗病，适应性强，种植范围广。抽薹晚，分枝少，粗纤维少，品质优，商品性好。亩产高达五千千克以上。

栽培要点：

（1）催芽适宜15～20℃，生长适宜温度18～25℃。

（2）华北地区冬季栽培7～8月育苗，苗龄60～70天，定植后60～90天收获，密植栽培株行距10厘米×20厘米，单株重0.5千克左右。稀植栽培需移植培育壮苗，定植株行距30厘米×30厘米，单株重1.5千克左右。

（3）株高70厘米应及时收获，否则宜出现株高生长不整齐和外叶糠心现象。全国各地因栽培条件不同，请试种后推广。

适宜地区：

适宜全国各地栽培。

七、西葫芦

1. 中早熟耐寒品种－京葫36

品种来源：

北京市农林科学院蔬菜中心育成的品种。

品种特性：

中早熟。耐寒，根系发达，长势强。株型合理，透光性好，光合效率高。低温弱光下连续结瓜能力强。雌花多，膨瓜快，采收期长，每亩产量高达15 000千克。瓜长23～25厘米，直径6～7厘米，商品瓜油亮翠绿，长棒形，粗细均匀，光泽度好，商品性佳。

适宜地区：

适合北方冬季日光温室种植。

2. 中早熟品种－京葫33

品种来源：

北京市农林科学院蔬菜中心育成的品种。

品种特性：

中早熟。植株长势强，极耐寒，根系发达，茎秆粗壮。低温弱光条件下连续坐瓜能力强。瓜码密，膨瓜快，采收期长，产量高。商品瓜翠绿色，瓜长22～24厘米，直径6～7厘米，长柱形，瓜条粗细均匀，光泽度好。耐贮耐运，货架期长。

适宜地区：

适合北方冬季日光温室种植。

3. 中早熟品种－京葫12号

品种来源：

北京市农林科学院蔬菜中心育成的品种。

品种特性：

中早熟品种，长势强劲，株形半开展。耐寒及耐低温弱光性好。连续结瓜能力强，产量高。瓜为浅绿细花纹，长筒形，长22～25厘米，直径粗5～6厘米。光泽亮丽，商品性好。

适宜地区：

适合北方早春及秋延后大棚，南方冬、春露地种植。

4. 偏早熟抗寒品种－冬玉

品种来源：

从法国引进的越冬型专用品种。

品种特性：

植株直立丛生，长势旺，属中偏早熟品种。播种后40天左右可采2～3个0.2千克重的嫩瓜，结瓜性能好，前期结瓜多，瓜码密，每叶一瓜，平均单株连续坐果达30个以上。瓜条生长迅速，采收期长，可达 200 天以上，一般每亩产量可达 7 000千克。嫩瓜条长且匀称，长棒形，浅黄绿色微带棱，瓜皮表面光亮润泽鲜嫩，商品性极佳，肉质细嫩微甜，口感好。

该品种抗寒性好，温室内气温在 5℃时能正常结瓜，在日光温室内地膜覆盖下可抗拒外界短期 -15℃低温。即使遇特殊低温而部分受冻，温度回升根系便迅速恢复生长，日光温室内可周年生长。前期耐热抗病毒，深冬长势强劲，后期不早衰，6 月末可正常生长。

适宜地区：

适于各类保护地及露地早熟栽培。

5. 早熟杂交品种 - 京葫 1 号

品种来源：

北京市农林科学院蔬菜研究中心选育的一代杂交品种。

品种特性：

在早春小拱棚和冬春温室种植表现出早熟、雌花多、易坐瓜、膨瓜速度快、耐贮运等特点。叶片大、厚，茎粗壮，生长势强，春季第 1 雌花着生在第 4 ~ 5 节，雌花节率 75% 以上。瓜条长筒状，商品瓜长 25 厘米，单瓜重 200 ~ 400 克。瓜皮浅绿色，覆网纹，有光泽。果肉淡黄绿色、质脆、味清香，畸形瓜少。对枯萎病抗性强，较耐白粉病。一般亩产 8 000千克左右。

栽培要点：

（1）播种和定植前用硫黄或敌敌畏和百菌清烟剂对棚室进行杀菌和杀虫处理，可有效预防灰霉病、白粉病和蚜虫、粉虱、潜叶蝇等病虫害。

（2）华北地区日光温室越冬栽培，一般 9 月下旬至 10 月上旬播种，11 月上旬定植。日光温室冬春茬早熟栽培，一般 12 月下旬播种，翌年 1 月下旬定植。每亩栽 1 600株。

（3）定植前施足充分腐熟的有机肥作底肥。做高 20 厘米、宽 120 厘米的栽培畦，中间开灌水沟。定植后中耕 2 ~ 3 次，然后覆盖地膜，浇水采取膜下暗灌的方式，避免大水漫灌。12 月至翌年 1 月减少浇水次数。

（4）冬季雄花开放少，需人工辅助授粉或用2,4-D蘸花，促进坐果。春季温度回升后，充分供应肥水，注意通风排湿。

（5）加强对蚜虫、潜叶蝇和白粉虱的防治。阴雨天到来之前，用百菌清等烟剂熏棚1次，每隔7～10天熏棚或喷药1次防治白粉病和灰霉病。药剂可以用多菌灵、百菌清、杀毒矾等广谱性杀菌剂。需要注意的是温度回升后，2,4-D的浓度也要适当降低，以免发生药害。

适宜地区：

适合华北地区早春小拱棚和日光温室越冬栽培。

6. 极早熟杂交品种－京葫3号

品种来源：

北京市农林科学院蔬菜中心育成的杂交一代品种。

品种特性：

植株为矮生型，主蔓结瓜为主。一般在第5～6节开始结瓜，瓜码密，几乎节节有瓜。瓜形长柱形，瓜皮白绿色，光泽度好，果形均匀一致。播种后33～35天采商品瓜，是极早熟品种。本品种抗寒、耐弱光性强，在低温弱光下连续结瓜能力强。一般每亩产量可达6 000～7 000千克。前期产量高。

栽培要点：

（1）施足底肥，地膜覆盖，高垄栽培。

（2）建议日光温室栽培时，黄河流域及华北地区9月25日到10月10日播种，培育壮苗，1.5片真叶时定植，亩植1 700株。

（3）本品种一般雌花开放早，没有雄花开放以前，需在开花当天上午进行2,4-D蘸花，辅助坐瓜。

（4）开始结瓜后，追肥浇水不可缺少，以补充连续坐瓜对营养成分的需要。注意及时采摘嫩瓜，防止坠秧，抢早上市。

适宜地区：

适于各类保护地及露地早熟栽培。

7. 早熟短蔓型品种－玉女

品种来源：

甘肃省农业科学院科技开发公司选育的品种。

品种特性：

早熟短蔓型，植株长势中等，茎直立，节间短，很少发生侧蔓，主蔓结瓜，连续结瓜性强，第一雌花着生于主蔓第五至第七节，平均每1.3节出现1朵雌花，节成性好。果实长棒形，嫩果淡绿色，长18～20厘米，横径5～7厘米，雌花开花后7～10天，即在播种后40天左右即可采收上市。

栽培要点：

由于前期雌花密度大，几乎节节有瓜，所以栽培中应加强水肥管理，若水肥管理水平较低易发生坠秧、化瓜。该西葫芦属早熟高产类型，耐病毒病。

适宜地区：

适宜春季露地及春秋温室、塑料大棚种植。

8. 早熟杂交品种－早青一代

品种来源：

山西省农科院蔬菜所育成的一代杂交品种。

品种特性：

植株矮生，节间短，侧枝多，叶片小，叶柄较短，株型紧凑，生长整齐一致，适宜密植。结瓜性能好，多从5叶开始出现雌花，以后每节或隔1～2节又生雌花。一般播种后50天左右可收第一条瓜，可同时结2～3个瓜，单瓜重1～1.5千克。如果采收0.25千克以上的嫩瓜，单株可收7～8个。瓜呈长筒形，嫩果浅绿色，老瓜黄绿色，有细密的绿色网纹和少量白色斑点。播种后45天就可采收0.25克左右的嫩瓜。瓜肉乳白色，肉厚，品质佳。耐寒性强，较抗病毒病，每亩产量6 000千克左右。该品种早熟，耐低温、弱光能力强，在保护地栽培，无徒长现象。

栽培要点：

（1）该品种叶片小，叶柄短，适宜密植，行距60厘米，株距

50 厘米，亩种植 2 200株，

（2）施足底肥，开始结瓜后，追肥浇水不可缺。

（3）该品种有先开雌花的习性，未经授粉的雌花坐瓜不强，可用浓度 50% 的 2,4-D 生长刺激素在开花当天上午沾花，否则等有雌花时才能坐瓜。

适宜地区：

适合早春保护地栽培。

9. 早熟香蕉型品种－韩国黄香蕉

品种来源：

从韩国引进的品种。

品种特性：

早熟，直立型生长，果皮为金黄色，表皮光滑，色泽艳丽。果长 25 厘米，果径 4～4.5 厘米，单瓜重 250～400 克。果形均匀一致，呈棒状，雌花多，连续坐果，株平均坐果 13 个以上。

栽培要点：

（1）精心整地，施足基肥。亩施农家肥 5 000千克，磷酸二铵或其他复合肥 30 千克，尿素 20 千克，起成高垄，垄宽 60 厘米，沟宽 60 厘米，地膜覆盖，膜下灌水。

（2）定植密度。株行距 60 厘米 ×60 厘米。

（3）生长调节剂点花。早期低温时需用果霉清、西葫芦坐果灵等点花。点法为用毛笔蘸取配好的药液，顺幼瓜长画一道，以提高坐果率，防病促长。

（4）蔬花疏果，及时采收。由于该品种连续坐果性强，雌花较多，1 次结 10 多个瓜，故要及时采收大瓜，同时，要疏去一部分小瓜和畸形瓜、病瓜、化瓜等，保证所留瓜条的商品性。

（5）及时浇水和施肥。每隔 6 天浇水 1 次，隔 1 水施 1 次肥，亩施氮、磷、钾复合肥 20 千克左右，同时，注意叶面喷肥，可用 0.2% 磷酸二氢钾 +1% 尿素液、绿旺 1 号或其他叶面肥喷洒。

（6）及时防治病虫害。西葫芦的主要病虫害是灰霉病、白粉病和蚜虫，注意调节棚内温湿度，控制病虫害发生。若已发病虫，可用腐霉利、粉锈宁和吡虫啉、抗蚜威等防治。

适宜地区：

适合北方冬春保护地种植。

10. 中早熟抗病品种－京葫5号

品种来源：

北京市农林科学院蔬菜中心育成的品种。

品种特性：

中早熟，长势稳健，株型好，抗病性强。雌花率高，膨瓜快，易坐瓜，产量高。果实棒槌形，瓜长20～22厘米，直径粗6～7厘米，翠绿色，光泽好，耐贮运。

适宜地区：

适合北方早春拱棚、高海拔冷凉露地和南方露地栽培。

11. 早熟品种－京葫8号

品种来源：

北京市农林科学院蔬菜中心育成的品种。

品种特性：

早熟，长势中，株形好。耐低温弱光。坐瓜能力极强，产量高。翠绿细纹，长筒形，长22～24厘米，直径粗5～6厘米。光泽好，商品性佳。

适宜地区：

适合南方冬、春露地，北方早春大棚、秋延露地及日光温室种植。

12. 早熟杂交品种－绿宝石

品种来源：

中国农业科学院蔬菜花卉研究所育成的品种。

品种特性：

早熟一代杂种，矮秧型，直立，生长势较强。果实长棒状，长20～22厘米，直径粗7～8厘米，单果重200～500克。瓜型长棒形，果皮深绿色，果肉白色，品质脆嫩，营养丰富，胡萝卜素及铁的含量高于一般西葫芦品种。第一雌花节位 6 ~ 7 节，节成性高。主蔓结瓜，侧蔓稀少。早熟，喜肥、喜光、喜温，抗病性及抗逆性较强，能较好地适应低温、弱光环境。在病毒病较轻的地区，亦可进行秋季栽培。一般在花谢 7 天后即可采收 150 克以上的嫩瓜供应市场，2 ~ 3 天采收 1 次，结瓜盛期几乎可每天采收。田间调查，对病害抵抗能力强于对照早青一代，病毒病、白粉病的发病率相对较低；在日光温室中，由菌核病引起的烂瓜率亦较低。产量 5 000 千克/亩。

栽培要点：

（1）育苗移栽，当苗龄 25 ~ 35 天、幼苗具 5 ~ 6 片真叶时定植。

（2）塑料中、小棚或露地春季栽培，行距 60 ~ 70 厘米、株距 40 ~ 50 厘米；保护地长季节栽培，行距 90 ~ 100 厘米、株距 40 ~ 50 厘米。

（3）定植后浇水，覆盖地膜。

（4）花期需进行人工辅助授粉。

（5）在果实开始膨大和膨大后均要进行追肥。

（6）要及时采收，以免大瓜赘秧而影响植株上部瓜的生长。

（7）注意加强对白粉病灰霉病、褐腐病、病毒病及蚜虫、白粉虱等病虫害的防治。

适宜地区：

适宜在北京地区、华北及长江以南的喜食深皮色的消费区，以及作为特菜种植的大、中城市的郊区栽培。

13. 长瓜大棵品种 - 法拉力

品种来源：

法国 Tezier 公司最新培育的长瓜大棵品种。

品种特性：

植株长势旺盛，茎秆粗壮，叶片大而肥厚，耐低温弱光性好，带瓜力强，瓜长 26 ~ 28 厘米，直径粗 6 ~ 8 厘米。单瓜重 300 ~ 400 克，瓜条大，瓜型稳定，膨大快，耐存放，瓜皮光滑细腻，油亮翠绿，商品性好；春节后返秧快，产量高，抗逆性，抗白粉病好；单株收瓜可达 35 个以上，亩产 15 000千克，效益明显高于同类品种。

适宜地区：

适宜在华北等地区设施及露地栽培。

14. 法国优质品种－恺撒

品种来源：

法国 Tezier 公司培育的原装进口品种。

品种特性：

植株长势旺盛，茎秆粗壮，叶片大而厚，带瓜力强，瓜长 22～24 厘米，直径粗 6～8 厘米，单瓜重 300～400 克，瓜色翠绿，商品性极好；产量高，抗逆、抗白粉病好，单株收瓜可达 35 个以上，亩产 15 000千克，一年四季均可栽培。

栽培要点：

恺撒前期要轻控秧，瓜秧 10～11 片叶时不留瓜，头瓜宜疏去或早收，拉开留瓜距离，保留 2～3 厘米的节间长度，5～6 条瓜后进入正常管理。

适宜地区：

适应性广，适宜在全国大多数地区设施及露地栽培。

八、菜花

（一）青花菜（西兰花）品种

1. 中熟杂交品种－碧杉青

品种来源：

北京市农林科学院蔬菜研究中心育成的杂交品种。

品种特性：

中熟一代杂交种，定植后 60 天收获，为主、侧花球兼收型。生长势强，株高 48～49 厘米，开展度 74～75 厘米，植株半直立，侧枝较多，叶色深绿，最大叶长 58 厘米、宽 24 厘米。花球紧密，无小叶，花蕾小，浓绿，主花茎空洞少，主花球重 250 ~ 450 克。质地嫩脆，产量、品质与进口品种相当，商品性好。春保护地品种区试无病害发生。

栽培要点：

（1）育苗。2 月播种，温室育苗，1 ~ 2 叶时分苗，苗期温度控制在 12 ~ 20℃为宜，幼苗定植标准 4 ~ 5 叶，苗龄 40 ~ 50 天，定植前 7 ~ 10 天练苗。

（2）定植。于 3 月定植，株行距 50 厘米 × 50 厘米，密度 2 600株/亩左右。

（3）田间管理。定植后 7 天浇一次水，以后每隔 10 天浇一水，并追施少量的氮、磷肥，少量多次，不蹲苗或蹲苗一次，使植株营养生长旺盛，否则早现花球，影响产量。现花球时再追施一次肥，以促花球生长。主花球收获后追施一次肥，以促侧花球生长。保护地种植，定植后随着外界气温的升高，逐渐加大通风量，延长通风时间，花球生长期温度控制在 20 ~ 25℃。

（4）收获。必须适时采收，收获晚了易散花球、枯蕾，失去其商品价值；收获过早产量受到影响。收获适期：花球紧密，球横径 12 ~ 16 厘米。

适宜地区：

华北地区适宜春季栽培，华中、华南地区适宜秋冬季栽培。

2. 进口中早熟品种 – 绿岭

品种来源：

从日本引进的杂交优良品种。

品种特性：

中早熟品种，生长势强，植株较大，侧枝生长量中等，花球紧密而大，绿色，品质好，生育期 100 ~ 105 天。每亩种植 2 500株左右，株行距 45 厘米 ×（50 ~ 60）厘米，主花球亩产量 700 ~ 1 000 千克。

适宜地区：

适应性广，耐寒，可春、秋季露地栽培和冬季早春保护地栽培。

3. 进口早熟品种－优秀

品种来源：

从日本引进的优秀西兰花品种。

品种特性：

早熟品种，播种后90～95天可以收获。大型圆球，花球重350～400克，花蕾粒小。植株的形态稍微直立，大小适中，侧枝少。栽培适应性广，适宜栽培密度为2 300～2 500株/亩。

适宜地区：

露地春播和夏播及保护地种植。

4. 进口早熟品种－绿鼎

品种来源：

从日本引进的早熟品种。

品种特性：

杂交一代品种，早熟，定植后65天收获，耐热耐寒。比一般的西兰花品种早熟10天，植株叶片紧凑，适宜密植，具有生长迅速、早熟的特点。花球呈圆蘑菇形，形状优美，花蕾细密、坚实，深绿色。单花球重350～400克。是目前西兰花品种中最具突破性、最优良的品种。

栽培要点：

适播期北京地区1月下旬至3月中旬，建议育苗移栽，亩定植密度2 300～2 500株，施足底肥，结实期灌水充分均匀，肥料供应充足。

适宜地区：

适合春保护地栽培。

5. 进口早熟品种－里绿

品种来源：

从日本引进的早熟品种。

品种特性：

早熟品种，抗病力及耐热性很强，但耐寒力较差，适于春、秋季、晚春、早夏露地栽培。其植株较高，叶片开展度较小，侧枝发生能力弱，以采收主花球为主。花球紧密整齐，深绿色，生育期90天，定植后55～60天采收。每亩种植3 500株，株行距为40厘米×50厘米，亩产量约1 000千克。

适宜地区：

适合春保护地及适于春、秋季、晚春、早夏露地栽培。

（二）花椰菜（白菜花）品种

6. 极早熟杂交品种－津雪88

品种来源：

天津市农业科学院蔬菜研究所育成的一代杂交品种。

品种特性：

春、秋两用型品种，株高80～85厘米，开展度75～80厘米，株型紧凑，适合密植。叶片灰绿色，叶面蜡粉多，内叶向内包合。花球半圆形、雪白、紧实。极早熟，春季栽培从定植至收获45～50天，单球重1.2千克。抗芜菁花叶病毒病、黑腐病。一般产量为3 000千克/亩。

栽培要点：

（1）秋季栽培6月底至7月初播种育苗，苗龄30天。7月底选择地势较高、排水通畅的肥沃园田定植，定植前施足底肥。各地播种和定植日期，可参照当地70～80天中晚熟秋菜花。

（2）定植株、行距各50厘米，栽植密度2 600株/亩。

（3）因播种期正值高温多雨季节，苗期应注意防雨防虫，苗床要见干湿，幼苗具6～7片叶时选阴天或傍晚定植，浇缓苗水后应进行多次中耕、适度蹲苗，当植株心叶拧转时浇水施肥，直至收获。

（4）部分地区可春季栽培。春季栽培在温室播种育苗，苗龄50天左右，不能过长，定植后要大水大肥促其生长，忌蹲苗，因强大的营养体是优质丰产的关键。

适宜地区：

全国各地均可进行秋季栽培，华北平原及黄河以南地区可进行春季栽培。

7. 春菜花专用早熟杂交品种 – 日本赛雪

品种来源：

从日本引进的杂交品种。

品种特性：

日本进口，春菜花专用早熟杂交一代，定植后 65 天成熟，花球高圆形，花粒致密紧实，雪白鲜嫩，平均花球重 1.5 千克，株型整齐，适应性好，抗病力强，产量高。

适宜地区：

适宜春季种植。

8. 早熟品种 – 法国雪丽雅

品种来源：

从法国引进的优秀杂交品种。

品种特性：

早熟、并且成熟一致，纯度高，采收集中。产量和品种优于目前市场上的主推品种。叶色深绿，花球高圆形，颜色洁白，结球紧密，单球重 1.5 ~ 2 千克，内叶遮覆花球，使花球深坐在叶丛中，可免受阳光直射和农药的污染；美观整齐，肉质细腻，味甜脆，保持极高的品品质和商品价值，耐贮运。

栽培要点：

（1）春播一般定植 60 ~ 65 天收获，秋播定植后 80 ~ 90 天收获。

（2）黄河以北地区不适宜秋播。建议亩栽 2 200 ~ 2 800株，植株生长旺盛，适应性广。直立性好，可适当密植。

（3）各地宜参照当地气温和栽培习惯选择播期。

适宜地区：

适宜全国大多数地区春季种植，黄河以北地区不宜秋播。

9. 秋晚熟品种－津品 70

品种来源：

天津科润农业科技股份有限公司蔬菜研究所育成的晚熟品种。

品种特性：

秋晚熟品种，成熟期 85 天左右，株型紧凑，内叶叠抱护球，株高 80 厘米，开展度 70 厘米，叶色深绿，花球紧实、洁白，单球重 1.5～1.6 千克，抗病毒病及黑腐病。

栽培要点：

（1）6 月底至 7 月初为播种适期。培育壮苗是获得丰产的关键。

（2）秋花椰菜的播种育苗时期正处于高温多雨季节，因此，育苗时期应注意防雨，出苗后应及时浇水，防止苗床干旱，促进幼苗生长。

（3）当幼苗长到 20～25 天、4～5 片真叶时要及时定植，每亩 2 300～2 600株为宜。

（4）定植前施足基肥，定植后施定植肥，定植后无雨情况下 4～5 天浇一水。雨季做好防雨工作。

（5）当花球充分长大还未松散时，适时采收，确保丰产增收。

适宜地区：

适宜华北秋晚熟露地栽培种植。

九、生菜

（一）散叶生菜品种

1. 美国大速生

品种来源：

从美国进口的散叶品种。

品种特性：

植株生长紧密。散叶型，叶片多皱，倒卵形，叶缘波状，叶色嫩绿。生长速度快，生育期45天左右，品质甜脆，无纤维，不易抽薹。抗叶灼病，适应性光，耐寒性强，可在12～25℃下正常生长，以15～20℃为最适；可周年生产，品质脆嫩，无纤维，不易抽薹，无病虫害，生长期间，不需打药，单株重250～300克，最大有400克。是春冬保护地栽培及露地生产的理想品种。

栽培要点：

在春季露地栽培和冬，春保护地内栽培，一般采用育苗移栽，苗龄20～30天，5～7片叶定植，育苗期间也可移苗一次；定植时，苗令大小无严格限制。田间管理要做到肥水不缺，一促到底，防止土壤干旱，以免提早抽薹。秋季栽培生菜也可直播，先密后稀，随植株长大间苗采收，定苗后20～30天收获成株；也可多次劈叶采收。

适宜地区：

适宜全国各地栽培。

2. 奶油生菜新品种－芳妮

品种来源：

由法国引进并改良的奶油生菜新品种。

品种特性：

中早熟，全生育期60天左右。生长均匀一致，株高25～30厘米，叶簇生，叶片近圆形，叶色亮绿，多皱缩，叶缘波状，叶形圆正美观，温度越高，褶皱越深。食味爽脆。单株重300～400克，品质佳，耐热性好，耐顶烧病，抗抽薹性较强，商品性极佳。适应春秋季节和夏季冷凉地区种植，亩产可达2 000千克以上。该品种可兼用水培和土法两种栽培方式。

适宜地区：

适应露地和保护地栽培。

3. 抗病夏季专用品种－辛普森－精英

品种来源：

美国圣尼斯公司（Seminis）培育的散叶生菜品种。

品种特性：

散叶生菜，极耐热，晚抽薹，播种后55天左右可收获。中早熟，生长均匀一致，株高25厘米，开展度27厘米，叶近圆形，黄绿色，叶缘微波状，叶面折皱，心叶包合，叶色亮绿，叶形美观。头部叶片展开形成卷叶，有饰边皱叶。食味爽脆，品质佳，商品性好。特别适合夏季种植，其饰边皱叶随气温变化较大：温度越高，皱褶越深；温度越低，叶片越平展，皱褶越浅。叶质软滑，生食、熟食均宜，单株重0.2～0.3千克，亩产2 000～2 500千克。

栽培要点：

春、夏、秋、冬四季均可种植。苗期30天，株行距20厘米×25厘米。

适宜地区：

适应露地和保护地栽培。

（二）结球生菜品种

4. 中熟品种－射手101

品种来源：

北京圣华德丰公司自意大利引进的结球生菜优良品种。

品种特性：

优良的结球生菜品种。中熟，全生育期85天左右，叶片中绿色，叶较大，外叶多，可剥性强，叶缘略有缺刻，有叶泡，叶球圆形，顶部较平，结球整齐，单球重可达700克以上。质地脆嫩，口感鲜嫩清香，苦中带甜。耐烧心，烧边，品质好，抗热，耐抽薹。抗病性强，适应季节和种植范围相当广泛，亩产可达3 000千克以上。

适宜地区：

适应冷凉地夏季种植以及冬季保护地种植。

5. 早熟品种－玉湖

品种来源：

由日本引进的中早熟结球生菜品种。

品种特性：

早熟品种，全生育期在 80 天左右。叶片中绿色，外叶中等，叶缘缺刻较浅，叶球中等大小，结球稳定，单球重在 600～800 克，球形整齐一致。抗热、抗抽薹性突出，耐病性强，适宜种植范围广泛，亩产量在 3 000千克左右。

栽培要点：

适宜春秋露地及保护地栽培，也可做越夏栽培品种，苗期 30 天左右，定植株行距 40 厘米 ×30 厘米。每亩播种量 20～25 克。

适宜地区：

适宜春秋露地及保护地栽培。

6. 中熟抗病品种－特丽丝

品种来源：

从国外引进的结球生菜中熟品种。

品种特性：

中熟结球生菜品种，生长势强，叶片暗绿色，外叶较大，叶片厚。叶球大，结球紧实而且球形整齐，单株重可达 700～800 克，亩产量可达 3 000～4 000 千克。生育期 85 天左右。适应性、抗病性均较强，尤其对叶片顶端灼烧病有较强抗性，是晚春早夏露地收获和冷凉地区夏季栽培收获的首选种植品种。

适宜地区：

适应冬季保护地以及晚春早夏露地收获和冷凉地区夏季栽培。

7. 耐低温品种－维纳斯

品种来源：

北京鼎丰现代农业公司自澳大利亚引进的结球生菜早熟品种。

品种特性：

中早熟，定植到收获 50 天左右，叶片深绿色，叶缘缺刻少，叶球圆形，整齐度高，球大，单球重 600 克，外叶少，耐烧边，低温下生长迅速，抗病性强，在北京地区可从 10 月初一直播到 11 月初，适合在清明前上市的优良结球生菜品种，此品种为耐低温品种，不耐高温，故不宜播种太晚，播种太晚容易抽薹。

适宜地区：

适合保护地和露地种植。

8. 抗热品种－绿蕾

品种来源：

从国外引进的结球生菜品种。

品种特性：

优良结球生菜新品种。中早熟，全生育期 85 天左右。叶片中绿色，外叶较大，叶缘略有缺刻。叶球圆形，顶部较平，结球稳定整齐，单球重 700 克左右。耐烧心、烧边，品质好，抗热，抗病性较强，适应季节和种植范围相当广泛，亩产量可达 3 000千克以上。

适宜地区：

适应性强，适合全国各地栽培。

9. 中熟耐热品种－铁人

品种来源：

澳洲进口的生菜品种。

品种特性：

结球生菜品种，中熟，全生育期 82 天；叶片绿色偏深，叶缘有中等缺刻；结球稳定、紧实一致；单球重 700 克左右，产量高；耐雨水和炎热气候，耐烧心烧边。

栽培要点：

温暖季节均可种植，特别适合夏季陆地种植和春秋保护地栽培。合理密植，建议株行距 35 厘米 ×35 厘米。高温条件下播种需注意对种子进行低温催芽处理，并注意苗期采用降温措施。足施底肥，成熟中期适当控水。

适宜地区：

适合保护地和露地种植。

10. 中熟品种－皇家 101

品种来源：

从国外引进的结球生菜品种。

品种特性：

中早熟结球生菜，品质优良，植株生长速度，结球紧实，产量高。株形整齐，生长势强，耐运输。叶片深绿色，抗病性强，耐抽薹。

适宜地区：

适合保护地和露地种植。

十、甘蓝

1. 春甘 2 号

品种来源：

北京市农林科学院蔬菜研究中心育成的早熟甘蓝杂交品种。

品种特性：

早熟，从定植到收获 50 天左右，株型半开展，外叶数较少，约 13 片，绿色，叶面蜡粉少，叶缘有轻波纹，无缺刻。叶球绿色、紧实、圆球形，球高 14.6 厘米、横径 14.1 厘米，单球重 1 千克左右，质地脆嫩，不易裂球，冬性较强，耐先期抽薹。每亩产量 3 900千克左右，适于华北、西北、东北地区春季种植。

栽培要点：

华北地区春季露地栽培，1 月上中旬温室或改良阳畦播种育苗，2 月中下旬分苗，3 月下旬定植。定植前深翻土地，施足有机肥，每亩定植 4 500株，5 月中下旬收获上市。东北、西北一季作地区 2 月播种，3 月分苗，4 月中下旬定植，6~7 月收获上市。华北地区秋季露地栽培，7 月下旬至 8 月初播种，8 月中下旬分苗，9 月中旬定植，10 月下旬收获上市。或作为秋延后大棚，越冬温室栽培。

适宜地区：

适应性强，华北地区春季露地栽培及河北、北京等地春、秋季大棚、日光温室栽培。

2. 春甘3号

品种来源：

北京市农林科学院蔬菜研究中心育成的早熟甘蓝一代杂种。

品种特性：

早熟品种，定植后50~55天收获，单球重1.2kg左右，圆球形，品质好、冬性强，质地脆嫩，不易裂球，冬性较强，耐未熟先期抽薹，适于北方春季种植。每亩产量3 900~4 200千克。

栽培要点：

华北地区春季露地栽培，1月上中旬温室或改良阳畦播种育苗，2月中下旬分苗，3月下旬定植。定植前深翻土地，施足有机肥，每亩定植4 500株，5月中下旬收获上市。东北、西北一季作地区，2月播种，3月分苗，4月中下旬定植，6~7月收获上市。华北地区秋季露地栽培，7月下旬至8月初播种，8月中下旬分苗，9月中旬定植，10月下旬收获上市。或作为秋延后大棚，越冬温室栽培。

适宜地区：

适应性强，华北地区春季露地栽培及河北省、北京市等地春、秋季大棚、日光温室栽培。

3. 中甘21

品种来源：

中国农业科学院蔬菜花卉研究所。

品种特性：

该品种为早熟一代杂种，叶球圆球形，紧实度高，耐裂球，品质优。植株开展度约为52厘米，外叶色绿，叶面蜡粉少，叶球紧实，叶球外观美观，圆球形，叶质脆嫩，品质优，球内中心柱长约6.0厘米，定植到收获约50天，单球重1.0~1.5千克，亩产约4 000千克。抗逆性强，耐裂球，不易未熟抽薹。

栽培要点：

（1）春季栽培。华北地区春露地栽培一般1月中下旬在温室育苗，2 月中下旬分苗。苗床应控制温度，防止幼苗生长过旺、过大，造成幼苗通过“春化”的条件，而发生未熟抽薹。用种量 50 克/亩。

定植时间不可过早，一般在 3 月底 4 月初定植露地，亩栽植 4 500株。定植时幼苗以 6 ~7 片叶为宜；定植后采取两次 5 ~7 天小蹲苗，以控制苗子前期生长过旺。蹲苗后苗子开始包心时注意追肥，3 ~4 水后即可收获上市。

（2）秋季栽培。长江中下游及华南部分地区的秋露地栽培一般在 7 月底到 8 月上中旬播种，8 月底至 9 月上中旬定植。育苗过程中要注意遮阴、防雨、降温，并及时防虫等管理。株行距为 50 厘米 ×50 厘米，移栽 3 000 ~3 500株/亩即可，过密则影响产量。定植成活后适当浇水，以促进生长。甘蓝移栽活棵后，可适当蹲苗，促进根系发育，到第三次追肥前后，适量浇水，保持土壤湿润，这时是甘蓝产量形成的关键时期，冬季成熟即可上市。

适宜地区：

栽培要点主要适于我国华北、东北、西北及云南地区作露地早熟春甘蓝种植，华北、西北高海拔冷凉地区也可越夏栽培，长江中下游及华南部分地区也可在秋季播种，冬季收获上市。适宜在我国华北、东北、西北地区及西南地区的云南等地作早熟春甘蓝栽培。

第二部分　栽培技术

一、西葫芦栽培技术

（一）西葫芦日光温室育苗与栽培技术

育苗

苗土应选择未种过瓜类蔬菜的无病土壤，一般用土6份、肥3份、腐熟农家肥1份混匀，反复翻倒晾晒，使之充分熟化，于播前20～30天按每亩2 500～3 000个的数量将纸钵做好。密排于育苗畦内。播种一般在2月下旬至3月上旬进行，每亩用种350克。

播前先将种子用50～55℃的温水浸泡6～8小时，捞出后再用1%高锰酸钾溶液浸泡20～30分钟，然后将种子冲洗干净，稍晾后用干净湿布包好，在25～30℃、保温的条件下催芽，经2～3天。播时先将苗土浇透，每钵播2粒种子，胚根朝下，覆土1厘米，再覆细沙0.5厘米，以利出苗。如采用温室育苗，播后应保持昼夜室温25～30℃、地温15℃以上，当出苗达到70%以上后，要开始放风降温。白天保持25℃左右，夜晚13～14℃，当子叶展开至第一片真叶展开，白天保持20～25℃，夜晚10～13℃，从第一片真叶展开到定植前10天白天保持25℃左右，夜晚不得低于10℃，以促进壮苗。

定植前7～10天，逐渐加大通风量，降温炼苗，定植前2～3天，还要适度降低夜温。如采用阳畦方块育苗，应在整平畦面、浇透底水的基础上，按苗距10厘米见方划块，将催芽种子播于方块中央，覆土后覆盖薄膜和草帘，以防寒保温。草帘早揭晚盖，并经常清除薄膜表面尘土，以增加光照和畦温。从播种到出苗，控制温度白天为25～28℃，夜晚12～15℃。

定植

3月下旬至4月上旬为定植适期。定植前首先施肥，每亩施农家肥3 500千克以上。然后整地做成平畦，畦宽1.2～1.4米，长8～10米。定植时每畦栽苗2行，呈三角形定植。

定植后管理

一是通风调温。缓苗后先将小拱棚避风一侧打开通风，保持昼温20～25℃，夜温15℃以上。以后随气温升高，逐渐加大通风量，昼夜将小拱棚两端打开通风，保持适温。当月平均气温稳定在20℃左右时，可选择晴好天气拆除小棚。

二是肥水管理。从秧苗心叶见长后到根瓜坐住前，应控制浇水，促根发育。当秧苗长至5～6片真叶时，可在株旁挖穴，每亩追施人粪尿1 000千克，之后覆土浇水。根瓜长至6～10厘米时，随水追人粪尿1次，促瓜膨大。根瓜采收期，每隔5～6天浇水追肥一次，盛瓜期每3～4天浇水追肥1次。

三是沾花防化。西葫芦雌花比雄花出现得早，而且雄花的早期花粉量小，一旦开花，就要用25～30毫克/千克的2,4-D或40～50毫克/千克的防落素及时点花，防止化瓜。这时要适当提高温度，白天保持在25℃左右，夜间12～14℃。待雄花花粉较充足时，再接取雄花直接授粉，直到有大量昆虫传粉时为止。

四是适时采收。西葫芦开花后10天，即可采收250克左右的嫩瓜。根瓜要适时早收，以防坠秧，一般在沾花后10～12天、单瓜质量0.5～1千克时收获为宜。

（二）西葫芦大棚育苗及栽培技术

育苗

（1）育苗适期。播种最适宜时期，决定于当地的气候条件。西葫芦幼苗期为 30～35 天，4～5 片真叶，定植后必须保障地温在 11℃，夜间气温在 0℃以上。

（2）浸种催芽。亩用种量 600～700 克，先用 40% 盐水剔除瘪种和病毒种子，反复搓洗去种皮上的黏液。放入 60℃温水浸泡 10 分钟，再用 30℃温水浸泡 4 小时，捞出晾干种皮。用湿布包起在 30℃处催芽，待芽长到 0.3 厘米左右即可播种。

（3）纸杯营养土。用腐熟的马粪 1.5 份，牛粪 1 份，锯末或炉灰渣 1.5 份，田土 1 份混匀后，每吨再加入尿素 0.5 千克，过磷酸钙 10 千克，草木灰 10 千克。将旧报纸做成高 8～10 厘米，直径 8～10 厘米圆杯状，装上营养土高矮一致排列于温室苗床上。将杯间隙填满土，浇透水分，把种子放在杯中央，覆 1 厘米厚细土并封严纸杯边缘盖膜。

（4）苗期管理。

①温度管理：温度在 25～32℃时 3～4 天即可出全苗。从子叶展开后到一片真叶展开时，应降温至 18～25℃以防高脚苗。从第一片真叶展开后到定植前 10 天，又要提高温度至 22～25℃加快生长，促发生根。定植前 1～7 天开始通风，白天保持 15～22℃，夜间 1～8℃移位蹲苗炼苗以适应大棚温度。

②壮苗规格：苗龄 30 天左右，5 叶 1 心，苗高约 25 厘米，叶片黑绿而厚，初显雄花，根密集色白。

定植

（1）定植适期。西葫芦的安全定植期是地温在 11℃以上，夜间气温在 0℃以上。

（2）土壤准备。秋季深翻熟化土壤，亩施圈肥 5 000千克，深翻 30 厘米左右耙平。待起垄时每亩施腐熟马、羊粪肥 1 000千克，过磷酸钙 10～20 千克。定植前 25 天扣棚烤地增温，使冻土尽快解冻。

（3）定植方法。

①起垄：起垄能加厚热土层，土质疏松，营养集中，利于排水灌水。采用南北向行距 70～80 厘米，行内起垄高 12～15 厘米，株距以 50 厘米为宜，亩保苗 2 000～2 100株。

②移栽：选择晴天上午进行，造好底墒，挖穴浇水，除去杯纸，按前密后稀原则适当深栽，切忌灌水过多烂根毁苗。栽后及时覆膜可有效防止病毒病和白粉病发生。可用刀片冲苗心沿定植垄方向在膜上划一长 10 厘米小口，将苗轻拉出地膜后用细土封严刀口。

定植后管理

温度白天保持 25℃左右，夜间 15℃上下，要防止 0℃以下低温危害。覆盖二层膜的大棚须每天早揭晚盖，以利受光。地膜覆盖要控水锄地，促根发秧。

结瓜期的管理

①结瓜前期：20 ~ 25 天，根系发育壮大，植株粗矮结实。及早摘除雄花，雌花。开花时，用 20 ~ 30 毫克/千克 2,4-D，或 30 ~ 40 毫克/千克防落素蘸花，提高坐果率。花谢后 7 ~ 8 天，根瓜膨大期结合浇水，亩施磷酸二铵 15 ~ 20 千克，以水溶液方式由膜下随水灌入，3 ~ 4 天后即可收掉根瓜，以免影响第二、第三个瓜生长。

②结瓜盛期：此间灌水施肥很重要，雌花多，若养分失调很易化瓜。白天应尽量保持较长的 28 ~ 32℃适温，促瓜迅速生长，避免瓜秧疯长或畸形瓜。一般每 10 天随水亩施氮肥 5 ~ 7 千克、硫酸钾 7.5 千克。待植株长到 8 片叶时，及时吊蔓，以利通风透光，随时摘除侧芽、老叶减少遮蔽，正常的瓜在花后 10 ~ 12 天，单瓜重量 300 克左右即可收获。

③结瓜后期：每株收获 15 ~ 20 个瓜后，瓜秧衰弱，容易发生虫害，提前拉秧晒地，准备下茬。

（三）西葫芦大棚双层覆盖栽培技术

育苗

适播期为 2 月上旬，在闲置的大棚内加小拱棚进行育苗。把农家肥、土过筛后与适量硫酸钾复合肥混合均匀装入营养钵摆在苗床里，然后浇足底水，把晒过或催好芽的种子平摆在钵内，覆土 1.5 ~ 2 厘米。最后扣上小拱棚，晚上小拱棚上盖草苫保温以利出苗。出苗后及时揭开小拱棚膜通风防止徒长。白天温度保持在20～30℃，夜晚不低于8℃。

定植

在幼苗长到3叶1心时可定植。因为西葫芦植株大缓苗慢，所以，可选在阴天或晴天下午移栽。如晴天移栽，移栽后要及时盖草苫或其它东西遮阴以利缓苗。由于夜间温度较低，定植好后及时扎好内小拱棚并覆膜，夜间加盖草苫保温以利其生长。晴天早晨及时揭开覆膜及草苫保证植株得到充分的光照。阴天可根据棚内温度揭盖草苫及覆膜让植株见光。缓苗期间，棚内应保持25～30℃，夜间15～18℃；缓苗后，适当降温，白天25℃左右，夜间10℃左右。以后随天气变暖加大通风量。夜间温度10℃以上时拆去内拱棚。随风降温，使用无滴膜，定植时覆盖地膜，采取膜下滴灌，都可以有效降低棚内湿度，防止病害发生。

定植后管理

（1）肥水管理。西葫芦是喜肥水蔬菜，定植前施足底肥，开沟起垄，按行距60厘米、株距50厘米定植。定植前浇透水，控水到开花坐果；待第一瓜坐住后，浇一水，以后的水分管理按“浇瓜不浇花”的原则进行；结瓜盛期需水量大，结合浇水冲施硫酸钾复合肥每亩30千克。期间也可用豆饼腐熟的浸出液进行追肥。根外追肥效果快，且简单易行。可喷施磷酸二氢钾、尿素、叶面宝等。

（2）植株调整及人工授粉。西葫芦生长中期，由于外界气温升高，植株生长较快，茎蔓匍匐在地上，为充分接受光照，应及时摘除病残、老叶及侧芽、卷须，还可防病并减少养分消耗，也可采取吊蔓方式增加光照。为提高坐瓜率，可使用20～30毫克/千克的2,4-D溶液，每天上午8:00～9:00时涂在雌花柱头或进行人工授粉。

（四）冬春茬西葫芦日光温室栽培技术

育苗

（1）浸种催芽。55℃温水浸种15分钟，再用20～30℃温水浸种4~5小时，搓洗后用清水漂净、晾干，后用湿纱布包起，置于25~30℃处催芽，芽长0.2~0.4厘米时播种。

（2）适期播种。冬春茬西葫芦十月中下旬播种为宜，按每亩用种200~300克，播于营养钵或纸袋中，用细土填埋袋间空隙。

（3）苗期管理。

①播后苗床保持白天25~30℃，夜间18~20℃，地温15℃以上，一般3~4天出苗。

②当80%种子出土后，开始通风，保持白天20~25℃，夜间10~13℃，促进幼苗粗壮，防止幼苗徒长。

③定植前10天逐渐加大通风量，延长放风时间，降温炼苗，最低可降至5℃。

④苗期宜控水，不旱不浇，以免降低地温，浇后应加强放风。

⑤为抑制幼苗徒长，可在苗床北侧张挂反光幕，增加光照强度。

定植

（1）整地施肥。每亩施腐熟农家肥5 000~6 000千克，并增施过磷酸钙50千克或磷酸二铵20千克。其中，70%撒施深翻，30%沟施。采用大小行栽植法，大行距70厘米，小行距50厘米，小行上合垄，垄高10~12厘米，双空间距20厘米。

（2）扣膜烤地。定植前15~20天覆盖温室薄膜，密闭烤地。若墒情不足，定植前8~10天开沟灌透水，注意通风散湿。定植前一周铺好地膜。

（3）合理定植。壮苗约于11月中旬定植，按株距50厘米，采用坐水稳苗法在地膜上打孔定植；按株距50~60厘米在地膜上打孔，浇透底水，待水渗后将切好的苗坨放入孔穴，覆盖疏松干细土。

定植后管理

（1）温度调控。

①缓苗：幼苗定植后3~5天，以保温为主。定植当日应早盖草帘，提高夜温，缓苗前白天保持25~30℃，夜间16~20℃，地

温 16℃以上。

②缓苗后适当降温，防止徒长。超过 25℃放风，温度降至 20℃闭风，降至 15℃盖草帘，持续 3～4 天。

③炼苗后适当提高温度，白天保持 24～26℃，夜间 12～14℃、草帘子要早揭、晚盖，尽量增加光照时间。

④深冬季节应覆盖双层草帘子，雨雪天气，室内气温不再继续下降时应揭开，大风雪天气不宜揭帘子，但中午短时揭开或随揭随盖。连续阴天转晴，应先揭开底脚，再全揭开。

⑤翌年春天气温回升，可逐渐加大通风量，保持适温管理。

（2）浇水追肥。定植后新叶长出时喷一次“83 增抗剂”，预防病毒病，缓苗后每亩冲施磷酸二铵 20 千克，浇水后适当蹲苗，直到根瓜长达 10 厘米时，第 2 次浇水追肥。浇水时要选 3 天以上连续晴天，并顺小沟膜下浇水，次日通风排湿。结瓜盛期约 7 天浇水一次，追肥隔一次清水追一次，于 12 月中旬至 1 月份喷施两次光合微肥及 1～2 次叶面追肥。

（3）促花保瓜。

①在后墙张挂反光幕，提高光照强度，促进开花结瓜。

②冬春茬西葫芦授粉困难，极易落花落果，雌花开放当天 6:00～8:00，人工辅助授粉。并于 9:00前后，采用 20～30 毫克/千克 2,4-D 涂抹花梗，注意茎叶勿沾药液。也可用 30～40 毫克/千克防落素喷花，安全可靠，省工省力。

③加强植株调整，茎蔓顺南北向畦朝南引蔓，保证瓜秧方向一致。及时去除老黄叶片，打掉侧蔓，适时落蔓，防止化瓜。

（五）西葫芦夏秋纱网覆盖栽培技术

育苗

（1）翻地起垄。前茬收获完毕后，及时清除枯枝落叶及杂草，然后用小型旋耕机深翻 2 遍。翻后最好晾晒 1 周左右，最后耙平土地。起垄前每亩施优质腐熟厩肥 4～5 吨、磷酸二铵 20～30 千克，其中 2/3 撒施，撒完后再浅翻一遍，其余 1/3 作垄时条施于垄下。

垄间距1.2～1.4米，垄高20～30厘米，耙成龟背形，然后覆盖90厘米宽的地膜，将膜贴紧垄背压紧铺平，既保墒又不利杂草生长。有滴灌条件的提前将滴灌带铺于膜下。

（2）铺设纱网。一般选用20～22目的白色或银灰色纱网覆盖在大棚或温室的棚架上，其上再覆一层黑色遮阳网，四周用砖块或土袋压实封严，最后用压膜线拉紧固定。

（3）种子催芽。将西葫芦种子装入纱网袋中，放入3倍于种子体积的55～60℃的温水中不停搅拌，直至水温降到30℃，再浸泡4～6小时。捞出后放入1%高锰酸钾液浸泡30分钟，而后将种子洗净。将处理过的种子用透气的湿毛巾包裹放入30℃左右催芽箱中催芽，每天淘洗一遍。一般2～3天约70%种子露白即可播种。

定植

（1）点种。一般多在7月下旬到8月初，每垄点双行，将露白的种子按三角形点种，隔埯点双粒。待第一片真叶展平时定苗，每亩保苗2 300株左右。

（2）乙烯利液诱雌。第一次在2叶1心时喷施100毫克/升，第二次在3叶1心时喷施150毫克/升。

（3）撤网及扣棚。到8月中旬，要及时撤去遮阳网，以防徒长，只留防虫网。一般在8月底9月初撤去防虫网，扣棚膜，进行保温防寒，注意放风调节棚内气温。

定植后管理

（1）采收前管理。苗期管理重点是以控为主，降低气温和地温，减弱光强，不浇水或少浇水，雌花现蕾后个别品种需及时打杈，保持主蔓结瓜。

（2）采收期管理。

①温度：及时放风，避免出现高温伤害，结果中后期保持白天24～25℃，夜间12～15℃，通过覆盖草帘或棉被达到提高夜温的目的。

②水肥：幼瓜坐稳后，随水追施尿素3～4次及追硫酸钾，或

含钾量较高的冲施肥，每次每亩 5 千克左右，同时，叶面喷施 0.3% 磷酸二氢钾液，喷 2 ~ 3 次。到结瓜后期，外界气温低，放风减少，棚内湿度增高，浇水间隔期延长，一次浇足水，同时沟内铺 3 ~ 5 厘米厚麦秆或茅草。

③授粉及吊蔓：当雌花开放时，由于没有昆虫传粉，于开花当日清晨采摘刚开放的雄花去掉花瓣，将花粉轻轻涂抹于雌花柱头上，或用毛笔蘸取 30 毫升的 2,4-D 液涂抹于瓜柄。授粉后 7 ~ 10 天即可采摘嫩果，此时，西葫芦叶面积及株幅都较大，而且栽培密度高，叶片相互遮阴，采用吊蔓栽培的方式，既能提高光合效率，又能增加果实色泽，果皮光亮，商品性高。在生长中后期，打去下部老叶、病叶，保持主蔓结瓜。

（六）西葫芦大棚秋延迟栽培技术

育苗

（1）播种期。秋延迟西葫芦一般 8 月底至 9 月初播种。由于秋延迟栽培温度渐低，光照差，易早衰，宜采用嫁接法栽培。一般采用靠接法，西葫芦播种 2 ~ 3 天后，再播种黑籽南瓜。

（2）浸种催芽。南瓜种、西葫芦种的浸种催芽方法相同。先用清水漂去成熟度较差的种子，再把种子倒入 55℃ 的水中，不断搅拌，当水温降至 30℃ 时，再浸泡 4 ~ 6 小时，用清水冲洗干净，沥去明水，用纱布包好，放在 25 ~ 30℃ 环境中催芽。

（3）苗床准备。8 月底阴雨天多，苗床应选择地势高、能浇能排、疏松、肥沃的土壤。近年来，未种过瓜类蔬菜的地块，提前 10 天施入熟化鸡粪，每平方米苗床 10 千克，并用多菌灵（按说明用药）进行土壤灭菌，翻整好后，做成 1.2 米宽的畦。

（4）播种。按 5 ~ 8 厘米株行距离播西葫芦种子，覆土 1.5 厘米厚，3 天后用同样方法播黑籽南瓜种子。播后为防止畦面干燥及雨水冲淋而影响出苗，插小拱棚覆盖薄膜，但温度要控制在 25 ~ 28℃，高于 28℃ 要及时放风，待 70% 出苗后，可以撤去薄膜，防止徒长。

（5）嫁接与管理。西葫芦第一片子叶微展为嫁接适期。挖出砧木苗子，剔除砧木生长点，在砧木子叶下 0.5～1 厘米处用刀片沿 45°角向下削一刀，深达胚轴的 2/5～1/2 处，长约 1 厘米。然后取接穗（西葫芦）在子叶下 1.5 厘米处，用刀片 45°角向上削切，深达胚轴的 1/2～2/3，长度与砧木相等，将砧木和接穗的接口相吻合，夹上嫁接夹，栽到做好的苗床上，边栽边浇水，并同时插拱棚覆膜，盖上草帘，遮阳 3～4 天，逐渐撤去草帘，10 天后切断西葫芦接口下的胚根，伤口愈合后，加大通风量炼苗，苗子 3 叶 1 心到 4 叶 1 心为定植适期。

定植

（1）施肥、整地、做畦。选择近年来未种过瓜类蔬菜，土壤肥沃疏松的地块，建造大棚，每亩施入腐熟鸡粪 4 000～5 000 千克，磷酸二氢铵 25 千克，N、P、K 复合肥 15 千克，尿素 15 千克，深翻 15 厘米，耙碎土块，做成高 15～20 厘米、宽 70 厘米的垄，垄顶中间做 8～12 厘米深的浇水沟。

（2）定植。暗水定植，每垄双行，株距 50 厘米，每亩栽植 2 200株。

定植后管理

（1）温度管理。定植后温度维持在 25～30℃，以利缓苗，超过 30℃时及时放风，缓苗后温度控制在 20～25℃，防止秧苗徒长。随着外界温度逐渐降低，气温在 12～15℃时，夜间要加盖草帘，但要早揭晚盖延长光照时间，第一雌花开放前，温度 22～25℃，根瓜坐住后，温度 22～28℃，促进果实生长发育。中后期往往有寒流并伴随雨雪，要注意保温。

（2）水分管理。定植缓苗浇一次缓苗水，第一雌花开放结果前控制浇水；如果十分干旱，可浇跑马水，防止秧苗疯长。第一瓜坐住后可浇大水。前期要及时通风排湿，中后期虽然气温低，晴天中午也要放风排湿。

（3）肥料。定植缓苗后，根据苗子长相施一次肥，亩施 10～

15 千克磷酸二氢铵 10 千克，中后期浇水会增加棚内湿度，造成病害流行，可选晴天中午，隔 5 ~ 7 天喷 0.2% 磷酸二氢钾和 0.2% 尿素混合液 2 ~ 3 次。通风量减少的时候，可揭去不透明覆盖物，进行二氧化碳施肥。

（4）生长调节剂使用及植株调整。

①雌花开放的 8:00 ~ 10:00 用 15 ~ 30 毫克/千克的 2,4-D 涂花柄及花柱，以利坐瓜。

②第一批瓜收获后，吊蔓并及时抹去侧蔓，如果侧蔓已着嫩瓜，可打去顶芽保持 2 ~ 3 片叶，随着下部叶片的老化，及时疏老叶。

（七）日光温室秋冬茬西葫芦育苗栽培技术

育苗

（1）必须做好种子处理。播种前将精选的种子在太阳下晒两天，然后放在 62℃的热水中浸种 10 分钟，降温至 30℃后，用 500 倍的多菌灵药液浸泡种子 30 分钟，冲洗干净后放在 30℃水中漫泡 4 小时，然后放在 28 ~ 30℃处催芽，2 天左右 50% 种子胚根伸出即可播种。

（2）育苗期遮阳遮雨防虫害。育苗期在 9 月份，此时温度还很高，时有秋雨，故育苗要采用遮阳法并且覆盖塑料薄膜防雨。育苗有两种形式：一种是在日光温室覆盖的薄膜外，加盖一层 50% 遮阳率的遮阳网；另一种是露地搭小拱棚，上盖遮阳网，雨前搭塑料薄膜防雨。育苗期间一定要避免雨淋和曝晒，并每隔 20 天左右，喷一次 0.2% 磷酸二氢钾，0.1% 尿素和 1 000倍的 40% 氧化乐果混合液，可有效保证壮苗无病毒感染。

定植

高畦地膜防早衰。秋冬茬西葫芦一定要采用高畦覆盖地膜栽培，这样可以提高后期地温，防止浇水后空气湿度过大。有利于预防灰霉病的发生并提高根系活力，延缓植株衰老。采用底宽 1 米、上宽80厘米、高10～15厘米的小高畦，上覆110厘米宽的地膜，每畦双行，定植株行距50厘米×60厘米。

定植后管理

（1）疏花保果不可少。西葫芦开花后一定要进行蘸花保果。每天早9:00～10:00露水干后用20～30毫克/千克的2,4-D涂抹雌花柱头，疏掉多余的雌花和畸形带病的小瓜，可采用隔节留瓜的方式进行疏果。

（2）底肥施足追肥要勤。西葫芦喜肥水，基肥一定要施足，一般每亩施农家肥5 000千克以上，过磷酸钙100千克，磷酸二氢钾10千克，磷酸二铵40千克，混合后2/3普施，1/3集中施入定植沟内。追肥要勤，追肥方法两种：一种是滴灌，采用可溶性好的肥料，如冲施肥、硝酸钾等肥料，结合灌水进行施肥；另一种，结合浇水，采取膜下暗灌进行施肥。整个生育期追多次催果肥。第一次在60%～70%根瓜坐住重量约在0.25千克以上，随水冲施硝铵10千克，采收根瓜后第二次追肥量为第一次的1.5倍。以后再间隔追第三、第四次肥，进入12月以后15天追一次肥。尽量控制浇水，加强保温防寒工作。

（3）根瓜早摘促控秧。秋冬茬西葫芦到生长后期温度转低，进入12月以后夜间温度有时会降到5℃以下，对西葫芦的生长影响很大，因此，尽量促其快速生长。提高前期产量，使产瓜高峰集中在11月中旬。12月中旬，当根瓜长到350～400克时要及时摘掉，以后每个瓜控制在750克以下就要摘掉，以促进瓜秧生长。

（八）越冬茬日光温室西葫芦栽培技术

育苗

要使西葫芦在春节前上市，须在10月上旬播种，并进行嫁接。砧木选用云南黑籽南瓜，接穗选用山西早青一代或山东小白皮西葫芦，采用操作较简便的靠接法嫁接。关键要掌握播种时间，即西葫芦与催芽后的南瓜子同一天播种，如果南瓜子没催芽，西葫芦应比南瓜晚播种两天。每亩用西葫芦种 0.25 千克、黑籽南瓜种 2.5 千克。具体操作方法同黄瓜靠接法。

定植

当西葫芦 3～4 片叶时开始定植，定植前施足底肥，平整好土地，按宽各 100 厘米，60 厘米的大小行，起高约 10 厘米的高垄，按株距 55 厘米座水定植，小垄覆盖 1.1～1.3 米宽的地膜，以后浇水仅浇小垄，采取膜下暗灌法，以便于控制室内湿度，提高室内温度。

定植后管理

（1）吊蔓：对嫁接后的西葫芦进行立体栽培。于西葫芦 8～10 片叶时，用绳状物系于瓜秧基部，绳的上端系于棚架的专用铁丝上。当瓜蔓爬到棚顶后，清除下部老叶，松开渔网线或塑料绳，使瓜蔓下盘，瓜龙头继续上爬，使结瓜后期仍能保持较好的生长空间。吊蔓比不吊蔓明显增产，且发病轻。吊蔓时期早的比晚的增产幅度大，如吊蔓太迟，顶尖变细、叶片翻卷，吊蔓后 5～7 天不能正常生长，增产率随之降低。

（2）提高坐果率和疏果相结合。结瓜初期正值深冬季节，为保持温度温室内很少放风。为提高坐果率，生产上常用 2,4-D 25～30 毫克/千克或防落素 20～30 毫克/千克喷花或涂花柄，在喷花蕊时，可在激素中对入 0.1% 速克灵同时防治灰霉病。结瓜初期（1～2 月份）植株长势尚弱，根系还不很发达，又处于温度低、光照差的时期，为提高结瓜率，可适当进行疏花疏果，每株每次留 1～2 个瓜形好的瓜，其余的去掉，待上一个瓜采收后用同样的方法选留下一个瓜，至 3 月份植株长势增强，温光条件好转后，可视植株长势免去人工疏果，一株上可同时留几个瓜。

（3）肥水温度管理。瓜秧 5～6 片叶时开始蹲苗，幼瓜长到 10 厘米长时，每亩施 15 千克尿素、4 千克磷酸二氢钾，3 月后加施麻渣酱 50 千克。浇水采用小垄膜下暗灌法，只浇小垄。天气变暖后，每隔 3～4 天浇 1 次水，6～8 天追 1 次肥，可用碳氨。顺水追施，天气转暖后随放风口的增大其需水量也增大，可大小行都浇。在温度管理上白天尽量保持在 20 ~ 22℃，夜间不低于 12℃，最高温度不超过 25℃。

（九）大棚早春西葫芦 - 越夏白菜 - 秋延芹菜一年三熟高效栽培技术

早春西葫芦

（1）整地施肥。结合深翻施足基肥，一般每亩施腐熟的有机肥 7 000 ~ 8 000千克，磷酸二铵 40 千克，硫酸钾 10 千克，有机肥均匀撒施，深翻 2 ~ 3 遍，耙耱、整平、做垄，做垄时二铵、硫酸钾混合后均匀集中施入垄下，垄宽（畦宽）120 厘米，水沟 50 厘米，灌透水待播。定植前 10 天左右垄面覆盖地膜，插拱扣棚，烤地升温。

（2）培育壮苗。选择低矮紧凑、早熟高产的抗病品种，如碧波、法国冬玉、纤手、双丰特早等。于 1 月中下旬在日光温室或阳畦加拱棚覆盖的方法育苗，播后棚温保持 25 ~ 30℃，以利出苗。出苗后棚温以白天 20 ~ 25℃，夜间 12 ~ 15℃ 为宜，至定植前适当控制水分，低温蹲苗，增强抗性，以利壮苗。

（3）合理密植。待幼苗 3 ~ 4 片真叶时，选晴好天气定植，此时外界气温较低，定植时不宜灌大水，可采用垄顶打穴、灌水、摆苗、围土、封口的五步定植法，株距 50 厘米，每亩留苗 1 500 株左右。

（4）田间管理。定植后逐穴灌足定植水，棚内温度保持白天 25 ~ 30℃，夜间 18 ~ 20℃，空气相对湿度维持在 80% 左右，促根缓苗。缓苗后通风降温，白天保持 20 ~ 25℃，夜间 12 ~ 15℃，防止徒长。坐瓜前不旱不浇水，坐瓜后适当提高棚温，白天 25 ~ 28℃，夜间 15 ~ 18℃，满足秧果同时生长的需求，结果期小水勤浇，保持土壤见干见湿，每 15 天追肥 1 次，每亩施磷酸二铵 25 千克、尿素 15 千克。开花期棚内无传粉昆虫，需进行人工授粉。若无雄花出现或因温度过低影响授粉受精时，可用 25 ~ 35 毫克/千克的2,4-D加入0.10%～0.20%的50%速克灵点花。5月上旬外界气温稳定时揭去棚膜。西葫芦开花后8天左右，提早采收嫩瓜上市，以促进幼瓜生长，提高产量。

越夏大白菜

(1) 遮阳育苗：选择耐热性强、抗病、净菜率高、品质细嫩、外叶少、高产、生育期短、结球紧实的白菜品种，如春秋王、四季王等，于5月下旬用营养钵育苗。播后覆盖遮阳网，勤洒水，及时防治蚜虫，经20天左右，幼苗5～6片真叶时即可移栽。

(2) 移栽定植：6月上中旬西葫芦拔秧清园后，及时整地、耙平，按行距50厘米，株距40厘米画线挖穴，穴施磷酸二铵20克，覆土，选阴天或晴天傍晚带土移栽，每亩栽苗3 300株为宜。

(3) 水肥管理：夏白菜生育期短，全生育期约70天，水肥管理应一促到底，定植后浇水1～2次，以利缓苗。生长期间要小水勤浇，降低地温，保持土壤潮湿。缓苗后每亩穴施尿素20千克，莲座期、结球初期随水追施尿素20～25千克。

(4) 适时采收：越夏白菜收获期不严格，定植后40天左右，叶球基本形成时，即可依据市场需求采收上市，以取得较高经济效益。

秋延芹菜

(1) 播种育苗。选用综合性状好、植株较大、叶柄肥厚、生长势强、抗逆性好、纤维少、品质佳的品种，如美国四季西芹、文图拉等。于6月中下旬覆盖遮阳网播种育苗，防止强光暴晒，以利出苗。播后即浇水，并使苗床表土要始终保持湿润，经7～8天种子顶土后轻洒1次水，使幼苗顺利出土，幼苗2～3叶时结合灌水随水追施1次速效性氮肥，苗期水分不可过多，当苗高10～15厘米、5～6叶时及时定植。

(2) 整地定植。夏白菜收获后及时清除烂叶、废膜、杂草，并深翻整地、耙平，结合整地，每亩施腐熟的有机肥4 000千克，磷酸二铵25千克，硫酸钾15千克，全部混合撒施，细耕整平，9月上旬按行距20～25厘米，株距20厘米双株穴栽，每亩保苗1.50万株左右，栽植深度以下不露根，上不埋心为好。定植后要浇1次透水，即定苗水。

（3）田间管理。定植后为促进缓苗，需保持土壤湿润，缓苗后浇1次透水，然后控制水分，并及时进行中耕松土，促进新根下扎和新叶的生长。新叶开始旺长，灌1次提苗水，每亩施碳铵20千克，10月中旬要水肥齐攻，每10～20天，每亩追施硝铵15～20千克，采收前5～7天停止灌水，采收前1个月可喷施赤霉素2次，来增加产量，浓度为30～50毫克/千克。注意防治病虫害，10月中旬扣棚，随着气温下降，逐渐减小通风量，霜降后少通风或不通风，11月上中旬市场供应淡季采收上市。

（4）适时采收。采收芹菜可分次间拔，也可劈叶采收。一般秋延后芹菜多采用整株采收，整株采收的芹菜要及时，不可收获过晚，否则养分易向根部输送，造成产量和品质下降。

二、黄瓜栽培技术

（一）温室黄瓜高产高效栽培技术

育苗

（1）培育嫁接苗。采用早育苗，晚定植的栽培方式，1月1日育苗，2月20日定植，利用12厘米×12厘米的营养钵育苗，苗龄在50天左右，苗长到5片叶左右。3月20日前开始采收。采用这种方式为了在于温室抢种一茬速生绿叶菜。

①浸种催芽：每亩用黄瓜种子150克、黑籽南瓜1.5千克。播前都用种子体积4倍55℃的温水浸种，种子倒入水中不停地搅动到水温下降到30℃以下、再浸泡4～6小时，浸泡后的种子用清水冲洗2～3遍、纱布包好，放在28～30℃的温度下催芽。催芽过程中早、晚各用30℃温水淘洗1次、50℃左右的种子露白即可播种。

②苗床准备：苗床内铺一层8厘米厚的洁净沙，每平方米用

8～10克的50%多菌灵可湿性粉剂对成800倍液喷洒苗床，盖地膜2天后播种。

③播种方法：黄瓜比黑籽南瓜早播种5～7天，黄瓜株行距3厘米×3厘米，黑籽南瓜5厘米×5厘米。种子横向平摆、上覆1.5～2厘米细沙、浇透水后苗床盖膜，播种后室内白天温度控制在28～30℃，夜间保持15℃、土温在25℃左右，出苗后立即降温以防徒长、砧木第一片叶展开，接穗真叶顶心时为嫁接适期。

④嫁接方法：嫁接前一天准备好移植苗床土，起苗时避免伤根。嫁接时一般采用靠接法、砧木挑去生长点，再用刀片在其子叶下1厘米处向下斜切，角度35°～40°，深度为茎粗的1/3；黄瓜在其子叶下1.2～1.5厘米处向上斜切、角度为30°深度为茎粗的3/5、切好后，切口楔合，用嫁接夹夹住，黄瓜苗夹在内侧，嫁接后移植到准备好的苗床或营养钵内，所用营养土配制方法，是用3份充分腐熟有机肥、7份园土、过筛混匀。

⑤嫁接苗管理：苗床上加盖小拱棚、白天温度保持在25～30℃，夜间17～20℃。相对湿度95%以上，小拱棚上面的温室要盖草帘、全天遮光。3天后逐渐降低温湿度，白天控制在22～26℃，相对湿度降低到70%～80%，并逐渐增加光照，4～5天后上午10:00至15:00遮光，6～7天全天见光。8天后切断穗根，在断根前一天用手指把黄瓜下胚轴接口下部捏一下、破坏维管束、减少水分输导、使断根后生长不受影响。

（2）温室内消毒，灭虫。在翻地前和翻地后用硫黄粉点燃熏蒸消毒，用敌敌畏熏蒸法灭虫各两次。具体方法是每60平方米中央放两把铁锹，一把铁锹内放100克磺黄粉，然后点燃；另一把铁锨两块砖支起，铁锨底下用木条点火烧热后，倒入25毫升敌敌畏，同时，进行熏蒸。熏蒸时温室密封一昼夜。

（3）整地施底肥做畦覆膜。首先，每亩施优质农家肥2 500千克以上，撒施，深翻30厘米，然后再做畦。畦底宽1.1米长的两根木棍，分别在离木棍中点25厘米处各系一根绳，其中，畦宽80厘米，垄沟宽30厘米。

具体方法：先用1.1米长的两根木棍分别在离木棍中点25厘米处各系一根绳，长短与垄长相等，两木棍平行将两线拉紧后，沿两直线画印，然后再沿画的印开底沟，沟深20厘米左右、开沟后每亩按二胺用量30千克、硫酸钾用量15千克，硫酸锌用量4千克，均匀地撒在沟内，撒完后，再用二齿耙子搂一遍，使肥与土拌一下，然后再合垄，合垄后用脚踩一遍，再覆一遍土后，再压磙子，然后用1.1米宽的农膜覆盖两条小垄，即大垄双行。

定植

在已覆好膜的畦上按株距30厘米在两小垄台中间、用剪子将膜开一“十”字形小口：用长1米、直径8厘米的木棍一端削成直径8厘米的营养钵形状，然后用木棒削好的一端，沿开口处垂直扎9厘米深的小孔，再将营养钵里的苗取出、系在用木棒扎好的小孔内，栽完后再向孔内浇两遍水、使黄瓜苗土浇透，等水渗下后再用湿土将苗孔封好。

定植后管理

（1）摘根瓜前的管理。黄瓜定植后由于是严冬季节、应尽量提高地温，使地温达到15℃以上，促进根系的发育、一般不放风（或中午短时间内放顶风，补充二氧化碳）为控制苗期徒长。严格控水、控肥，一般在摘根瓜前不需浇水和追肥，同时，还要加大昼夜温差。白天上午保持25～30℃、午后15～17℃时、盖棉被。前半夜保持12～14℃，后半夜保持10～12℃，早晨揭防寒被前保持8℃以上（为达到这一温度防寒被要加厚）。当根瓜坐住后喷一次爱多收促进生长发育。

（2）灌水。根瓜采收后进行灌水，采用膜下暗沟灌水的方式，这样既能保持土壤的湿润，又能保持温室内空气干燥，减少病害的发生，一般7～15天灌一次水，在放底风之前明沟一般不灌水。当外界气温中午达到12℃以上，温室内温度达30℃以上时可适当放底风、这时可视黄瓜的干旱情况，适当浇明沟来增加土壤的湿度，以满足黄瓜对水分的需求，又能保证中午温室内的一定湿度。

（3）植株调整。黄瓜苗长到 7 ~ 8 片真叶开始甩蔓，要及时进行上架，在温室中应采用塑料绳。要及时摘掉瓜身上的卷须和侧枝，采用主蔓结瓜的方式。当前沿黄瓜生长点接近棚顶时进行落蔓。落蔓前一天摘掉下部的部分老叶、病叶，上面保留 12 ~ 14 片叶。将落下的瓜蔓绕放在地膜上，不要和土壤接触，以防蔓割病的发生。

（4）去雄、疏瓜。因黄瓜有较强的单性结果性，为减少养分的消耗应及时去雄。在雄花开花前及时摘掉，去雄还可减少灰霉病的传播和蔓延；及时疏瓜也可减少养分的消耗。疏幼瓜的方法是：留两个幼瓜（两瓜不连续的留单瓜）后空两个叶，再留两支幼瓜，再空两个叶……这样同时可坐两支瓜，分两次采摘。当第二支瓜采摘时，正好赶上所留上面的两支幼瓜开花。不会使这两支幼瓜化瓜、或出现畸形。若出现畸形瓜一定要摘掉。

（5）适时摘瓜。根瓜要早摘，一是抢早价钱高，二是防止叶片营养供不上，出现瓜坠秧的现象。摘瓜早晚要视植株上大瓜和幼瓜的情况来定：如果所留两支瓜都坐住了，其中，大小有明显区别时将稍大一点的先摘，然后让那支较小的瓜再长一天。如果两只大瓜上面留的另外两支幼瓜已开完花坐住了，可以将两支瓜同时摘掉。如果瓜上面留的瓜还没有花，这第二支较大的瓜可晚摘、以免摘瓜后蔓上没瓜，造成瓜蔓徒长，总之摘瓜的原则是蔓上始终有支较大的瓜和没开花的幼瓜。

（6）追肥。追肥方法主要有两种，一种是灌水时随水追肥，明暗沟交替，每次亩用二铵 6 ~7 千克，硫酸钾 4 ~5 千克，尿素 3 ~4 千克，每隔 7 天左右追一次。暗沟追肥具体方法是：将定量的肥放在缸内加定量的水（按每垄 1 千克水），搅拌使其溶化，灌水时将每沟按 1 千克溶液，随水倒入膜下的暗沟内，让其随水追入土壤中。明沟追肥时，以同样的用量直接撒入明沟后，用二齿子松松土，然后灌水。另一种是根外追肥，发现黄瓜缺肥、出现较多的畸形瓜时，要及时进行叶面追肥。具体方法是用 0.3% 的磷酸二氢钾叶面喷洒。喷洒时要使叶片背面都喷到，以喷湿又不滴水为好。在喷叶肥的同时要加入爱多收或喷施宝等植物生长调节剂。

（7）温度与湿度。大棚内气温靠自然条件来调节，这时可以把大棚四周的薄膜卷起，进行自然通风，靠自然风来调节温度湿度。到中午前，有条件的可以利用遮阳网进行遮阴，适当降低大棚内的温度。如遇连续晴天，棚室内过于干燥时，要在操作行地面淋水，使温室内湿度控制在 70% ~80%。

（二）冬春茬黄瓜温室育苗及栽培技术

育苗

（1）床土配制及苗床准备。黄瓜幼苗根系小而浅，要求床土营养完全，富含有机质，有良好通气保水性。一般配比为：肥沃粮田土 6 份、腐熟农家肥 4 份，混合过筛，每立方米加二铵 1 千克、草木灰 10 千克。为杀虫灭菌，每方土可加 50% 多菌灵 100 克，还可加晶体敌百虫 50 克，混匀盖膜，杀死害虫。

苗床需准备 3 个：即黄瓜播种床、黑籽南瓜播种床和嫁接苗移植床。苗床应设置避风向阳地段，按东西向并排建成宽 1.5 米苗床，长度按苗多少而定。南边播黄瓜，北边种南瓜。这样便于南瓜通风炼苗，使砧木与接穗嫁接时高度、粗度相近。嫁接移植于营养钵中时，需设置遮阴小拱棚。

（2）催芽播种。12 月 10 ~15 日播种砧木，12 月 14 ~19 日播种接穗。

每亩需黄瓜子 150 克、黑籽南瓜 1.5 千克，取黄瓜种子、南瓜种子在太阳下曝晒数小时，然后温烫浸种，黄瓜子用 55℃热水、黑籽南瓜用 70℃热水，不断搅拌，水温降至 30℃时用水搓洗，再用 25℃温水浸种；黄瓜泡 4 小时，黑籽南瓜泡 12 小时，捞出催芽。催芽过程中每天淘洗，一般黄瓜 2 天、黑籽南瓜 3 ~4 天即可露白（见芽）。

选择靠接方式时，黄瓜较黑籽南瓜早 6 天播种，采用劈接或插接时，黑籽南瓜应比黄瓜提前 2 天播种。

播种时选晴天上午，将苗床喷透水，将种子撒于床面，黄瓜覆细土1厘米后，南瓜覆2厘米，南瓜尽量密播，以不挤压为限，播后覆膜。

（3）播后管理。播后控制温度28～32℃，3天出苗，5天齐苗，出苗率达到1/3时，傍晚揭去地膜。齐苗后及时降温，白天25℃，晚上15℃。嫁接适宜时期为：南瓜两片子叶展平，真叶显露，黄瓜第一片真叶出展，即南瓜播后一周。

（4）嫁接方法。将两种苗子从苗床中用竹签提出，挖掉南瓜生长点，用刀子在子叶下1厘米处向下斜切一刀，角度30°～40°，割1/2茎粗，刀口约0.5厘米长，然后在黄瓜1.5厘米处自下而上切一刀，割2/3茎粗，刀口长0.5厘米，把两切口对接在一起，用塑料夹固定。嫁接后黄瓜略高于南瓜，两苗呈十字状。

栽入营养钵中或苗床中，两根相距1厘米，栽好后覆土，不能埋住夹子。扣小拱棚，增温保湿。营养钵直径不小于8厘米，苗床行距10厘米。

（5）嫁接管理。

①断根前管理：嫁接苗栽植后，白天保持25～30℃，晚上18～20℃，并用草帘遮阴，3天后视阳光强弱收放草帘，若嫁接后遇阴天，会延迟成活，但成活率仍可达到80%以上。约经10天，黄瓜新叶展开，即可将黄瓜下胚轴切断，拔出根茬。断根后若萎蔫，可适量喷水缓解。

②大温差炼苗：嫁接成活后，晴天白天保持30～35℃、夜间保持8～10℃、早晨最低可低至5℃，阴天白天保持15～22℃、夜间不低于8℃，炼苗期间昼夜温差可达20℃。经过这样的大温差炼苗，幼苗根系发达，吸收养分和水分的能力增强，叶面积大，节间缩短，雌花节位低，结瓜早，适应性强。需注意在定植前一周，控制水分，以利于栽植后促进发根，缩短缓苗时间，提高栽植成活率。

（6）壮苗指标。嫁接苗适龄40～45天，三叶或四叶一心，子叶全绿，真叶平展，叶缘缺刻锐利，主脉粗而隆起，叶色深绿，幼苗根毛密生，根系发达。

定植

（1）深施底肥。黄瓜需肥量钾居多、氮次之、磷最少。每生产1 000千克黄瓜，需吸收纯氮2.8千克、磷0.9千克、钾9千克、钙0.35千克。一般每亩施有机肥10吨，深翻一踏锨（约30厘米），定植前每亩施麻渣细末250千克、二铵25千克，充分混匀。通过有机肥与化肥及土壤的充分混合，为根系提供透气、保水、肥沃、疏松的生长环境，利于根系早生快发，达到“根深叶茂”的良好长势。

（2）择优质苗定植。2月5日左右定植。定植时挑选优质壮苗，错位栽苗；若苗子缺少，宁可稀植，也不能栽植病苗、弱苗，以便从根本上杜绝病害的发生；定植后立即膜下小水暗灌，促进成活。这种垄沟及定植方式，有利于暗灌，防止跑水漏水，降低温室湿度，减少病害发生的可能性。

定植后管理

（1）缓苗期密闭保温。定植后至一片心叶展开，这段时间以促为主，保持室内较高温度和湿度，适当通风，使白天温度控制在26~30℃，夜间20℃，温差小于10℃，利于缓苗。

（2）初花期促根控秧。缓苗后为防止瓜苗徒长，要及时通风降温，使白天温度保持在25~26℃，夜间12~15℃，温差大于10℃，控制长势，进行蹲苗。

（3）结瓜期注意肥水。从定植至深冬季节，以控为主。初瓜期控水，待全棚80%瓜蔓有15厘米长时，可在晴天上午用小水暗灌。灌水后当天下午早盖草帘，以后几天加强通风排湿。立春后，气温回升，日照增强，瓜秧生长旺盛，应及时追肥浇水，以防早衰，延长盛瓜期。每次每亩施尿素5千克，磷酸二铵10千克，随水流入沟内。早春一月一肥三水，立夏后一月三肥六水。

（4）植株调整。

①吊蔓：黄瓜吐丝时开始吊蔓，茎基部固定后，随蔓伸长，及时缠绕，始终保持龙头向上。当温室南部瓜蔓长至顶部，北部蔓长

1.8 米时，从基部解开吊绳，放蔓，调整龙头距地面高度，使其南低北高，受光充分。

②抹芽、去雄、打老叶，在保持主蔓生长优势的前提下，尽量避免养分的不必要浪费，增强通风透光性。

（5）温度与湿度。大棚内气温靠自然条件来调节，这时可以把大棚四周的薄膜卷起，进行自然通风，靠自然风来调节温度湿度。到中午前，有条件的可以利用遮阳网进行遮阴，适当降低大棚内的温度。如遇连续晴天，棚室内过于干燥时，要在操作行地面淋水，使温室内湿度控制在 70% ~80%。

（三）黄瓜塑料大棚早春栽培技术

育苗

（1）种子处理

①将种子慢慢加入 55 ~60℃的水中，然后不断搅拌使种子均匀受热，当水温降至 25℃时停止搅拌搓去种皮黏液捞出，沥净水后用湿布包好，置于 18 ~25℃的湿润环境中，一昼夜即发芽。

②按前述方法烫种、搅拌，当水温降至 30 ~35℃时停止搅拌，浸种 6 小时后捞出用湿布包好。

③将 5 倍于种子的 75 ~85℃的热水猛然倾入盛种子的盆中，立即快速搅拌散热换气，当温度降至 55℃时，停止搅拌 7 ~8 分钟，然后继续搅拌，水温降至 25℃时，再浸种 8 小时。然后捞出种子用湿布袋装好，放在 28 ~30℃的温度条件下进行催芽，经 12 小时种子露白时再将种子置于 -2 ~1℃条件下冷冻锻炼 14 小时，然后再在 20 ~25℃条件下放置 8 小时，之后可用于播种。

（2）培育壮苗。

①营养土配制：将 70% 经过筛选的壤质土，与 30% 经过腐熟加工的马粪或其他厩肥，混拌均匀即可。

②育苗方式：目前春大棚黄瓜育苗采用日光温室育苗，一种是，营养钵育苗，利用没有种过黄瓜的田园土，过筛后与腐熟优质的农家肥按 3∶1 的比例进行配比，装入营养钵，进行育苗；另一

种，采用穴盘育苗，春大棚，一般利用 72 孔的穴盘，用优质的草炭土、蛭石、珍珠岩，按 3∶1∶1 的比例配比，也可以购买配好的育苗基质，装入穴盘中，进行育苗。在装营养钵或穴盘之前，事先做好畦，铺好地热线，然后在把营养钵或穴盘摆放在畦内，准备播种。在播种前，首先把营养钵，或穴盘浇透。

③播种方法：2 月中旬播种，每个营养钵内，或穴盘每穴播种一粒发出芽的种子，然后，营养钵育苗，在种子上面覆盖 1 厘米厚的过筛不掺肥的田园土，穴盘育苗，播种后，在种子上面盖上 1 厘米厚的蛭石，盖好后用喷壶从上面进行喷水，直到喷透。

④苗床管理：播后 3 天内，要使苗床温度保持在 28～30℃，以后保持 25℃左右温度即可。每天要见阳光。营养钵育苗，一般出苗到 2 片叶左右，即从播种到第一次浇水近 20 天如缺水再补充水分，定植前浇一次水，然后定植；穴盘育苗，出苗后，1 叶期时，可以每 2 天浇一次水，2 叶后直到定植每天浇 1～2 次水。

定植

黄瓜苗移栽定植的苗龄为 30 天左右，按此时间推算，一般应在育苗后 20 天左右（2 月下旬或 3 月上旬）提前扣棚暖地，到定植时土温基本达到 15℃以上，以适合秧苗扎根生长。大棚要采用东西向，南北延长式以便采光。定植前 10 天要整地作畦，亩施基肥 3 000～4 000千克鸡粪，三元复合肥或二铵 15～20 千克，保证缓苗后有充足的养分供应。

定植后管理

（1）看苗控温。定植初期，棚内温度较低，为了提高土壤温度，促进扎根，主要以提高棚温为主。这时如棚内温度达 35℃以下时可不通风，只要土壤有充足的水分就不会烤死秧苗。缓苗后要根据秧苗生长情况控制温度，生长慢则提高温度（但应控制在 38℃以下为宜），生长快则降低温度（35℃以下为宜），以促进生殖生长。（5～7 天缓苗后，适当降低温度，一般白天控制在 28～30℃，夜间控制在 15℃左右，有利于根系发育，地上部分可以使叶片增厚，有利于光合作用，使苗健壮，增加抗寒、抗病能力，增加产量的目的）。当第一次采摘后，棚温可白天控制在28～32℃，夜间在15℃左右。

（2）看苗浇水。因定植时气温低、根系吸水力差，晴天气温高，蒸发量大，因此，定植水宜多不宜少。一般每株浇水1～1.5千克。带瓜大苗因有瓜坠秧，第一次水一般在定植后7～8天浇。结合灌水追施硝铵或尿素每亩15千克或10千克，以利结瓜。当根瓜开花到摘瓜前要控制浇水，一般在采摘根瓜前浇水，有利于后期坐果。

（3）通风透气。大棚黄瓜由定植到拉秧这段生育期，棚内温度主要靠通风换气来调解。通风方法有两种：一处是棚顶部，当白天棚内温度在30℃以上，进行开风口，开风口原则是由小变大；另一种，底风，原则：不能轻易开底风，只有外界温度保持在15℃才能开底风。

（4）清除底杈。黄瓜结实性强，回头瓜多，在秧苗生长旺盛的情况下，8片叶以下节节抽出侧枝，任其生长，会造成荫蔽化瓜。所以应及时摘除侧枝，以利主蔓生育和调节养分，促使幼瓜生长发育。

（四）春节上市黄瓜日光温室栽培技术

育苗

适时育苗、定植，为了赶上春节市场，必须在10月开始播种育苗，最迟不能迟于11月中旬，以免温度过低造成嫁接伤口愈合不良，影响成活和正常生长。砧木与接穗种子均采用65℃热水消毒，浸种催芽，露白即可播种，砧木比接穗种子早播3天。云南黑籽南瓜，或黄瓜专用嫁接砧木品种（白籽南瓜）直接播在10厘米×10厘米的营养钵中，每钵1粒，上铺1厘米厚土，浇足底水，平铺薄膜保温保湿促进早出芽，约3天有部分黑籽南瓜顶土时揭去薄膜，支上小拱架。黄瓜采用冷床育苗法，尽量稀播，培育无病壮苗。黄瓜在子叶平展期至1心期为嫁接适期。南瓜叶平展至1叶1

心期均可嫁接。本嫁接采用插接法，操作简单，省工，熟练之后每人每小时可接 50 余株，成活率在 95% 以上。嫁接后的苗，放在事先搭建的小拱棚内，上面盖上薄膜与遮阳网（遮阴率 70%）。

定植

嫁接后可采用一次定植或两次定植。一般采用一次定植的方法。即将嫁接苗直接定植在预先作好的定植沟内。嫁接后 3 天内白天温度控制在 25 ~ 28℃，夜间保持在 20 ~ 17℃，以后 6 ~ 7 天内白天控制在 23 ~ 25℃，湿度一直保持在 95%，一般嫁接后 10 天可成活。

定植后管理

（1）合理灌水，勤施追肥。定植后灌一次定苗水，初花期间一般不缺水不灌溉。追肥应少量多次，结合灌水将肥料溶于水中进行灌施。根瓜坐稳后开始第一次灌水追肥，为了不降低地温，应采用小沟暗灌的办法，灌水量宜小，水温应保持在 15℃左右不能低于 10℃。3 月每隔 10 天灌一次水，结合灌水，应少量多次地施用追肥；每隔 20 天亩施尿素 15 ~ 17 千克。3 月份开始随着气温的升高和黄瓜产量的提高，灌水量和追施肥量应加大，每隔 7 天小沟暗灌 1 次，每亩随水追施尿素 20 千克，钾肥（硫酸钾）20 千克。4 月中旬后小沟暗灌已不能满足黄瓜的生长发育，应每隔 5 ~ 7 天大小沟交替灌水追肥。整个生长期灌水 20 多次，亩追施尿素 230 千克，钾肥 250 千克左右。

（2）增加温室的光照。在黄瓜的生长前期，由于外界温度低，光照条件差，因此，棚内要张挂反光幕，定期要清洁膜面，采用地面覆膜，多层覆盖，及时揭盖草帘等多种办法增加光照。

（3）温湿度的调控。白天应保持在 25 ~ 28℃，温度超过 30℃时通风降温。早晨揭帘时保持在 12 ~ 14℃，最低不能低于 8℃。下午温度在 16 ~ 18℃时及时拉帘，气温骤降时要加盖草帘。相对湿度白天不能超过 80%，夜间不能超过 85%。每次灌水后要及时放风大棚 1 小时，然后通风排湿。

（4）加强叶面追肥。冬春茬黄瓜生长期长，产量高，生长中后期根系吸收效能下降，叶面追肥可明显提高产量，增强长势和抗病能力，改善品质。叶面追肥一般从根瓜采收开始，每隔 7～10 天交替喷洒，可用磷酸二氢钾、尿素、喷施宝、奥奇灵等叶面肥料。

（五）黄瓜日光温室越冬栽培技术

育苗

如果要求黄瓜在 3～4 月上市，则必须在头一年 12 月中旬播种，据石河子蔬菜研究所试验，12 月中旬直播黄瓜较育苗效果好，其上市时间可比育苗黄瓜提早 10 天左右。垄距 1.2 米，株距 30 厘米，每窝单株、垄间可套种些菠菜、小白菜、香菜等，以不影响黄瓜苗子生长为原则。

定植

秋季深翻，同时，每亩温室施入优质农家肥 10～20 吨。保持温室内的土壤疏松，防止杂草生长。绑蔓时要特别注意，一是要绑得稍紧，有抑制徒长功效；二是在绑的时候，同行垄头基本一致，且北边稍高，南边稍低，南北成一斜坡状。从播种到根瓜采收前，一般不施用化肥，根瓜采收后开始追肥，应少施勤施。根瓜采收前一般不浇水，但如果太干旱，可浇小水，根瓜采收后结合追肥浇第一水，以后视墒情和追肥情况浇水，以小水勤浇为好。

定植后管理

温室设备：温室里除了要安装暖气或火道外，还必须埋设地热管道成地热火道。埋设地热管道的方法是：每隔 1 米挖一锹宽、60 厘米深的沟，埋入地热管，管壁内直径 2 厘米，每 4 沟为一组转沟，形似“W”形，进水管和出水管设在南边 60 厘米深的沟里。地下火道的修筑方法是，每隔 1 米挖两砖宽、85 厘米深的沟，沟底整平，铺上一层 5 厘米厚的炉渣，再在上面铺一层 2 厘米厚的细土，然后用砖和水泥砌成一砖宽、一砖高的火道，每 8 个火道为一组，形似两个“M”字母。中间共用一个炉子，炉子建在 90 厘米的地下，每 8 个火道的中间共用一个烟筒，炉子、烟筒都建在温室北边的过道上，温室要配备一定数量的毡子、棉被、草席子等覆盖物，以便 10 厘米地温一直控温在 20℃左右，白天气温控制在 25℃左右，夜间气温控制在 12 ~ 15℃。另外，晚冬早春，光照较好，应尽量早揭晚盖，保证每天有 8 ~ 10 小时的光照时数。

轮作倒茬：通过几年的试验，一年三熟最好。前茬作物收获完后，要尽快清除枯枝烂叶，尽快翻地，同时施入优质腐熟农家肥，两茬作物之间晒垡 0.5 ~ 1 个月。为了防止土壤病害传播，应避免连作。在土壤病害严重的情况下，必须要进行土壤消毒处理。

（六）黄瓜小拱棚育苗及栽培管理技术

育苗

（1）浸种催芽。3 月中旬左右，将精选的黄瓜种子放在盆里，倒入 55 ~ 60℃的温水，并不断搅拌、待水温降至 30℃左右、再浸泡 6 ~ 8 小时，然后用清水冲洗干净，并用湿纱布包好、置于 25 ~ 30℃下催芽，经 30 ~ 36 小时芽基本出齐、种芽长至 0.5 厘米时即可播种。

（2）苗床准备。选肥沃疏松、排灌方便的地作苗床，床宽 1 ~ 1.3 米，高 15 ~ 20 厘米。播种前精细整地，亩施腐熟堆厩肥 2 000 ~ 2 500千克、过磷酸钙 30 ~ 35 千克，人畜粪水 4 000 ~ 4 500 千克，肥土混匀整平后准备育苗。

（3）播种及苗期管理。每亩用种量 200 ~ 250 克，播种后盖一层细土，以不见种子为准。用双层薄膜严密覆盖苗床，晚上加盖草帘，以增加床温。齐苗后白天床内温度保持在 25 ~ 28℃，超过 30℃通风降温，夜间 12 ~ 14℃，以防幼苗徒长。同时，亩施稀人畜粪水 4 000 ~ 4 500千克，尿素 4 ~ 5 千克，以培育叶色深绿、稳健的矮壮苗。定植前 3 ~ 4 天逐渐降温炼苗，夜间可降到 10℃左右，以提高抗逆性。

定植

（1）整地做畦施底肥。黄瓜根系浅、应选保水保肥力强的土壤肥沃，透气性好的壤土地栽培。定植前精细整地、全面深翻 25 厘米以上，然后做畦、畦宽 1.4～1.5 米、高 13～15 厘米，并做成龟背形畦面。结合整地做畦、分层施足底肥，第 1 层“犁底肥”于翻地前施入，亩施优质腐熟堆厩肥 2 500千克左右、草木灰 125～150 千克。第 2 层“畦底肥”于做畦前施入畦底部，亩施堆厩肥 1 500～2 000千克、尿素 10～12.5 千克、过磷酸钙 25～30 千克，畦做成后将畦间的犁底肥翻上变成“畦面肥”，形成 3 个肥料层。这样有利于黄瓜发根和对肥料的均匀吸收。

（2）适时覆膜定植。做畦后立即覆盖地面膜、以熟化土壤，小棚膜在黄瓜苗定植后覆盖（可用竹片作拱架、棚顶距地面 0.7 米）。覆膜时要拉紧、压严，定植期 4 月中旬，按一畦双行、株距 25～30 厘米打穴定植。在瓜苗基部用细土封严、形成小土堆，以促进缓苗。

定植后管理

（1）扣棚后的管理。白天棚温保持在 25～30℃，待苗长出 4～5 片真叶，棚温 30℃以上时，开始将小棚两端的薄膜揭开通风，棚温降至 18℃时闭棚。以后一般多在上午 8 时通风，下午 5 时闭棚，阴雨天推迟通风。当地膜内日平均气温达到 18℃时，一般在 4 月底 5 月初，即可撤棚。

（2）撤棚后的管理。

①适时摘心：当花芽还未发育成单性花时，摘心可抑制营养生长，使体内养分积累，促进花芽雌蕊发育，雄蕊退化，有利于主蔓各节形成雌花或雌花群。摘心时间以植株长至 6～7 节为宜，在气温低，肥力较差的情况下，可在 8～9 节摘心。主蔓摘心后，侧蔓长得快，更要及时摘心、一般摘心留叶 2～3 片即可。

②巧追肥水：结瓜初期，亩用尿素 7.5～10 千克，每隔 7 天左右喷 1 次、连喷 3～4 次。

（七）黄瓜塑料大棚大温差育苗与栽培技术

育苗

大温差育苗是培育黄瓜壮苗的一项新技术。所谓大温差育苗，就是根据温度的自然变化规律和黄瓜的生物学特性，充分、有效地利用地膜和“天膜”，人为地提高白天温度，降低夜间温度，使昼夜温差加大，来培育幼苗，它具有促壮苗、获高产、省工、省能源和育苗过程安全等特点，大温差育苗应掌握的温度指标为：幼苗三片真叶的，白天温度 30 ~ 35℃，最高不超过 38℃，夜间温度 8 ~ 10℃，日出前后不低于 5℃。阴雨天气白天温度以 15 ~ 20℃ 为宜，三片真叶后逐渐通风，温度指标与前期一致。一般说来，常规育苗昼夜温差在 15℃ 左右，而大温差育苗昼夜温差在 20 ~ 25℃。实践表明，昼夜温差在 20℃ 以上时。就有把握培育出理想的壮苗。

定植

（1）采用宽 1.0 米的畦，栽 3 行的方法。行距 30 厘米，两边行株距 25 厘米，中间行株距 15 厘米。当黄瓜长到 12 片真叶时，将中行的黄瓜秧摘心，等瓜收完后，瓜秧全部拔掉，使行距加宽到常规的 60 厘米宽度。这样，前期苗比原来增加 80%，中、后期中行拔掉后，又保持了常规株数。中行不上架，两边行正常上架。

（2）每畦内定植双行。行距 60 厘米，株距 15 厘米。当黄瓜长到 12 片真叶时，隔株摘心。不摘心的正常上架，收瓜后拔除，使株距加大到 30 厘米，给黄瓜中、后期生长创造条件。此法前期苗数多 1 倍，中、后期株数与常规种植密度相等，这样，不仅能使黄瓜早上市 7 ~ 10 天，而且前期比常规的增产 80% ~ 90%，总产增加 20% 左右。当然，前期增加密度后，必须增加肥料用量，以满足群体的生长发育需要。一般要求增施优质肥 70% ~ 80%。中后期除正常追肥外，拔除中行后，每亩开沟追施 15 千克复合肥，同时，结合防病喷药进行叶面喷肥，如药液中加入 0.3% 的尿素及 0.3% 的硝酸二氢钾或 0.1% 的硫酸锌喷洒，能改善黄瓜品质和增强抗病能力。

定植后管理

黄瓜叶片对环境条件反应敏感，因此，应时时注意观察，掌握其生长发育的动态，按叶片的表现，综合分析及时处理，使黄瓜稳产高产。

（1）幼苗阶段。在幼苗阶段，如果叶片发黄，生长缓慢，表明多水沤根，应修好排水沟，清除田间积水，同时，勤松土，以提高土温，加速土壤水分蒸发，改善根的生长环境条件，如叶片深绿、叶厚，有光泽叶缘有干边现象，子叶下垂，表现肥多水少，应增加浇灌水的次数，降低土壤肥料的浓度。如叶片薄，少光泽，午间叶片萎蔫，早晚正常，表明多水，有烂根可能，应在搞好排水沟的基础上，严格控制浇水次数，加强松土，以促进新根生长。

（2）蹲苗阶段。健康的叶片应是大小适中，深绿色叶面凹凸不平，子叶大而绿，这样的苗雌花多，产量高。如果叶片鲜艳，早晨叶绿多露水珠，说明未蹲苗，这样的苗雌花少，雄花多，产量低，叶片有光泽，子叶有白点甚至干枯脱落，说明蹲苗过量。

（3）成株阶段。叶片浅绿而小，表明缺肥；叶片大，发黄、早晨叶绿多露水珠，表明缺肥多水；叶片肥大，深绿色，早晨叶绿有露水珠，而且叶厚，表明生长健壮；叶片过大，叶边深绿，则是徒长时的表现，这种苗多是蹲苗不好，雌花少，营养分配不合理造成的。应根据上述相应的措施进行处理。

（八）秋延后大棚黄瓜栽培技术

育苗

秋延后大棚黄瓜播种期不能太早，否则苗期遇上高温多雨，病害较重，且上市期与露地黄瓜相遇，价格较低。播种期过晚，则生长后期温度急剧下降，以致产量降低。秋延后黄瓜一般在播种后40天左右采收，华北地区一般在8月上旬下过一场大雨之后播种，江南地区则以8月下旬至9月上旬播种为宜。育苗期20天左右，幼苗2叶1心时定植，定植应在傍晚进行。也可以直播，直播以扣好大棚、小高垄播种较好。也可露地高垄直播，节约塑料薄膜。播种或定植前应每亩施入6 000～7 000千克有机肥，同时混合施入一定量的磷、钾肥，如30千克磷酸二铵、13千克氯化钾或60千克复合肥。

播种时正处于高温、长日照，这种条件不利于黄瓜雌花分化，因而雌花较少。有些地区为增加雌花数，常喷施增瓜灵之类的激素。其实，所有促进雌花数的肥料或药物中，均含有乙烯利。乙烯利释放出的乙烯虽有促进雌花分化的功能，但也能促使植株衰老，施用时一定注意浓度不要过大，而且一定要在苗期（1叶1心至2叶1心）施用。乙烯利施用浓度为0.01%，隔2天喷1次，喷2～3次即可。其他促进雌花分化的混合药物，应根据说明使用，浓度均不宜过高，喷施要在早晨进行，中午高温时喷洒易产生药害。

定植后管理

秋延后大棚黄瓜应从高温期管理（前期）、温和期管理（中期）和低温期管理（后期）三方面入手。前期（北方9月中旬以前）处于高温多雨期，应注意防雨防病，通风降温。下雨后及时排水防涝，防止渍水；雨后天晴及时浇水降温。

在黄瓜生育最旺盛的时期（北方9月中旬至10月中旬）开始时，应及时扣棚。温度控制白天25～30℃，夜间15～18℃，夜间气温在15℃以上不关通风口。这一阶段的管理应注意白天通风换气，降低空气湿度，防止病害发生；同时注意夜间防寒保温。此期逐渐进入结瓜期，肥水供应要充足，一般每次浇水都要施肥。施肥以尿素和磷酸二铵为主，适当施入钾肥，以利于优质、高产。肥水要少量多次，防止大水漫灌。每次亩施肥量以尿素8千克或磷酸二铵20千克为宜。在后期（10月中旬以后），温度急剧下降，管理以防寒保温为主。同时，要注意适当通风换气，防止棚内湿度过高造成病害蔓延。保持白天25℃左右，夜间15℃左右。夜温低于13℃时，夜间不再留通风口，封闭大棚。这样，可以尽量延长黄瓜的生长期，提高后期产量。这时，黄瓜的生长减慢，对肥水的要求降低，为降低棚内湿度，应严格控制浇水，一般 10～15 天浇 1 次水。此时可以进行叶面追肥，如用植物动力 2003、叶面宝、喷施宝等；也可以用 0.2% 的尿素液或 0.1% ～0.2% 的磷酸二氢钾液。

（九）黄瓜无土栽培技术

育苗

播种时期：早春生产应在元月中旬播种，秋延栽培应在 8 月上旬播种。

浸种催芽：先将种子在 55℃水中浸烫 15 分钟，然后再在温水中浸种 2～4 小时后，放入 28～30℃恒温箱中催芽，24～36 小时即可出芽。

（1）黄瓜无土栽培基质。

①成本较高的基质：利用草炭作为主要基质，配合蛭石、珍珠岩等。这种基质特点是富含有丰富的腐殖质，营养成分高，配比简单，省工，但成本高，大面积推广利用较困难。

②成本低的基质：

a. 利用秸秆、蔬菜的残枝枯叶经过充分发酵，作为主要原料作为基质生产黄瓜。成本低，达到可持续、有效的循环农业。

b. 食用菌的下脚料，主要利用生产食用菌的菌棒、菌渣等原料，进行充分发酵，作为基质进行生产黄瓜。营养丰富，是一种低成本，高效的基质。

c. 椰糠、稻壳、中药的药渣，这些材料经过充分发酵，是一种通透性良好的基质，成本低，取材方便，是南方地区常用的育苗及蔬菜栽培基质。可利用这些基质进行黄瓜栽培，也同样收到良好效果。

d. 沼气渣是沼气产生后一种废料，可以作为肥料利用，施入土壤中作为底肥。当前，利用沼气渣来进行隔离栽培，即节省成本，又充分发挥沼气渣中营养成分的作用，是比较理想的基质。

e. 秸秆充分发酵与当地的煤矸石、炉灰渣，或细石子等作为基质。

③沙培：利用沙子做基质，用营养液进行的无土栽培技术。完全脱离土壤，在沙漠地区最适合。要有完善的营养液栽培系统。投资比较大，运行成本高。

（2）配制基质。根据不同的材料作为基质，有不同的配比方法。

①利用秸秆、蔬菜的残枝枯叶经过充分发酵作为基质，以 1 立方米为单位进行基质配比，1 立方米的秸秆、蔬菜的残枝枯叶经过充分发酵，要加入 30～50 千克充分发酵的鸡粪，或圈肥 100～150 千克；再加入氮、磷、钾 15：15：15 的复合肥 1.5 千克，尿素 1.5 千克。

②食用菌的下脚料作为基质，每立方米加入充分腐熟的鸡粪 30～35 千克，再加入氮、磷、钾 15：15：15 的复合肥 1.5 千克，尿素 1.5 千克。

③椰糠、稻壳、中药的药渣作为基质，每立方米加入充分腐熟的鸡粪 35～40 千克，再加入氮、磷、钾 15：15：15 的复合肥 1.5 千克，尿素 1.5 千克。

④沼气渣作为基质，每立方米加入充分腐熟的鸡粪 28～30 千克，再加入氮、磷、钾 15：15：15 的复合肥 1.5 千克，尿素 1.5 千克。

⑤秸秆充分发酵与当地的煤矸石、炉灰渣，或细石子等作为基质。每立方米加入充分腐熟的鸡粪 45～55 千克，再加入氮、磷、钾 15：15：15 的复合肥 3 千克，尿素 1.5 千克。

⑥沙子做基质的营养液栽培黄瓜，配制黄瓜生长所需的全面营养的营养液。包括氮、磷、钾、钙、镁等大量元素，还有铜、铁、锌、铬等微量元素。

（3）无土栽培槽。

①利用沙培的营养液栽培的营养槽，比较费工、复杂，但一次做成后，年年可长久使用。

第一，日光温室及大棚的结构要求。日光温室及大棚为一纵管四卡槽 6.5 米×30 米镀锌管拱形塑料大棚，棚中间高 3.2 米，肩高

2.0 米，棚顶安装塑料薄膜，棚脚至肩高的拐点处夏秋安装防虫网，以利于通风降温。

第二，种植槽。日光温室以南北向做栽培槽，槽宽为 60 厘米，槽间工作通道宽 80 厘米，一个 70 米长的日光温室可做 50 个栽培槽。大棚内横向设 4 条 8 个种植槽，大棚两头及正中纵向设 50 厘米工作通道，每个种植槽长×宽为 14.25 米×1 米，槽间工作通道宽 50 厘米。种植槽采用 3 块砖头平叠放置的形式建成，高约 18 厘米。叠好的种植槽（非水泥地需将槽内表土压平），再铺 1～2 层塑料薄膜，厚度 0.2 毫米，可防营养液渗漏；然后填入栽培沙至满，可用不受污染的河沙，以粒径 1.5～4 毫米的占 80% 以上的粗沙栽培效果较好。

第三，供液系统。

a. 蓄水贮液池。每个大棚需建 1 个容积为 2 米×1.5 米×1 米的水泥蓄水贮液池，用于配制营养液和蓄水，供滴灌使用。

b. 滴灌装置。沙培通常采用开放式滴灌，不回收营养液，为准确掌握供液量，可在每条种植槽内设 3 个观察口（塑料管或竹筒）。滴灌装置由毛管、滴管和滴头组成，1 株配 1 个滴头。为保证供液均匀，在大棚中部设分支主管道，由分支主管道向两侧伸延毛管。

c. 供液系统。供液系统由自吸泵，过滤器（为防止杂质堵塞滴头，在自吸泵与主管道之间安装 1 个有 100 目纱网的过滤器），主管道（内径为 25 毫米的聚乙烯管），分支主管道（内径为 25 毫米的聚乙烯管），毛管（内径为 15 毫米的聚乙烯管），滴管（内径为 2.5 毫米）和滴头组成。配好的营养液在贮液池由自吸泵吸入流经过滤器，经主管道、分支管道，再分配到滴灌系统，再由滴头滴入植株周围的栽培沙供其吸收利用。

②简易基质栽培槽的制作：日光温室及大棚的结构与沙培一致。按照普通黄瓜株行距种植方法一致，进行开沟，开沟深度为 25 厘米，宽度为 60 厘米。栽培槽之间距离为 80 厘米。栽培槽挖好后，用厚度 0.2 毫米的塑料薄膜铺 1～2 层，在沿栽培槽的槽边缘

处用砖把塑料膜压住，然后填满上述配制好的基质，在基质上面铺设滴灌带，安装施肥罐。

（4）黄瓜无土栽培进行田间管理。

①茬口安排：北方地区日光温室栽培一年两茬，春茬在1月初播种，2月初定植，收获期在4～7月底。秋茬，播种期在8月15～20日，定植在10月上旬至1月初。再种叶菜类。也可以一年一茬。从2月初定植，直到12月底，或1月初结束。

大棚黄瓜无土栽培一年一茬，春茬在2月中旬播种，3月中下旬定植，4月中旬收获，直到10月末结束。

②培育壮苗：

a. 浸种与催芽。先将黄瓜种子用0.4%福尔马林浸1小时，捞出用清水洗净，再用清水浸泡6小时后捞出，并用毛巾将种子表皮的黏液搓掉，用湿布包好，装入塑料袋内，放在人的贴身衣袋，借助体温催芽，经过12小时，用温水淋种1次，一般经24～36小时，大部分种子就可露白将用。

b. 育苗。一般选用营养袋（钵）或育苗穴盘育苗。先把配制好的基质填满营养袋或育苗穴盘上的每1穴，用手指打1～1.5厘米深的小孔，放入催好芽的种子，每袋（穴）1粒，再用育苗基质盖种；而后用喷雾器或撤水壶浇透水，盖好薄膜，防雨保湿到出苗。日揭夜盖，不定时浇水保湿至移栽。播种及苗期管理：育苗基质为过筛洗净的河沙（河沙须用开水或甲醛消毒）或珍珠岩、草炭+蛭石+珍珠岩=3∶1∶1作基质，苗床上铺设地热线，将种子播在营养钵或育苗盘内，上覆1厘米厚河沙，洒水，加盖小拱棚，温室上面通过加盖草苫、棉被或生火炉等加温措施，使拱棚内气温控制在25～30℃，地温25～28℃。出苗后则将气温控制在20～25℃，夜温12～15℃，地温18～20℃。为防止夜温过高，幼苗徒长，中午可将拱棚打开通风。待子叶完全展开后，浇原营养液1/4浓度的营养液，保持基质不干即可，待幼苗长出3～5片真叶时即可定植。

温室消毒：在定植前2～3天用敌敌畏拌锯末熏蒸消毒，用量按每亩500毫升，闷棚24小时以上。

c. 黄瓜苗长至2~3片真叶时即可移栽定植，每个栽培槽定植2行，株距35厘米，每亩定植3 600株左右。移栽时须轻拿轻放，挖个穴，取黄瓜苗（注意防止散兜）放入穴内，回填好，可不必压实。定植时注意深浅，子叶露出基质表面即可，定植后浇透定植水。沙培的，开启供液系统滴灌供液。

定植

早春定植一般在2月中旬，秋延后约在9月初，定植前应适当提高棚内温度。使夜温在15℃以上，用全量营养液将基质浇透，采用双行栽植，株距约30厘米，折合亩株数3 600株左右，栽后浇水，盖上薄膜。此时棚内气温应保持在25~28℃，夜温14~15℃。

定植后管理

（1）沙培栽培黄瓜生长期营养液的管理。营养液配方　硝酸钙826毫克/升，硫酸钾607毫克/升，硝酸铵53毫克/升，硫酸镁370毫克/升，磷酸二氢钾181毫克/升，微量元素选通用配方。

沙培栽培黄瓜，黄瓜所需要的水分、养分完全靠营养液来供应，每株附近都要安装有营养液滴针，来不断供给黄瓜整个生育期所需要的营养。当定植到植株甩蔓时，每天供应两次营养液，即上午一次，下午一次，每次20分钟左右。当黄瓜进入坐果期时，每天供给营养液的次数增加，每天4次，上午2次，下午2次，每次20分钟左右。在收获期前10天左右，次数不减的情况下，减少给液时间，每次10~15分钟。

待真叶长到7~8片叶时，可定期将植株的蔓绕在绳子上，使其向上生长。适时整枝，去掉侧枝及过多的雌花和畸形果。待植株长到温室顶部时，闷尖，使侧枝向下生长结回头瓜。茎基部老叶应及时摘去，以利通风、透光和防止病害发生。浇灌时每次的浇液量及浇灌次数要根据具体情况作相应调整，如生长初期，只需隔天一次即可，而随着植株的生长，浇液量和加液次数都要增加，到盛果期还应增施钾肥，减少畸形果的发生。另外，晴天高温可适当多浇，阴天低温可少浇或不浇等。营养液中的矿物质养分不可能完全被植物吸收，部分沉积在基质中，时间久了就会对植株产生盐害，故一般要定期对基质进行清洗，也就是用清水浇灌基质，浇足浇透。温、湿度管理与一般土壤栽培相同。

（2）基质栽培的黄瓜，由于基质里面就含有黄瓜所需的大量养分，在肥水管理上与土壤栽培一致，整个生长期（一年）一般情况下，需要35～40次水，追20次肥。定植后，浇一次定植水，这次浇清水，不需施入肥料；第二水，在黄瓜根瓜前进行灌水，这次结合灌水进行施肥。尿素10千克/亩，硝酸钾5千克/亩，或硫酸钾7.5千克，事先用水充分化开，然后倒入施肥罐内，随着灌水进行施肥；以后进入结瓜期，每1～2天浇一次水，5～7天施一次肥，尿素7千克，硝酸钾7千克/亩，或硫酸钾10千克，也是要充分融化后，随滴灌进行施肥灌水。

（十）黄瓜日光温室密植栽培与育苗技术

育苗

加行密植栽培的育苗时间要比常规种植早10～15天，一般11月上中旬在温室选择中部受光较好的位置集中育苗。育苗营养土要求肥沃、疏松、无病菌、透气性好，一般按腐熟厩肥、无病菌田土6∶4配制，充分掺匀过筛，装钵。苗床附设临时加温设施备用。播种后白天温度保持25～30℃，夜间20～25℃，出苗后适当降温。冬春茬黄瓜栽培可采用自根苗或嫁接苗。采用嫁接苗，嫁接后温度白天保持25～28℃，夜间18～20℃，相对湿度95%，遮阳2～3天，约15天成活后进行断根（于接口下0.5厘米处剪断黄瓜下胚轴），喷75%代森锌500倍液防病。定植前7天，白天温度保持18～20℃，进行幼苗锻炼。苗龄70天左右，选具4～5片真叶的壮苗移栽。

定植

根据情况适时早定植，定植时采用半高垄栽培或单垄宽窄行栽培。如果单行栽植，主栽行行距1米，株距20厘米，加行位于主栽行的一侧，距主栽行 40 厘米，株距同主栽行，可采用隔行加行或隔畦加行的办法；若采用宽窄行栽培，宽行行距 80 厘米，窄行行距 40 厘米，株距 23 ~ 25 厘米，在主栽行的宽行内加植 1 行，株距 20 厘米。定植一般选择晴天上午进行，并对幼苗进行分级，大、小苗分区种植，以利于统一管理，使瓜秧生长一致。

定植后管理

（1）共生期的管理。缓苗期要紧闭风口，提高地温，若遇 1 周左右的晴天，新根即可扎入土壤，心叶也开始生长。缓苗期结束后，根据墒情和天气状况，顺沟灌 1 次小水，灌水后 4 ~ 5 天，进行中耕松土，以利于增加土壤通透性，提高地温，促根壮秧。此期可适当加大昼夜温差，一般白天 25 ~ 30℃，夜间最低 10℃，不能高于 13℃，有利于培育壮秧，防止旺长。当黄瓜植株长到 12 ~ 14 片叶时，摘除加行植株的顶心，使其矮化，支小架栽培。当加行植株坐稳 2 ~ 3 个瓜胎时，及时打杈，防止分枝，并疏去过多瓜胎，加快膨瓜速度，此期要增加灌水次数，一般每 6 ~ 7 天灌水 1 次，并结合灌水每次每亩追施磷酸二铵 15 千克，必要时还可采用叶面喷肥。叶面喷肥可用磷酸二氢钾、尿素、食醋、水，按 1.5∶1.5∶1∶500 的比例制成水溶液，每亩 50 千克喷施叶片，既可增产，又能防病。温度管理要与光照、肥、水密切配合，一般晴天上午保持 27 ~ 32℃，不超过 35℃，下午 23 ~ 25℃，夜间 16 ~ 18℃，这样的温度分段管理，可使植株生长健壮，结瓜时间长，总产量高。

主栽行和附加行共生期间，密度较大，枝叶生长旺盛，需用二氧化碳较多，可酌情施用二氧化碳气肥。早春茬黄瓜从 3 月 1 日开始施用二氧化碳气肥，甩条发棵期每天每平方米施气肥 1.2 克，结瓜期每天每平方米施气肥 2.5 克。阴雨天不施，4 月 16 日停用，可增产 28.2%，瓜条数增 23.3%，提早上市 7 天，亩增加收入 1 万元以上。

（2）拔除加行后的管理。当附加行植株采收 2 ~ 3 条瓜，主栽行生长由长秧为主逐渐移向结瓜为主，群体开始郁闭，应及时拔除加行。附加行拔除后，主栽行进入结瓜盛期，要结合浇水追施 1 次速效肥料，一般每亩追施尿素 10 ~ 15 千克，氯化钾 5 千克，并根据情况进行 2 ~ 3 次叶面喷肥，间隔 7 天喷 1 次，方法同上。温度仍采取分段管理，即上午 27 ~ 30℃、下午 23 ~ 25℃、夜间 16 ~ 18℃。适当增加浇水次数，一般 3 日 1 水或隔日 1 水，有利于降低地温，保护根系，延缓早衰，并可加快膨瓜速度，增加瓜条的新鲜度。

结瓜后期，植株已进入衰老期，要进行大通风，停止追肥，减少浇水次数，促进茎叶中养分回流到瓜中。结瓜后期由于植株的营养状况变差，进入瓜中的养分也减少，极易形成一些无商品价值的畸形瓜。因此，要注意根据植株长势，适当疏去一些瓜胎，使留下的瓜正常生长，减少畸形瓜的形成。

（十一）黄瓜横向栽培技术

育苗

（1）种子处理。将精选的黄瓜种子放在盆里，倒入 55 ~ 60℃ 的温水，并不断搅拌、待水温降至 30℃ 左右、再浸泡 6 ~ 8 小时，然后用清水冲洗干净，并用湿纱布包好、置于 25 ~ 30℃ 下催芽，经 30 ~ 36 小时芽基本出齐，种芽长至 0.5 厘米时即可播种。

（2）温室消毒。每亩温室用硫磺 250 克、敌敌畏 250 克，分堆点燃，消毒 48 小时后播种。

（3）播种。在营养方内捣穴 1 厘米深，播芽瓜 2 粒，盖一层细潮土，温度以 30℃ 为宜。芽顶土时降温，白天温度为 25℃，晚上前半夜 16℃，后半夜 8 ~ 13℃。

（4）蹲苗。自播种到定植需 40 ~ 50 天。定植前 10 ~ 15 天起坨苗，进行炼苗。

定植

（1）整地、施足底肥。亩施优质有机肥 1 000千克、磷酸二胺 50 千克、磷酸钾 30 千克，翻地做小高畦。

（2）适期定植。地温稳定在 17 ~ 18℃ 时定植。栽植时露坨浅栽，以后随着中耕逐渐培土。栽植行距 25 厘米，株距 16.5 厘米。

定植后管理

（1）温度管理。定植后要保温，白天最高温度30～35℃，晚上尽量保温。缓苗后白天最高温度25℃，前半夜16℃，后半夜8～10℃。

（2）肥水管理。幼苗用壶逐棵浇水（每棵不超过500克），3～4天后结合追肥浇发根水，及时中耕，松土蹲苗，等待根瓜下瓜后再浇明水。

（3）压枝绑蔓。

①为充分利用光合面积，将叶片部分布在架的阳面（南面），把瓜条摆在架的阴面（北面），这样瓜形条直、整齐鲜嫩。多次绑蔓有利瓜的生长，一棵瓜身要绑12～15道蔓，采用“S”形的绑线法，蔓节缩短，有利于养分积累，增加瓜条数。

②根据前后排瓜架的高低，弯曲程度不同，前排采取长线弯曲，保持瓜蔓整齐，前排瓜蔓不要超过后排的高度。

③当瓜蔓1米高，瓜条数不多的将已绑好的3～4瓜蔓松开，把瓜蔓一下坐到30～60厘米高的架上，促使瓜条数增加。

（十二）黄瓜节能温室大棚栽培技术

育苗

培育壮苗是黄瓜获得高产的基础，同时，选择适宜棚室栽培的品种又是关键问题。

（1）种子处理与播种。用50～55℃的热水浸泡15分钟，然后将种子置于25℃温水中6小时左右，在气温25～28℃下催芽，当种子萌动前对种子进行5～8℃的低温处理，时间为1～2天。低温处理后，重新进行25℃条件下催芽。一般播种期在2月10日左右，日历苗龄在45天，生理苗龄在4～5片真叶。播种时将催好芽的种子播在准备好的种盘内，可用基质或提前备好的细土（已消好毒）。播种后覆盖土1厘米，保持播种盘28～30℃。出苗后，可适当降温以防徒长。

（2）分苗。在两片子叶充分展平后，即在播种后 7～8 天进行分苗。分苗土用提前准备好的营养土（即掺有腐熟的马粪、鸡粪、炉灰）装入 8 厘米 ×8 厘米营养钵中，进行分苗。

（3）苗期管理。温度采用阶段性变温管理办法，直到定植前 10 天左右，开始降温，白天 15～20℃，进行抗寒处理幼苗，夜间进行 5℃短时期的处理，地温（10～15 厘米深的土壤）保持 15～20℃为宜。育苗期由于外面的温度低，不便于放风，所以室内的二氧化碳浓度低，需放置二氧化碳发生器，增加幼苗的光合作用。

定植

提早定植：选用抗衰老的棚膜，秋季扣棚，翌春整地时每亩施入 4 000～5 000千克的农家肥（以腐熟好的鸡粪、人粪尿为主），深翻约 10～15 厘米。定植时每亩再施入 20 千克左右的磷酸二氢钾。定植的株行距 35 厘米 ×70 厘米，亩保苗 3 500株。当土壤的温度稳定通过 10℃时开始定植。具体时间根据棚室的保湿性能与外面的天气情况而定。

定植后管理

从定植到根瓜收获前灌 2 次冲施肥，在结瓜期，从 5 月上中旬开始，每半月施一次硫酸钾复合肥，亩施量 10 千克左右。盛花期、结果盛期可分别叶面喷施磷酸二氢钾 1 000倍液。当棚内气温超过 25℃时，可放侧风，夜间温度应保持在 12～15℃。6 月初看天气情况可昼夜放底风。结合浇水应进行多次中耕除草，防止土壤板结。在管理时应及时去掉老叶、侧枝，防止病害的发生及营养的分流，当植株长到棚顶时及时摘心。

（十三）黄瓜嫁接苗塑料大棚栽培技术

育苗

（1）砧木，接穗苗培育。一般于 11 月中旬在大棚内育苗。砧木与接穗种子均采用 65℃热水消毒，浸种催芽，露白即可播种，砧木比接穗种子早播 3 天。云南黑籽南瓜，或黄瓜专用嫁接砧木品种

（白籽南瓜）直接播在 10 厘米 ×10 厘米的营养钵中，每钵 1 粒，上铺 1 厘米厚土，浇足底水，平铺薄膜保温保湿促进早出芽，约 3 天有部分黑籽南瓜顶土时揭去薄膜，支上小拱架。黄瓜采用冷床育苗法，尽量稀播，培育无病壮苗。黄瓜在子叶平展期至 1 心期为嫁接适期。南瓜叶平展至 1 叶 1 心期均可嫁接。本嫁接采用插接法，操作简单，省工，熟练之后每人每小时可接 50 余株，成活率在 95% 以上。嫁接后的苗，放在事先搭建的小拱棚内，上面盖上薄膜与遮阳网（遮阴率 70%）。

（2）嫁接苗管理。嫁接苗头 3 天保持白天 25 ~ 30℃，夜间 18 ~20℃，空气相对湿度 95% 以上，同时，白天要用遮阳网遮光处理，要求遮光率在 90% 以上。3 ~7 天在 10:00时至 15:00时进行遮光，并逐步减少遮光时间，适当增加通风量。8 天后转入正常管理，棚温保持白天 25℃左右，夜间 15℃左右。

定植

嫁接苗在 3 叶 1 心时即可定植。嫁接苗要“三带”定植，密度按行株距 50 厘米 ×30 厘米定植，定植时让苗与土壤紧密结合，浇足底水，封严穴口，支上小拱架，覆盖薄膜 1 个星期保温保湿促进早发根缓苗。

定植后管理

及时上架，绑蔓：因嫁接黄瓜嫁接口容易折断，在 5 ~7 叶就要及时插架与绑蔓。本地利用丰富小杂竹搭成“人”字架，上面用绳连成一排，增加牢固度。黄瓜蔓每隔 20 ~30 厘米绑 1 次，始终保持“龙头”向上。绑蔓时连带摘除卷须。当蔓长到竹竿顶时留 1 叶打顶。

三、西瓜栽培技术

（一）大棚西瓜栽培技术

育苗

西瓜大棚栽培是设施栽培的一种，大棚是相对固定，使用期连续几年，甚至十几年。而西瓜又不能连作，所以，采取嫁接栽培。

（1）浸种催芽技术。砧木及接穗浸种催芽技术：

①使用温烫浸种法的，一定要保证水的温度，如在60～65℃热水中烫种15分钟，然后，顺一个方向不断搅拌，直到温度降至30℃，进行浸种。如果温度没有把握一定要使用温度计进行测试，水温不够时及时补充热水。

②如果使用药剂浸种，一定在浸种前先将种子用清水浸泡4～6小时，然后再进行药剂浸泡。由药剂溶液中捞出后，一定要用清水将种子清洗干净，然后再进行催芽。南瓜作为砧木，浸种时间为4～6小时，瓠瓜、葫芦砧木浸种时间为16～24小时。西瓜接穗为6～8小时。

③使用药剂浸种要严格控制好浸种时间和药液的浓度，如果时间过短或药液浓度不够，达不到杀菌的目的；相反，如果时间过长或药液浓度过高，会降低种子的发芽率。

④种子在催芽过程中，一定要经常进行翻动种子，并保证在出芽前每天用温水清洗种子，补充氧气，有良好的透气环境，有利于种子萌发。

（2）嫁接方法。目前，瓜类主要的嫁接方法有3种：靠接法、插接法和贴接法。

①插接法：插接法是用竹签在砧木的苗茎顶端进行插孔，将削好的接穗插入孔内而成。嫁接过程分为4个环节，砧木苗去心和插孔、削切接穗、接穗和砧木插接。主要特点是：

a. 防病效果好。接穗距离地面远，不易造成土壤的污染，因此，防病效果最为明显。

b. 嫁接速度快。插接法工序少，省工时，因此，嫁接速度快。

c. 对嫁接砧木接穗要求高，必须是适期嫁接，否则降低嫁接苗的成活率。

d. 有利于培育壮苗。插接法的砧木苗茎插孔比较深，一般斜穿整个苗茎，接穗与砧木的接触面较大，对接穗和砧木间的上下营养畅流有利，因此，有利于培育壮苗。此方法简便易行，易于掌握。

第一，嫁接播种期的确定。根据定植期决定砧木的播种期。定植期所栽培的环境不同定植时间也不同，所定植的环境达到土壤稳定15℃，气温最低通过15℃，短期10℃低温不得超过5小时。例如，华北地区大棚栽培的定植期为3月中旬左右，如大棚内有加温设备可以提前到3月上旬。山东地区利用五层覆盖可提早到2月底或3月初。根据定植期，砧木的播种期向前推45~50天，即1月底。

第二，砧木与接穗播种标准及嫁接时间的确定。作为插接方法，砧木提前播种，播种在营养钵内，待两片子叶完全展开后，播种接穗；当接穗两片子叶完全展开后，砧木已长出1叶1心，这时达到插接标准。

插接使用的工具为一片刀片，一根竹签。嫁接时先将砧木生长点去掉，以左手的食指与拇指轻轻夹住砧木子叶下部的子叶节，右手持小竹签在平行子叶方向斜向插入，即拇指向食指方向插，以竹签的尖端正好到达食指处，竹签暂不拔出，接着将西瓜苗用左手的食指和拇指合并夹住，用右手持刀片沿子叶下胚轴斜削，斜面长度为1.0~1.5厘米。拔出插在砧木内的竹签，立即将削好的西瓜接穗斜面朝下插入砧木的孔内，使竹签的斜面插口与接穗的斜面紧密结合。

②贴接法：贴接法也就是老百姓俗话说的片耳朵法，用刀片紧贴砧木的一片子叶向下斜切，将砧木片去除1片子叶。在接穗子叶下方1.5厘米处斜切，方向自上而下，切面要与砧木的切面相吻合。将切好的接穗贴靠在砧木上用夹子夹好。主要特点是：

a. 贴接具有操作技术简单，嫁接速度快。

b. 苗龄短，成活率高。

c. 防病效果好。接穗距离地面远，不易造成土壤的污染。

砧木提前播种，播种在营养钵内，待两片子叶完全展开后，播种接穗；当接穗两片子叶完全展开后，砧木已长出1叶1心，这时达到贴接标准。首先沿砧木子叶一侧用刀片斜切掉另一片子叶，刀口长度1厘米左右。再沿西瓜下胚轴2厘米左右，同样斜切掉下胚轴，刀口长度与砧木刀口长度相同。

（3）嫁接苗苗期管理。西瓜苗嫁接后，必须在苗床内保湿保温，苗床需垫必要的酿热物或安置电热线，嫁接一批放置一批，苗床地表面事先喷上一点儿水，放好后可以浇水或嫁接前把砧木苗浇透。嫁接的成活率虽然与砧木的种类、嫁接技术的熟练程度有关，但更为重要的是嫁接后的管理。管理不当，即使嫁接技术再好，成活率也会很低。主要重点管理以下几个方面：

①温度管理：嫁接苗伤口愈合的适宜温度是22～25℃，有加温设备的（地热线）苗床的温度容易控制。刚刚嫁接的苗白天保持25～26℃，夜间22～24℃。一周左右，伤口已愈合，逐渐增加通风时间和次数，适当降低温度，白天保持22～24℃，夜间18～20℃，定植前一周应让瓜苗逐步得到锻炼，晴天白天可全部打开覆盖物，接受自然气温，但夜间仍要覆盖保温。

②湿度管理：嫁接苗在愈合以前接穗的供水全靠钻木与接穗间细胞的渗透，其量甚微，如苗床空气湿度低，蒸发量大，接穗失水萎蔫，会严重影响成活率。苗床空气相对湿度应保持在95%以上，在嫁接前或嫁接后把砧木浇一次透水，然后盖好膜，2～3天内不通风，苗床内薄膜附着水珠是湿度合适的标志。3～4天后根据天气情况适当通风，适当降低湿度。苗床温度高、湿度大是发病的有利条件，为避免发病，床内进行消毒，带病的砧木或接穗严格清除。只要接穗不萎蔫，不要浇水。

③光照管理：嫁接后进行遮光，遮光是调节床内温度、减少蒸发、防止瓜苗萎蔫的重要措施。方法是在拱棚膜上加盖竹帘、遮阳网、草苫或黑色薄膜等物。嫁接3天内，晴天可全日遮光，3天后，早晚逐渐见散射光，逐步见光时间加长，直至完全见光。遮光时间的长短也可根据接穗是否萎蔫而定，嫁接一星期内接穗萎蔫即应遮光，一星期后轻度萎蔫亦可仅在中午强光下遮光1～2小时，使瓜苗逐渐接受自然光照。若遇阴雨天，光照弱，可不加盖遮光物。

④通风换气：嫁接后2～3天苗床保温、保湿，不必进行通风。3天后可在苗床两侧上部稍加通风，通风时间为早晨和傍晚各0.5小时，降低温度、湿度。以后每天增加0.5～1小时。到第6～7天

只中午太阳光照强时，接穗子叶有些萎蔫时，再短暂遮阴。如没有萎蔫现象就可把遮阴物全部撤掉。第 8 天后，接穗长出真叶，可进行苗期正常管理。

⑤劈接法去掉夹子和捆扎物：在嫁接后 10 天左右，砧木与接穗已基本愈合，这时应将绑扎在接口处的线解除或将嫁接夹去掉。注意：线解得过早或小夹子去的过早，伤口尚未完全愈合好，接穗容易从砧木上脱离；线或小夹子解得过晚，线或小夹子就会勒入胚轴，影响瓜苗生长。解线或去夹应在晴天进行，切记在低温寒潮天气下解线，以防受冻，接穗掉落。

⑥定植前及时断根：对于靠接的西瓜，在定植前 5 天左右，要把西瓜的根提前断掉。方法：从接口下 0.5 ~ 1.0 厘米处将接穗的下胚轴剪断，然后在切断的地方，再把下部连接地的那部分再切掉，防止上部接穗与下部再次愈合。在断根前，可先试 1 ~ 2 棵，观察 2 天。如不发生萎蔫，就可把全部的嫁接苗实行断根。如断根后，遇晴天高温，可适当进行喷水和遮阴。

⑦抹除砧木腋芽：砧木子叶间长出的腋芽要及时抹除，以免影响接穗生长，但不可伤害砧木的子叶。即使是亲和力最好的嫁接苗，若砧木子叶受损，前期生长受阻，进而影响后期开花生果，严重时会形成僵苗。因此，在取苗、嫁接、放入苗床、定植等操作过程中均应小心保护瓜苗子叶。

定植

原则：当大棚内土壤 15 ~ 25cm 深度的最低温度连续 7 天稳定通过 15℃，并且，大棚内的最低温度同样连续 7 天稳定通过 15℃时，才能定植西瓜。不论大棚还是温室、中棚、小拱棚、露地地膜、土壤的温度、外界的气温都必须连续 7 天稳定通过 15℃以上，方可定植。这就是西瓜定植的时间，即定植期。

作为大棚栽培西瓜，在华北地区定植期一般在 3 月中旬左右，东北地区 3 月下旬，南方江浙、重庆长江流域地区一般在 3 月初左右定植。近几年来由于保护措施的加强，在大棚内套小棚，二层幕、小棚上加盖草帘，大棚外再从地面 1 米高度加一圈草帘，有的还采取大棚内通热风管道来提高大棚内的温度，使之提早定植。在这种条件下，大棚栽培的西瓜在华北地区、山东地区提早到 2 月中旬就能定植。

选在寒流刚过，晴天无风的天气定植，决不可以为了赶时间而选在寒流的天气定植，更不可以选择阴雪天气定植。因为在晴天可以保证西瓜定植后所需的温度，缓苗快。春大棚嫁接西瓜密度每亩在 650～700 株为宜，株距在 60 厘米左右，行距为 150 厘米左右。

定植后管理

（1）温度管理。根据不同生育期及天气情况，采用分段管理办法以促进生长和正常结果。定植后 5～7 天，要提高地温，保持在 18℃以上，以促进缓苗，加快幼苗的生长。为此，要密闭大棚，大棚内要加盖小棚，晚间小棚上盖草帘，如有条件，大棚内加二层幕。当白天大棚内温度升高至 35℃时进行通风降低温度。小棚白天也要揭开。温度调节范围白天不超过 35℃，夜间不低于 15℃。随外界气温上升逐渐加大通风量，以利于稳健生长。为改善光照，9～15 天时可将棚内小棚揭开，当瓜蔓长 30 厘米时可拆除小拱棚。到盛花和坐果期，对温度和湿度反应较为敏感，温度白天保持在 25～30℃，夜间注意防寒，控制在 15℃以上，防止高温引起徒长，不易坐果，低温造成落花落果。总之，大棚西瓜温度控制前期应注意保暖防寒，坐果期温度不易过高或过低，膨果期加大大棚通风量的同时，提高大棚内的温度，降低湿度，使果实尽快地膨大，防止病害发生。

（2）大棚内光照调节。大棚内光照状况与植株生长、产量和品质有直接关系。棚内光强度随季节、天气而变化，在早春和阴雨天光照强度明显不足。大棚不同部位的光强分布规律是自上而下递减，上部透光率 61.0%，距地面 150 厘米处透光率 34.7%，近地面透光率仅 24.5%；南北向大棚上午光照状况更为恶化。为此，建棚时应尽量减少立柱，选用耐低温防止老化无滴棚膜，保持薄膜清洁，适当通风排气，降低棚内湿度，以改善大棚的光照状况。

（3）湿度管理。大棚西瓜生育适宜空气湿度白天维持在

55% ~65%，夜间维持在 75% ~85%，湿度过高是影响正常生长和增加发病的主要环境因素之一。虽然京欣一号西瓜耐湿性比其他西瓜品种要强，但过高的湿度也会引起京欣一号徒长，生长势较弱，病害易发生。因此，应采取栽培管理措施降低空气湿度。如地表面全部覆盖地膜减少土壤蒸发量，或地表面覆盖一层稻草也能减少地表水分的蒸发，达到降低湿度的目的；前期控制浇水次数和浇水量，如有条件最好利用滴灌方法来灌溉是降低大棚内湿度的最好的方法之一；当中晚期，随着植株生长，蔓叶已覆盖整个大棚地表面，温度升高，蒸腾量加大，而且，此期间浇水量和次数也增多，棚内湿度增高。在管理上要加大通风量，降低大棚内湿度。

（4）施肥灌水管理。大棚西瓜属集约化栽培，施肥水平高，采取集中施肥方法。定植到收获追施纯氮量为 15 ~20 千克/亩，纯钾量为 7.5 千克/亩。

定植水浇过后，水稳苗后，应隔 5 天左右再灌定植水。就进入团棵期，如大小苗不一致，苗较弱情况下，进行对弱苗施提苗肥。施用速效氮肥如尿素，每亩 7.5 ~10 千克，适当地补充一些水分有利于肥量吸收。

在团棵期苗长的整齐一致，水分不缺乏，就不必施肥浇水。因在保护地大棚条件下与露地不同，水分散发减少，保水保肥性能好。在保护地情况下要比露地减少浇水施肥次数。

伸蔓期（结果期）预施。团棵以后植株伸蔓，开始旺盛生长。为促使茎叶生长为结果奠定基础，又不致生长过旺而影响结果，应根据长势巧施伸蔓肥。这个时间施速效氮肥、钾肥。每亩地施尿素 15 千克左右，硫酸钾 7.5 千克左右。还可以追施豆饼、菜籽饼，每亩地 25 ~75 千克。施肥方法有两种，一是结合伸蔓水一起追施 N、K 速效化肥；另一种，开沟施肥，距离苗 35 厘米，即地膜下面开 15 厘米深的沟，把上述肥料施入，盖好土，然后灌水。

伸蔓期水肥要充足，是满足整个授粉期的需要，这个时期的水肥是不可缺少的。

从授粉到果实膨大前，即开花授粉期，从开花到授粉一般需要

5～7 天，如苗长的不整齐，授粉期延长到 10 天左右。这个时期一般不灌水施肥。如这个时期进行灌水造成生长势过旺，落花落果。如果授粉期拉长，植株明显缺水，雌花、雄花都很小，可以适当地补充水分，满足授粉期的需要。

膨果期，当幼果长到鸡蛋大小，开始施膨果肥，浇膨果水。膨果水肥的早晚及用量的大小是关系到春大棚早熟西瓜产量高低的最重要因素之一。宜早不宜迟，如迟产量低、易裂果。作为春大棚早熟西瓜品种一般从开花到果实定型只有 16～18 天。如膨果水肥迟了，就会造成皮紧，限制果实膨大，造成果小、裂果，所以要尽快地使果膨大。膨果水肥一定要大水大肥。每亩地施尿素 20 千克，硫酸钾 15 千克。

施膨果水肥后，土壤要保持湿润状态，不要忽干忽湿。一般情况下，从膨果水肥后到收获时中间再补充浇一次水。在收获前 7 天停止浇水。

（5）植株调整。目前，早熟栽培西瓜的栽培方式及整枝方法，与传统的栽培模式有了很大的改变。无论在大棚、中棚、还是露地小拱棚，都利用三蔓整枝留一个果的方法。特别是大棚栽培，采用单行地爬、三蔓整枝、低密度、大果型的大棚栽培方式。

（6）留果。

①留果节位：大棚西瓜采用一个主蔓、二个侧蔓的三蔓整枝方法，坐果节位选主蔓第三朵雌花，侧蔓第二朵雌花坐果。

②人工辅助授粉是在理想坐果节位雌花开放盛期，于开花当天采摘雄花，将花药的柱头轻轻涂抹雌花柱头，授粉的时间应在清晨 6～10 点钟进行。

③采收：从开花到果实成熟需 28～30 天。不同的栽培方式，不同的气候条件成熟的日期不同。早春大棚栽培，前期温度低，光照弱，所以，从开花到成熟所需的日数就多。一般在北方地区，春大棚栽培的京欣类型西瓜从开花到成熟需要 30～35 天左右。

（二）小拱棚精品小西瓜春早熟高产栽培技术

育苗

（1）适期播种。小西瓜对温度要求高，育苗不应过早播种。过早播种，会加长苗期，幼苗生长弱，早期果型小，产量低；过晚，则达不到早熟目的。一般2月底在大棚内或温床育苗。

（2）搞好种子处理。播种前进行种子消毒、浸种催芽处理。种子消毒一般用温汤浸种，方法是将种子放在55℃的温水中，不断搅拌15分钟，然后自然冷却浸种4~6小时后进行催芽，催芽温度一般为28~30℃，待80%左右种子发芽时进行播种，播种应选择晴天中午进行。

（3）苗床管理。温度应掌握“两高两低”的原则，出苗前高，控温28~32℃，苗出土至幼苗露心期低，白天22~25℃，夜温12~15℃，第一片真叶展开后提高温度以28~30℃为宜；定植前1周进行低温炼苗。瓜苗对水分敏感，为防止幼苗徒长，在浇足底水情况下，苗期控制肥水。

（4）整地、施肥、做畦。定植前半个月开始整地施肥，一般亩施磷酸二铵20千克，硫酸钾15千克。一般垄背宽30~40厘米，垄沟在垄背两侧，垄沟宽25~30厘米，栽双行瓜苗，伸蔓后，相邻两瓜蔓分别伸向相反方向。瓜畦做好后，盖好地膜，并扣好小拱棚，以提高地温，促进缓苗。

定植

小西瓜种植密度因整枝方法不同而各异。采用双蔓整枝一般亩可种800~1 000株，三蔓整枝亩种600株左右，四蔓整枝亩种450株左右。一般当10厘米土壤温度稳定在12℃，棚内气温稳定在15℃，凌晨最低气温不低于5℃即可定植。定植应选晴天进行。由于小果型西瓜开花初期雄花花粉少，为促进坐果，最好种植一部分普通早熟西瓜，作为授粉品种。

定植后的管理

（1）温度管理。缓苗前以“闷棚”为主，棚温白天30～32℃，夜温不低于15℃，若白天不高于35℃，一般不通风。缓苗后白天控温28～30℃，夜间不低于15℃，白天超过30℃时及时通风。后期坐果后，尤其膨瓜期要加大通风量，夜温过高，夜间也可通风，使昼夜温差达10℃以上。

（2）肥水管理。小型西瓜皮薄，浇水不当易裂果，水分管理上忌过分干旱后突然浇水。在施足基肥浇足底水的基础上，头茬瓜采收前原则上不施肥不浇水。在头茬瓜大部分采收后，二茬瓜开始膨大后应进行追肥，以氮、钾肥为主，亩施氮磷钾复合肥30千克，于根的外围开沟撒施，然后浇水。等三茬瓜开始膨大时，按前次用量和方法追肥并适当增加浇水次数。

（3）整枝压蔓。整枝方法分保留主蔓和苗期摘心两种，前者主蔓始终保持顶端优势，结果早，但果实间成熟一致性差，后者则选留若干生长相对一致的子蔓，开花时间和坐果位置相近，商品率高。保留主蔓时，在主蔓基部留2～3条子蔓，形成三蔓或四蔓整枝。摘心应在幼苗6片真叶时进行，摘心后保留3～4条生长相近的子蔓，使其平行生长，摘除其余侧蔓。压蔓则一般采用明压。

（4）保花与留瓜。促进坐果主要用人工授粉和使用激素促进坐果。前期低温下采用普通早熟西瓜品种作为授粉品种进行辅助授粉，在阴雨天或无其他西瓜花时，可使用激素促进坐果。

小果型西瓜不论是主蔓还是侧蔓，以留第二雌花坐果为宜，留果数目一般头一茬瓜留2～3个为宜，当头茬瓜生长10～15天后留二茬瓜。

（三）春季大棚立架小西瓜栽培技术

育苗

（1）培育壮苗。小果型西瓜种子播种前先晒种2小时，以增加种子内部酶的活力，然后进行种子消毒。消毒方法有2种：一是温汤杀菌，即把种子放入55℃的恒温水中浸10分钟，此间不断搅动种子，使种子受热均匀，然后在逐步冷却的温水中浸种3~4小时；二是用清水浸5~6小时，再用40%的福尔马林100倍液浸种10分钟，也可用1%的硫酸铜液浸泡5分钟。然后把浸过的种子用饱和石灰水去泡，等种皮不滑时用清水洗净，用毛巾擦干种子表面的水分，再破壳。种子破壳可采用牙齿破壳与机械破壳2种方法。由于小果型西瓜种子小，用机械破壳容易破损种子，故以用牙轻轻磕开小口为宜。将破壳的种子平放在经过消毒的湿润沙盘或湿锯木屑盘中，种子不宜堆得过厚，上面覆盖1块经过消毒的湿毛巾和1层塑料薄膜，以防水分蒸发。然后将其放在32~35℃温度下催芽，一般经过24小时即可出芽。

（2）苗床准备。春季栽培一般要采用温室育苗或大棚温床育苗，苗床应选在背风向阳、光线充足、易于排水的地块。采用塑料营养钵集中育苗，营养土要求肥沃疏松，不带病虫杂草。配制比例：65%稻田表土加35%的腐熟猪牛粪，再加0.1%的三元复合肥混合拌匀。营养钵装好土后紧排在苗床上待播。

（3）适时播种。2月上旬左右适时播种。苗床设在大棚和温室内，播种前棚室用薄膜盖严压实。在播种前一天下午用洒水壶将0.1%的甲基托布津水溶液淋透塑料营养钵。第2天播种，每钵播1粒，再覆上5毫米厚的细土。播后床面铺1层地膜。然后立即插上竹拱，盖好农膜，并将四周盖严压实，清理好苗床和大棚四周的排水沟。

（4）苗床管理。播种后的苗床温度应调至30~35℃，同时保持适宜湿度。同时密封四周塑料薄膜，防止老鼠进入苗床。瓜芽顶土时及时揭去地膜。出苗70%后，在早晨种壳湿润时小心去壳"取帽"，"取帽"后立即盖上棚膜保湿增温，继续促进出苗。12天后第2次"取帽"。出苗后至第1片真叶出现前，应注意把床温降至白天20~25℃，夜间15~18℃。第1片真叶展开后适当升温，白天25~30℃，夜间18~20℃。

定植

（1）定植地准备。选择地势高燥，排灌方便、土层深厚疏松、肥力中等的地块。土壤冬前深耕30厘米以上，以加速土壤风化和杀死地下害虫。定植前10～15天，先耙平地面，接着进行第二次翻耕、耙平。立架栽培按1米行距做畦，即畦面宽70厘米、沟宽30厘米，单行定植在畦中央。基肥亩施厩肥1 000～1 500千克，或土杂肥1 500～2 000千克，饼肥75～100千克，三元复合肥25～30千克，在肥料与土壤掺和均匀后封沟做畦，畦高30厘米。幼苗植前7～8天，畦面覆盖地膜，搭好大棚拱架，盖好大棚膜。

（2）定植与密度。定植前1～2天，育苗营养钵应充分淋水，大棚内空气湿度保持在50%～80%。幼苗3片真叶时定植，在瓜畦定植位置地膜上划“+”字或用打孔机打洞。单行种植，嫁接苗的嫁接口不能埋入土中。立架栽培一般采用二蔓整枝，株距56～60厘米，亩栽1 100～1 200株。定植后每株淋0.2%～0.3%的复合肥水或稀薄腐熟人粪尿水0.25千克。为了克服早春低温，提高幼苗成活率，可在定植苗上加设小拱棚覆盖。

定植后的管理

（1）温湿度管理。定植后5～7天，要密闭大棚和小拱棚。一般不通风。白天棚温25～28℃，夜间不低于15℃，以促进缓苗。若白天高于35℃，则应设法遮光降温。若遇强冷空气，应在大棚内小拱棚上增加草帘或纸帘覆盖。缓苗期不灌水，以防降低地温。

（2）双蔓整枝。在5～6片真叶时留5叶摘心，一般采用双蔓整枝法，当子蔓长至40～50厘米时，选留长短、大小适宜的两条健壮子蔓，其余子蔓以及以后2条子蔓行长出的孙蔓及时除掉。在坐果节位以上留10～15片叶后即可打顶。西瓜膨大后，顶部再伸出的孙蔓，以不遮光为原则决定去留。

（3）搭架绑蔓。当植株长到50～60厘米时搭架，可搭人字架、篱笆架、交叉架等，并及时绑蔓，每蔓1根竿或1条尼龙吊带。绑蔓时采用“8”字形扣，将瓜蔓牢固地绑在竹竿上，同时，要注意理蔓，把叶片和瓜胎合理配置，切勿折断嫩蔓叶、雌花和瓜胎。后期绑蔓应注意不要碰落大瓜。绑蔓和整枝可结合进行。

（4）人工授粉。早春栽培小西瓜，必须进行人工辅助授粉，同时，用坐果灵喷雾或涂抹，确保坐果，达到一株多果的目的。一般在子蔓第二朵雌花开放时开始授粉，授粉一般在上午 8:00～9:00 进行，阴雨天气可适当延后。一般 1 朵雄花的花粉授 1 朵雌花。授粉时要小心操作，不可触及雌花果柄及子房，并且把雄花花粉尽可能多地均匀涂抹在雌花上。

（5）浇水追肥。瓜苗定植后到伸蔓前，浇水量不宜过大。在伸蔓期，插支架前视天气情况灌水，水量适中即可。开沟追肥和插支架后，晴天可灌水，以利发挥肥效，促进伸蔓。开花坐果期不灌水，防止徒长和促进坐果。幼瓜长到鸡蛋大时，小水勤灌，保持地面湿润为宜，一般每 30 天浇 1 次水，促进幼瓜膨大，开花期多雨，不可开棚顶通气缝。防止雨水落进棚内影响坐瓜。西瓜膨瓜期和定果期，在久旱遇雨和连续阴雨天气，注意利用大棚膜防雨，防止裂果。瓜苗定植至伸蔓前，促瓜苗早生快发。当果实鸡蛋大时，每亩施三元复合肥 20 千克。果实发育中后期为防止早衰，可于晴天下午 17 时左右或阴天喷施 0.2% 磷酸二氢钾或叶面宝，以提高产量和果实品质。若留 2 茬瓜，在第 1 茬果快要采收、第 2 茬果座位时，每亩再追施三元复合肥 15 千克，确保第 2 茬果正常生长。

（6）选瓜吊瓜。选留第 2～3 雌花坐的瓜。当瓜长到鸡蛋大小时，以 1 株坐 2 瓜为目标，选留果柄粗且长、发育快、无损伤、不畸形、大小较一致的幼瓜。当瓜长到碗口大、约 0.5 千克时，用塑料网袋吊瓜。

（四）春早熟西瓜双膜覆盖栽培技术

育苗

（1）砧木及接穗浸种催芽技术。

①使用温烫浸种法的，一定要保证水的温度，如在 60～65℃热水中烫种 15 分钟，然后，顺一个方向不断搅拌，直到温度降至

30℃，进行浸种。如果温度没有把握一定要使用温度计进行测试，水温不够时及时补充热水。

②如果使用药剂浸种，一定在浸种前先将种子用清水浸泡4～6小时，然后再进行药剂浸泡。由药剂溶液中捞出后，一定要用清水将种子清洗干净，然后再进行催芽。南瓜作为砧木，浸种时间为4～6小时，瓠瓜、西葫芦砧木浸种时间为16～24小时。西瓜接穗为6～8小时。

③使用药剂浸种要严格控制好浸种时间和药液的浓度，如果时间过短或药液浓度不够，达不到杀菌的目的；相反，如果时间过长或药液浓度过高，会降低种子的发芽率。

④种子在催芽过程中，一定要经常进行翻动种子，并保证在出芽前每天用温水清洗种子，补充氧气，有良好的透气环境，有利于种子萌发。将种子用30℃温水浸泡12小时，再装入纱布袋，使纱布袋温度保持在30～32℃，2～3天即可出芽。

⑤播种：砧木可以用营养钵播种，也可以用72孔穴盘播种。作为营养钵配制营养土配比方法，用优质腐熟的土杂肥和未种过西瓜的肥沃壤土按1：1的比例配制，1立方米土中加入过磷酸钙5千克，搅匀后装入10厘米×10厘米的营养钵中备播；穴盘育苗，草炭：珍珠岩=3：1比例配比。接穗，密播在平盘中或平畦里。

播种　种子2/3出芽后即可播种，每钵，或每穴一粒，用种量约每亩75～100克。播后盖一层地膜。

（2）嫁接方法－插接法。

作为插接方法，砧木提前播种，播种在营养钵内，待两片子叶完全展开后，播种接穗；当接穗两片子叶完全展开后，砧木已长出1叶1心，这时达到插接标准。

插接使用的工具为一片刀片，一根竹签。嫁接时先将砧木生长点去掉，以左手的食指与拇指轻轻夹住砧木子叶下部的子叶节，右手持小竹签在平行子叶方向斜向插入，即拇指向食指方向插，以竹签的尖端正好到达食指处，竹签暂不拔出，接着将西瓜苗用左手的食指和拇指合并夹住，用右手持刀片沿子叶下胚轴斜削，斜面长度为1.0～1.5厘米。拔出插在砧木内的竹签，立即将削好的西瓜接穗斜面朝下插入砧木的孔内，使竹签的斜面插口与接穗的斜面紧密结合。

(3) 嫁接苗期管理。

①温度管理：嫁接苗伤口愈合的适宜温度是22～25℃，有加温设备的（地热线）苗床的温度容易控制。刚刚嫁接的苗白天保持25～26℃，夜间22～24℃。当一周左右，伤口已愈合，逐渐增加通风时间和次数，适当降低温度，白天保持22～24℃，夜间18～20℃，定植前一周应让瓜苗逐步得到锻炼，晴天白天可全部打开覆盖物，接受自然气温，但夜间仍要覆盖保温。

②湿度管理：嫁接苗在愈合以前接穗的供水全靠钻木与接穗间细胞的渗透，其量甚微，如苗床空气湿度低，蒸发量大，接穗失水萎蔫，会严重影响成活率。苗床空气相对湿度应保持在95%以上，在嫁接前或嫁接后把砧木浇一次透水，然后盖好膜，2～3天内不通风，苗床内薄膜附着水珠是湿度合适的标志。3～4天后根据天气情况适当通风，适当降低湿度。苗床温度高、湿度大是发病的有利条件，为避免发病，床内进行消毒，带病的砧木或接穗严格清除。只要接穗不萎蔫，不要浇水。

③光照管理：嫁接后进行遮光，遮光是调节床内温度、减少蒸发、防止瓜苗萎蔫的重要措施。方法是在拱棚膜上加盖竹帘、遮阳网、草苫或黑色薄膜等物。嫁接3天内，晴天可全日遮光，3天后，早晚逐渐见散射光，逐步见光时间加长，直至完全见光。遮光时间的长短也可根据接穗是否萎蔫而定，嫁接一星期内接穗萎蔫即应遮光，一星期后轻度萎蔫亦可仅在中午强光下遮光1～2小时，使瓜苗逐渐接受自然光照。若遇阴雨天，光照弱，可不加盖遮光物。

④通风换气：嫁接后2～3天苗床保温、保湿，不必进行通风。3天后可在苗床两侧上部稍加通风，通风时间为早晨和傍晚各0.5小时，降低温度、湿度。以后每天增加0.5～1小时。到第6～7天只中午太阳光照强时，接穗子叶有些萎蔫时，再短暂遮阴。如没有萎蔫现象就可把遮阴物全部撤掉。第8天后，接穗长出真叶，可进

行苗期正常管理。

定植

秋茬作物收获后，深耕晒垡，按 1.6 米的行距挖宽 50 厘米、深 40 厘米的丰产沟。定植前半月左右沟内施入基肥，亩施优质土杂肥 5 000 千克，过磷酸钙 80 千克，草木灰 100 千克（或硫酸钾 20 千克），然后在沟上做瓜垄。

春旱时，可于沟内施肥后灌水润沟，再做垄。

3 月中下旬，选晴朗无风天气定植。按 50 厘米株距在瓜垄上开穴栽苗，栽苗后铺地膜，随插拱架，并将棚膜扣好保温，促进缓苗。

定植后的管理

（1）覆棚期间的管理。小拱棚双膜覆盖栽培西瓜，前期以保温促生长为管理要点。定植后一周内基本不通风，促缓苗；以后随外界气温升高，逐渐加大通风量，使棚温白天保持 28 ~ 32℃，夜间 12 ~ 15℃。当陆地最低气温稳定在 12℃以上时，即可撤掉小拱棚。

（2）植株调整。整枝与压蔓　西瓜双膜覆盖栽培，主要采取双蔓整枝，即保留主蔓和基部一条健壮侧蔓，其余侧蔓及时去掉。撤棚后，将瓜蔓引入坐瓜畦，两蔓间隔 15 ~ 20 厘米；在蔓长 60 厘米处压第一道，此后每 5 节压一道，以固定瓜秧。

授粉与留瓜　第二雌花开放后，于上午 9:00 时前人工辅助授粉；幼瓜鸡蛋大时，选留一个子房周正、长相良好的幼瓜，将其余幼瓜及时摘除，以免消耗养分。

垫瓜和翻瓜　瓜直径 10 ~ 20 厘米时用草圈垫瓜，以使果实生长周正，减轻病虫为害。瓜定个后，每 3 天将瓜转动方位一次，使瓜全面受光，着色均匀，以提高商品价值。

（3）肥水管理。幼瓜长至 4 ~ 5 厘米，已褪毛并开始膨大前，距瓜根 30 厘米处开沟（或挖穴）追膨瓜肥，亩施尿素、硫酸钾各 10 千克，并结合浇水；以后土壤保持见干见湿。瓜直径长至 15 厘米时，再结合浇水每亩追施尿素 8 ~ 10 千克。采瓜前 7 天停止浇水。坐瓜后喷 1 ~2 次 0.3% 的磷酸二氢钾液，每次间隔 7 天，显著提高果实品质，促进西瓜的膨大。

（五）西瓜秋延栽培技术

育苗

（1）育苗方式。采用遮阳网内嫁接育苗，可在早春西瓜育苗棚或普通棚内育苗。

（2）种子处理。将种子用 10% 磷酸三钠溶液浸泡 10 ~15 分钟后，捞出用清水冲洗干净，然后放入清水中浸泡 3 ~4 小时，放在 30% 的发芽床上催芽。芽长 0.5 厘米左右时播种，直播者可每钵 1 粒，覆土 1.5 厘米，嫁接者应播在苗床或育苗盘中。

（3）嫁接育苗。砧木采用葫芦，嫁接采用顶插法。砧木种子应提前 5 ~7 天播种。

（4）嫁接后管理。嫁接后，前期应以降温、遮阳、保湿为主。嫁接后 4 ~7 天逐渐通风、见光，7 天后可逐渐加大通风，减少遮阳，同时，应注意中午喷水、降温、保湿，发现病虫害应及时防治。

定植

8 月下旬，西瓜苗龄 30 ~35 天，植株生有 4 叶 1 心时即可定植，定植前 5 ~7 天扣棚，定植时在高畦上开两条深 10 ~12 厘米的沟，沟内浇水，按 56 厘米 ×65 厘米株距栽苗，施入多菌灵等杀菌剂，然后覆土，铺盖银灰色地膜，每亩栽植 600 ~700 株。

定植后的管理

（1）温度管理。定植后，生长前期要适当遮阳，以后逐渐除掉遮阳物，白天保持 28 ~32℃，夜晚高于 15℃。

（2）肥水管理。前期控制肥水，注意雨后排水，一般不追肥。结果期肥水紧促，坐瓜后 5 ~7 天追 1 次肥，每亩追西瓜专用肥 25 ~40 千克、尿素 10 ~15 千克。也可叶面喷施营养液，每隔 10 天喷 1 次。

（3）采用三蔓紧靠式整枝法。

（4）辅助授粉。选主蔓第二、第三朵雄花，开放当天 7:00 ~ 9:00进行人工授粉。

四、番茄栽培技术

（一）番茄温室大棚育苗与栽培技术

育苗

（1）育苗期。春日光温室春节栽培：播种时期头年的 11 月底至 12 月上旬。苗龄根据育苗营养面积体积大小苗龄时间不同。如用穴盘育苗 72 孔的苗龄在 60 天左右；128 孔的苗龄在 50 天左右；用营养钵（8 厘米 ×8 厘米）苗龄在 65 ~ 70 天。

春大棚播种期：1 月初至 1 月中旬。

（2）育苗前准备。

①营养土的准备：穴盘育苗营养土配制：草炭土：蛭石：珍珠岩 =3：1：1。营养钵育苗：田园土：草炭土 =3：1。每 1 立方米加复合肥 1.5 千克。

②浸种、催芽：种子处理杀死表面病菌。方法：温汤浸种，用 55℃温水浸种；药剂浸种，用 10% 的磷酸钠三浸种 15 分钟，清洗后催芽。用 5% 高锰酸钾浸种 15 分钟，清洗后催芽。

（3）苗期管理。

①温度管理：播种后白天 28 ~ 30℃，夜间 20℃保持 3 ~ 4 天，当苗盘中 60% 左右种子种芽伸出，少量拱出表层时，适当降温，日温 25℃左右，夜温 16 ~ 18℃为宜。两叶一心后夜温可降至 13℃左右，（出现畸形果）。定植前炼苗，温度降至定植环境内的温度。

②湿度管理：出苗后白天及时掀开小棚，降低温度。白天温室内温度升高后要进行通风降低湿度，防止苗期病害的发生。

③光照：温室内的光照靠太阳光，一般不进行补光。薄膜保持清洁，改善外保温材料。

④水分管理：苗期注意补水，特别是穴盘育苗的。

⑤肥料：穴盘育苗的，注意养分的补充。

定植

（1）定植期。春日光温室1月底至2月初，春大棚3月15～25日。

（2）定植方法。

①暗水穴栽法：用于地膜覆盖移栽。按一定株、行距开穴，将苗坨放入穴内，埋少量土，从膜下灌水，灌水后封穴。此法地温高，土壤不板结，幼苗长势强。

②卧栽法：用于徒长的番茄苗或过大苗定植。栽时顺行开沟，然后将幼苗根部及徒长的根茎贴于沟底卧栽。此法栽后幼苗高低一致，茎部长出不定根，增大番茄吸收面积。

（3）定植前的准备

①整地作畦：小高畦扣地膜：将地整细耙平，按畦宽100～120厘米画线，劈沟，做成畦高10～15厘米、畦面宽60厘米的小高畦。然后覆盖地膜并压土，步道沟踩实。

②定植密度：留4～5穗果，单干整枝株距30～33厘米，3 200～3 600株/亩；留5～6穗果，单干整枝株距33厘米左右，3 000～3 200株/亩；留6～8穗果，单干整枝株距35～40厘米，2 800～3 000株/亩；双干整枝株距70～80厘米，1 400～1 500株/亩。

定植后管理

（1）温度。番茄生长适宜温度白天为25℃左右，夜间13～15℃。早春日光温室，定植后相当长的一段时间内，由于外界低温，应以保温增温为主。夜间必需加盖保温被、蒲席或草帘。晴天阳光充足，室温超过25℃要放风，午后温度降至20℃闭风。开花坐果期，温度低于15℃时，授粉受精不良，易落花。果实膨大期，前半夜16～15℃，后半夜14～13℃；4月初，夜间可不再加盖保温覆盖物。当春季温度回升，外界最低气温稳定在12℃时，可昼夜放风。

（2）浇水。

①定植水：不宜浇大水，以防温度低、湿度大，缓苗慢，上病。

②缓苗水：在定植后5~7天视苗情，选晴朗天气的上午浇暗水（水在地膜下走）或在定植行间开小沟或开穴浇水。

③催果水：第一穗果长至核桃大小时浇一次足水，以供果实膨大。

④盛果期水：第二穗果膨大至拉秧浇几次水。这个阶段不断开花、结果、采收，生长量大，加上温度不断提高，放风量加大，水分蒸发、植株蒸腾随之加大，因此，需水量也大。原则是要在采收后浇水。

（3）追肥。一般追两次催秧促果肥。第一穗果实膨大（如核桃大）、第二穗果实坐住时追施，每亩用尿素20千克与50千克豆饼混合，离根部10厘米处开小沟埋施后浇水，或每亩随水冲施人粪尿250~500千克。第二穗果实长至核桃大时进行第二次追肥，每亩混施尿素20千克加硫酸钾10千克。还可喷洒叶面肥，即根外施肥。

（4）花期防止落花落果。应用沈农番茄丰产剂2号蘸花或喷花，比2,4-D有明显的优点，果实不长尖，不裂果，不畸形，后期果实膨大快，增产方法是：每瓶丰产剂2号对水1千克，在番茄每穗花开3~4朵时，于10:00前后或15:00前后，一次蘸完。为预防灰霉病，可加入0.2%的农利灵或速克灵等防病药剂。

（5）幼果期促进果实膨大。应用生殖促进剂（或助壮素）、增效剂、烯效唑、沈农番茄丰产剂2号都有促进果实膨大，整齐一致的作用。在此基础上使用膨果剂，作用是提高幼果内的激素水平，进一步增强果实的生理活性，促进光合产物流向果实，促进胎座组织生长发育。

（6）果实催熟。当番茄进入转色期，于采收前半个月用2 000~4 000毫克/千克的乙烯利抹果，可促进番茄提早6~8天成熟，增加早期产量和收入。注意乙烯利溶液要抹匀，时间不要太早，不均匀或太早会影响果实的成熟度和食用品质。

（二）冬季番茄日光温室栽培技术

育苗

采用综合措施，培育无病壮苗。

（1）筛好营养土，整理育苗床，适期播种。将发酵好的优质猪圈肥晒干碾细过筛，与过筛的无菌熟土按3：1的土肥比拌好，每亩用营养土4~5立方米，每立方米营养土中加入过磷酸钙1千克，草木灰5~10千克，并渗入50%托布津或多菌灵80克拌匀。整出两个宽2米，长4米的育苗床，4~5个分苗床，在育苗床上均匀喷浇无菌净水100千克，待渗透后将催芽露白的种子均匀撒在苗床顶面，盖湿润细土0.8厘米，后盖地膜搭小拱棚。种子顶土后揭去地膜，播期选择在夏至之后7月初进行育苗。还可以采用营养钵育苗（10厘米×10厘米），或72孔营养盘育苗。

（2）严格控制温湿度，及时分苗，防止幼苗徒长。出苗温度应在25~30℃，幼苗70%出土后揭去地膜放风，床温可维持在20~25℃，1~2片真叶后，白天25~30℃，夜间15~20℃，维持15~20天。

采用两次分苗法，第一次分苗在1~2片真叶时进行，行距10厘米，株距5厘米，第二次在第一次分苗后20~25天，幼苗在4~5片真叶时分苗，行距15厘米，株距10厘米。

为防止徒长，分苗前可采用矮壮素浇苗床，每7~10天喷雾一次，喷3~4次。

定植

定植时间在苗高20厘米左右，6~7片真叶，苗龄45天以后，具体时间为8月下旬，选择晴天及时定植。

定植后管理

（1）定植后至第一序花坐果，主要是进行蹲苗，促使根系下扎，促下控上为丰产打好基础，土壤含水量控制在 15% ~20%。

（2）及时疏花疏果。不管哪个品种，只可留 3 ~4 序果穗，每穗留 2 ~3 果，有利于促使长大果。同时掌握温度及时浇好第一次水。当第一序果长至核桃大，第三序花蕾刚开始时结束蹲苗，开始灌第一水。以后每 15 天左右灌一次水，结合灌水追施尿素，每亩 5 ~8 千克。如遇徒长，可适当喷施矮壮素，浇水前后应保持地温 20℃左右，放风量不宜过大，以免影响根系生长。

（3）盛果期的综合措施。

①适宜的温湿度。室内气温控制在 25 ~28℃，地温 24 ~25℃。土壤含水量 20% ~25%，15 天左右浇一次水，注意适宜的放风时间增加光照，经常揩擦无滴膜，草帘严格早拉晚盖。

②增施二氧化碳肥。7 ~10 天喷施一次磷酸二氢钾。高产棚室或植株缺氮可采用喷施赤霉素的方法促使植株健壮，另加 0.5% ~2% 尿素，7 ~10 天一次，共喷 4 ~5 次。

③防止落花落果。可用 2,4-D 点花柄，或者用防落素兑水喷花。

（三）罗曼番茄温室栽培技术

育苗

“罗曼”生长速度快，在适宜的温度和水分条件下，从播种到现蕾约需 50 天，从定植前推 47 天，即为适宜播种期，育苗期间掌握控温不控水的原则，苗床底水要充足，播种至出苗、分苗至缓苗阶段，温度要高，白天 25 ~28℃、晚间 16 ~18℃，出苗后至分苗缓苗后，温度稍低，白天 22 ~25℃、晚间 10 ~12℃，夜间温度前高后低，但此期间不能低于 10℃，定植前 5 ~7 天低温炼苗，白天掌握在 18 ~20℃，夜间逐渐由 10℃降至 3 ~5℃为宜，在底水充足的情况下，整个育苗期间还应注意满足水分供应，忌苗期干旱。

定植

大温室定植的安全期在 2 月上旬，若要提前定植，必须做好防寒保温措施，如采用地膜覆盖，还可提前7天定植，定植时应以室内10厘米地温连续稳定在12℃以上，最低不低于10℃为宜，达不到温度指标，不可早栽，否则气温、地温低，植株不能生长，造成落花落果。

定植后管理

白天25～28℃，夜间15～18℃，定植3天后，根据土质情况浇一次缓苗水，然后进行细致的中耕松土2次，此期提高地温尤其重要。定植15天浇一次大水，2天后打垄保墒，维持1个月，然后再浇水，同时，要注意通风，以后7天左右隔沟浇水，根据果实的需求量，整个生育期浇水时间适当缩短，切忌清水与肥水交替进行，每次施肥硫酸铵和磷酸二铵混合使用，亩施肥量7.5～10千克，盛果期肥量增加，亩施量12.5～15千克，还可根据果实的生长速度，沟施有机肥2 000千克/亩，结合叶面施肥0.2%的磷酸二氢钾和0.1%的尿素混合使用。温室内空间高，宜单干整枝，及时去掉侧枝，为保证前期产量，有利于通风透光，果实长到一定程度，不能再继续膨大时，把果实下边的叶片全部打掉，促进早熟，当植株长到7穗果时摘心。经过“罗曼”与“强力米寿”的前、中、后期产量和总产量的比较结果表明，“罗曼”各期产量和总产量均高于“强力米寿”，平均亩增产6 034.4千克，亩增收1 226.71元，是温室线虫严重区种植番茄的一个理想品种。

（四）番茄秋延后日光温室栽培技术

育苗

（1）高畦育苗。为防止大雨侵袭造成烂根，可采用高畦育苗，一般畦高10～15厘米，畦面宽50～80厘米。

（2）畦田遮阴。在畦面上方搭30～90厘米高的遮阴架，形状为南高北低，然后盖上农膜，上边可适当撒些秸秆或树枝，以免阳光直射和雨水侵袭。

播种期以7月中旬至8月初比较适宜，育苗基质用草炭、蛭石添加1%的干鸡粪、少量化肥配成，穴盘育苗。种子播前温汤浸种后再用磷酸三钠处理30分钟以防病毒病，然后用清水洗净种子，洗净后立即置于25℃条件下催芽。2～3天后，大部分种子露白时即可播种。播种后如正处于高温强光环境下，应注意通风、遮光、降温并经常喷水，出苗后应尽早见光并在防虫网内育无虫苗，用0.3%的磷酸二氢钾叶面喷施防徒长。

（3）种子处理。选晴天晒种7～8小时，然后用多菌灵400倍液或高锰酸钾1 000倍液浸泡4～5小时进行消毒处理，再用清水将种子冲洗干净，晾后撒播于苗床，可有效预防病毒病，早晚疫病及灰霉病的发生。

（4）苗期管理。主要应做好间苗和温湿度管理，防止高温多湿，并做好病虫害防治工作。真叶展平后，每隔5～7天喷1次多菌灵或甲基托布津等杀菌剂，若有蚜虫发生可喷洒抗蚜威或氧化乐果等农药，同时喷施植物生长剂或叶面宝，促使幼苗茁壮生长。

定植

秋延后番茄的适宜定植时间为8月25日至9月上旬。定植时，为避免伤根、感病，应采用小苗带土坨移栽，株距20～30厘米，每亩4 000～4 500株，为避免大水漫灌，可采取开沟浇水定植，而后封土的办法。

定植后管理

（1）肥水管理。缓苗后应浇一次小水，追肥一次。以后视墒情做到地面见干见湿，进行小水浅浇，中后期气温下降，坐果后结合浇水追肥1～2次，进棚后，棚内湿度大，应在晴天上午浇水，有利于降低棚内湿度。

（2）植株调整。早丰番茄生长中可采取单枝整枝和留辅助枝的办法，即主茎结两穗果自行封顶后，可在第一穗果下边留第一侧枝作为辅助生长枝，侧枝留三片叶摘顶，以增加营养面积和光合作用，促使果实迅速膨大。

（3）保花保果和疏花疏果。在花期可用番茄灵或2,4-D涂抹花柄，可提高坐果率。同时为了确保果大整齐，还应该做好疏花疏果工作，保持每株坐果 12 ~ 13 个，多者一律疏除。

（4）适时扣棚。加强棚温管理，一般 10 月上旬左右，当夜晚温度降到 15℃时开始扣棚，对长势旺，结果早者可适当晚扣棚，反之可适当早扣棚，在棚温管理上，通风量由大到小，使棚温白天保持在 25 ~ 35℃，夜温不低于 15℃，一般于 11 月开始加盖草苫，同时，为了达到延秋补淡，供应双节市场，提高经济效益，棚内温度不易过高，尽量推迟番茄着色成熟期，起到补淡作用。

（5）乙烯利催熟。在番茄果个定型，颜色由青转白时用乙烯利处理为好，不但能保持番茄的鲜味，而且商品性好又不影响产量。

（五）樱桃番茄连栋温室栽培技术

育苗

7 月中下旬育苗。采用无土育苗，基质由蛭石：珍珠岩：草碳按 1：2：2（体积比）混合均匀，装于 128 穴或 72 穴的育苗盘中，浇透水后再用 1% 的高锰酸钾或多菌灵溶液喷淋消毒。每穴于中央播一粒种子，播种深度 2 厘米，播后喷淋浇水，这时可叠盘催芽，以利于种子发芽整齐一致，并用塑料薄膜覆盖，保温增湿。36 小时后种子露白，要及时摆盘待出苗，这时温度管理和催芽时相同，最重要的是遮阳保湿。出苗后要及时降温控湿和严格光照管理，防止徒长。浇水在早上进行，严禁中午高温强光时浇水，否则苗易窒息死亡。在真叶出现前，应只浇水不浇肥。

定植

当苗长到四叶一心，即 30 天苗龄时即可定植。结合深翻每亩施腐熟有机肥 6 ~ 10 立方米，同时，再加过磷酸钙 20 千克，一般采用高畦双行栽培，畦向为南北走向，高 30 厘米，畦面宽 110 厘米，底面宽 130 厘米，畦间距 60 ~ 70 厘米，每畦行距 50 厘米，株距 35 ~ 40 厘米，每亩保苗 3 000 ~ 3 200株。定植时应选择阴天或晴天的下午 16:00 以后进行，先开定植沟，苗基质要浇透水，带基质栽苗，定植后及时浇定植水。定植成活后，苗高 20～25 厘米时，覆盖地膜。

定植后管理

（1）肥水管理。每 4～5 天浇一次水，促进缓苗，由于正值夏季高温，中午要及时用遮阳网遮阳。定植成活后，浇肥水不能太多，以保持土壤湿润或稍干为宜，防止忽干忽湿。每次每亩浇肥水量 10 立方米。在植株生长中期即进入冬季时，需 7～10 天浇一次肥水。结果后期即翌年 4～6 月加大肥水量，每 5～7 天浇一次。

（2）温度管理。樱桃番茄要求夜间温度在 10℃ 以上，白天 20～25℃，最高不超过 35℃。

（3）植株调整。当植株长到 25～30 厘米时，应及时吊蔓。采用双杆整枝或单杆整枝。疏花疏果是为了提高产品的质量，一般第 1、第 2 穗花留 10～15 个果，以后每穗花可留 25～30 个果，这样成熟后的果实大小均匀，商品率高。当植株长到 3 米左右时，应及时摘除下部老叶并落蔓。落蔓时每行的植株向同一方向倾斜，但同一畦的两行必须是反方向，每行的两端用长的植株绕成弧形至另一行中，这样整个畦的植株形成一个循环，以利于以后继续落蔓。

（4）果实管理。在整个开花的过程中，要求人工授粉，即选择晴天的上午 9:00～10:00，人为的振动花序，若遇到冬季连阴雨天气，可用 30 毫克/升的防落素进行喷花，以防止落花。

（六）番茄套种芸豆日光温室栽培技术

育苗

番茄于 10 月中旬在温室内播种育苗。每平方米播种量为 15 克，在 2 片真叶展开时，移植在用旧薄膜制成的直径为 10 厘米的营养袋内。温度白天保持在 15～20℃，夜间 10～15℃，当幼苗长到 4～5 片真叶时，把幼苗摆开，加大苗间的距离，防止拥挤徒长。在整个苗期不蹲苗。

定植

番茄：12 月中旬定植，行株距 55 厘米 ×26 厘米，采用高垄栽培。

芸豆：播种时期必须是在番茄第一穗果已经长够大，第三穗果也坐住，等到芸豆开花时，番茄已收完。一般在 2 月中旬播种，采用直播。种子播种在每架番茄的外侧垄帮上，株距为 60 厘米，每穗留 1 ~ 2 株。

由一茬作物变为两茬作物，土壤中则养分消耗较多，而种芸豆时又不能施基肥，所以在番茄定植前结合整地，亩撒施猪粪等腐熟农家肥 7 000千克，然后翻地拌匀，以保证两种作物正常生长所需养分。番茄定植时，沟施磷酸二铵 30 千克。

定植后管理

（1）合理施肥灌水。当番茄第一穗果膨大时，穴施尿素 20 千克。第一穗果坐住后，再追施一次。前期结合施肥在小堤沟浇水。当芸豆出苗后要适当控制浇水，否则芸豆秧蔓生长旺盛，开花延迟，也易造成落花，所以，在芸豆开花前一般不浇水。芸豆结荚时，既长茎叶，又陆续开花结荚，进入旺盛的生长期，需要充足的肥水，随水亩施尿素 10 千克。但一定要防止大水漫灌。

（2）保温增光，科学放风。番茄定植后，正是低温阶段，而且光照弱，光照时间短，因此，保温和加强光照是十分重要的，定植后在草帘子下面加盖纸被，草帘子要尽量早揭晚盖，延长光照时间，阴天在薄膜不结冰的情况下，要揭开草帘，增加室内的散射光，要清扫棚面的灰尘，消除塑料薄膜内壁的水滴，增强透光率，白天温度保持在 20 ~ 25℃，夜间 13 ~ 15℃。进入 3 月后，开始放风，先放顶风，后放底脚风。随着温度的升高，逐渐加大放风量和延长放风时间。特别是芸豆对温度的反应较为敏感，如管理不当，极易造成落花落荚，一般白天温度 20 ~ 25℃，夜间 15 ~ 17℃。

（3）整枝绑蔓。番茄采用单干整枝，留 3 穗果摘心，及时打掉侧枝，后期要打掉下部的老叶，以减少营养消耗，有利于通风透光，同时，对芸豆生长也极为有利。

芸豆开始甩蔓时，用塑料绳将蔓吊起，当植株长到 1 米高时，开始摘心，促进侧枝萌发，提高单株产量。同时，要进行引蔓和顺蔓，调整茎蔓的生长方向和角度。

（七）番茄塑料大棚育苗及栽培技术

育苗

（1）浸种催芽。12月中下旬开始育苗，播前先将种子投入到50%多菌灵可湿性粉剂600倍液中浸泡30分钟，杀灭种子表面所带病菌，后放入30℃左右的温水中浸种4～5小时，然后捞出种子装入湿润的纱布袋中，置于25～30℃环境中催芽，每天用温水淘洗1次，半数种子“露白”即可播种。

（2）营养土配制与播种。取6份未种过茄果类作物的大田土壤加4份腐熟圈肥，捣碎过筛，每立方米该苗土中加入二元复合肥1.5千克，40%辛硫磷60克，50%多菌灵80克，混合调匀，装入营养钵，每钵点种1粒，上覆细干土1厘米厚，播后覆盖地膜，并搭好小拱棚。

（3）精细管理，培育壮苗。播种后出苗前，应创造较高的温度环境。2/3种子出苗后揭去地膜，略降低棚温，昼温控制在22～25℃，夜温12～15℃，草苫适当早揭晚盖，延长见光时间，防止徒长。深冬季节一般不浇水，可撒些细干土或草木灰以降低苗床湿度，减少病害发生。

定植

越冬前每亩施入优质土杂肥5 000千克，并进行深翻，利用严冬季节熟化土壤，消灭病虫。华北地区3月中旬定植，于定植前7～10天，每亩再次施入煮熟黄豆100千克，硫酸钾复合肥100千克，后翻地作垄，垄高25厘米，大行距70厘米，小行距40厘米，株距35厘米，密度每亩3 500株。

定植后管理

（1）温度管理。大棚四周夜间要围盖一层草苫，白天温度不超过30℃不用放风，缓苗后白天温度控制在22～28℃，以25℃为最适宜，夜温13～18℃，进入结果期，昼温保持22～25℃，夜间

13～15℃，4月底、5月初将棚膜四周掀起，实行昼夜通风。

（2）水肥管理。第一穗果呈核桃大已坐稳可开始浇水，一般每10～15天浇一水，保持土壤呈湿润状态。第四穗果开始膨大时，结合浇水每亩施入尿素15千克，以后每采收两穗果追肥1次，整个生长期追肥3～4次。

（3）整枝与支架。采取单干整枝方式，番茄植株高大，结果期长，须用竹竿作支架，插架时，下部入土即可，上部每4根做一束与大棚架绑扎一起，增强牢固性，使不致倒折。每株留7～8穗果，第一穗留果不宜太多，以3果为宜，第二穗以后视生长情况每穗可留3～5果，多余果、畸形果及早疏除。

（4）保花保果。早春季节气温偏低，容易发生落花落果，可用15～20毫克/千克的2,4-D蘸花以提高保花保果效果。

（八）番茄塑料大棚春提早高产栽培技术

育苗

（1）品种选择。应选择结果早，较耐低温的早熟番茄品种，如杂95-15。

（2）准备苗床与配营养土。一般畦面宽1.2～1.5米，畦埂高出畦面20厘米以上，按100瓦/平方米的功率铺地热线加温。按照肥沃园土2/3+腐熟厩肥1/3（按体积计）的比例配制后，1立方米土中再加入充分腐熟的鸡粪20～30千克，过磷酸钙1～2千克，草木灰4～5千克，40%拌种灵200克，将其充分拌匀，并装入8厘米×10厘米的塑料营养钵中，摆在苗床上等待播种。

（3）浸种。先用55℃热水烫种，冷却后用200倍的高锰酸钾溶液浸种20～30分钟，然后把种子上残留液清洗净，再浸种8～10小时。

（4）播种。播种前将苗床上的营养钵浇透水，水渗下后，取拌好的药土撒在营养钵上，再播种。每钵播2～3粒种子，每亩用种量50克。播种后再覆1厘米厚的药土，覆盖地膜，扎扣小拱棚，保持地温25～28℃。

(5) 苗期管理。播种后5天左右出苗，70%的幼苗出土后，应及时揭开地膜降温并让幼苗见光以使幼苗粗壮，避免形成徒长苗。在齐苗后4~5天内，保持白天温度20~25℃，夜间降到8~10℃，炼苗4~5天，以后白天23~28℃，夜间为13~18℃，一般不低于8℃。早揭晚盖并清扫薄膜以延长光照时间和提高光照强度。定植前的7~10天，对幼苗进行由小到大通风，增强幼苗的抵抗能力。

定植

3月上旬定植，双膜覆盖可提早到2月下旬定植。定植前每亩施有机肥5 000~6 000千克，过磷酸钙50千克，尿素30千克，硫酸钾20千克，施后深翻耙细整平。在番茄苗定植前半个月左右把大棚薄膜扣盖好，并封闭大棚提温，在棚内温度稳定在10℃以上后定植。在定植前2~3天先把定植沟浇足水，定植时只需浇少量的水把苗根周围的土湿润即可。选晴天上午按行距50厘米，株距25厘米，每垄栽两行番茄，5 000株/亩的栽植密度定植。定植深度以盖住营养土块为宜，定植后及时扣小拱棚膜，而后4~5天不通风，提高地温。

定植后管理

定植缓苗后逐渐加大通风量，使棚内温度白天20~25℃，夜间15~18℃，空气湿度维持在60%左右。采取单干整枝，其余侧枝全部去除，留3穗果打顶。花期用40~50毫克/千克的番茄灵蘸花以保花保果。结果后防止植株早衰，可对新长出的侧枝适当保留1~2片叶摘心。

(九) 番茄大棚越夏栽培技术

育苗

(1) 种子处理。黄河三角洲地区越夏番茄育苗最佳时期是在5月中、下旬。先将种子放在凉水中浸泡6~8小时，等种子吸足水分，种皮软化，捞出后用10%磷酸三钠浸泡10分钟，再用清水冲洗干净，放在30℃温度下，催芽后播种。

（2）苗床管理。

①番茄出苗后，及时除草、间苗，保持苗距4～8厘米，盖膜防止暴雨冲击。

②防治病虫害，用纱网密封，或在苗高3～5厘米时，喷40%的乐果1 000倍。移栽前，喷一次83增抗剂100倍液，防治病毒病。

③为了培育壮苗，三叶期，可叶面喷施0.3%的尿素和0.2%磷酸二氢钾液，每隔5～7天喷1次。

定植

（1）适时定植。一般于6月25日至7月5日前秧苗达到5～6叶时定植。株距35厘米，行距60厘米，每畦移栽两行。移栽时，秧苗根向南，生长点向北，倾斜45度移栽，以利多扎根，促进幼苗生长，栽后浇缓苗水。温度控制在白天26～30℃，夜间20℃左右。移栽后一般5～7天即可缓苗，缓苗后中耕1～2次。

（2）壮苗稳长。在缓苗后，可用矮丰灵灌根，可促进壮苗。具体做法：先将矮丰灵粉剂用水化开，每50克粉剂加水50千克，每株浇药液0.5千克（每株用纯粉0.5克），直接灌到根部地面，可明显提高抗病性，缩短节间长度，调节营养生长与生殖生长的关系，增加坐果率。

定植后管理

（1）温度。7～8月属高温、多雨季节，大棚越夏番茄温度一般控制在昼温26～30℃，夜温20～24℃。为了降低棚温，预防病虫害，大棚天窗之处用纱网密封，棚门吊上纱网门，上下风口高度差形成空气对流风，降低棚内温度。也可铺草盖垄降温。

（2）光照。8月下旬，注意清洁棚面薄膜，以增加光照。

（3）肥水管理。当第一穗果长到核桃大小时，结合追肥，可浇一次水，每亩追复合肥20千克左右。以后每坐住一层果追肥浇水一次，保持土壤干湿度均匀。另外，每10天叶面追肥一次，可喷光合微肥200倍液，或喷0.3%磷酸二氢钾、尿素等，以满足坐果期的肥水需要。

（4）保花保果。大棚番茄开花后需用20毫克/千克2,4-D或防落素，加5毫克/千克的赤霉素蘸花保果，每天上午进行。坐果期，第一穗留果2~3个，第二穗以上留3~4个，每株留5穗果，其余的花果全部疏掉。

（5）整枝扎架。大棚越夏番茄实行单干整枝，侧芽及时去掉，采用细麻绳吊蔓上架，株行距保持大小行，以利通风透光。

（十）秋冬茬番茄大棚育苗栽培技术

育苗

（1）种子处理。用55℃水浸种20分钟，再用20℃水浸种4~5小时，然后用16% Na_3PO_4 浸种30分钟，捞出后用清水洗净催芽。催芽时每天用清水洗种2次，50%种子露白时即可播种。

（2）播种。采用塑料营养盘（基质为黑土：炉渣：羊粪=4：3：3）简易工厂化育苗技术，每孔播1~2粒种子，用遮阳网搭棚遮阴。这样培育的种苗无毒、健壮，定植时不伤根。

（3）幼苗管理。当两片真叶展开后进行间苗、补苗，并用蚜虱净或氧化乐果防蚜，用0.3%高锰酸钾溶液喷苗预防苗期疫病。同时，应保证土壤湿度，以利降低土壤温度。在定植前早晚揭除遮阳物炼苗，确保定植成活率。

定植

（1）定植期及密度。苗龄30天左右定植，株距35~40厘米。

（2）定植方法。采用南北走向起垄栽培。垄宽50厘米，垄高15~20厘米，垄距40~50厘米。定植前2~3天浇足沟水，定植时采用浇窝水法，并结合浇窝水配以300倍甲霜灵锰锌或多苗灵溶液预防疫病。定植前亩施有机肥5 000千克。

定植后管理

（1）温湿度控制。定植后必须用草帘或遮阳网降温，也可防止暴雨袭击。日平均气温低于15℃时扣棚，白天控制在25~28℃，夜间 10～15℃，棚内湿度控制在 45%～55%。进入绿熟期后可适当加温，白天将温度控制在 30～32℃，夜间 15～18℃，以促进果实成熟。

（2）肥水管理。定植 4～6 天后浇缓苗水，以后根据干湿情况浇小水 1～2 次，既可降低地温，又利缓苗，促进幼苗生长。果实长至核桃大时浇果实膨大水，以后在果穗采收前 7～10 天，酌情浇水并追肥，亩追施磷酸二铵 10～15 千克，尿素 5 千克，还可进行磷酸二氢钾叶面追肥。

（3）整枝。秋冬茬番茄的果期正处在弱光照季节。采用一干半整枝方法，即在双干整枝的基础上，在苗下的侧枝结 1～2 个穗果后摘心，其余侧枝全部抹除，并及时摘除底部老叶、病叶，以利改善植株间的通风透光条件。

（4）保花保果。用浓度为 30～40 毫克/千克的番茄灵，在番茄花半开时进行蘸花，不仅可防止落花落果，还可促进番茄提早成熟，保证每株坐果在 13～15 个。要及时摘除多余的花、果，以保证营养的集中供给。

（十一）樱桃番茄小拱棚早播栽培技术

育苗

（1）苗床准备。樱桃番茄对土壤适应性较强，但以排灌方便，土质疏松肥沃的壤土或沙壤土为好。苗床应避风向阳，排水良好。苗床底土每亩施腐熟人粪尿 1 500千克，其上铺 8 厘米厚营养土。营养土用充分腐熟的有机肥与未种过茄科作物的肥沃土壤各半，在播前 7～10 天拌匀过筛，并拌施 5 千克过磷酸钙，喷洒多菌灵进行土壤消毒，堆放备用。

（2）播期。适当提前播种，尽可能延长采收期。采用小拱棚育苗既能提早播种，又能减少苗期病害发生。

（3）播种及播后管理。樱桃番茄种子价格高，为保证较高的成株率，要求种子分粒撒播，并覆盖营养土 0.5 厘米。出苗前保持较高温度，出苗后为防止徒长，应注意通风。

定植

在幼苗四叶一心期，选择健壮无病苗，于晴天傍晚进行带肥、带药、带土“三带”，按株行距进行定植。

番茄栽培区病害较多，特别注意防治猝倒病、早疫病。幼苗假植成活后定植前，根据秧苗长势，喷比久，或浇洒矮壮素，可增加叶色，抑制徒长。如果长势过旺，3 周后再喷浇 1 次。

定植后管理

番茄生长期应做到雨停畦干。进入旺盛生长期，耗水量增加。视土壤墒情，及时灌溉，要保持土壤湿度，不能忽干忽湿，以免产生裂果。追肥在第一穗果坐稳后进行，宜薄肥勤施，每穗果浇 1 次水、施 1 次肥。亩追腐熟饼肥 20 千克，1∶3∶0.8 的尿素、过磷酸钙、氯化钾复混肥 8 ~ 10 千克。

（十二）早春大棚樱桃番茄栽培技术

定植前准备

（1）深翻土壤。

（2）施足基肥，以有机肥为主，氮、磷、钾配合施用，每亩用发酵好的圈肥或鸡粪 5 000 千克，硫酸钾复合肥 30 千克或草木灰 100 千克，磷酸二铵 25 千克，有条件的也可增施一些饼肥，这样对提高果实的品质，增加果实光泽度有明显的作用。

（3）整理畦面，形成小高畦，扣好地膜，待定植。

定植

（1）时间。多层覆盖大棚，适宜定植时间为 3 月中下旬。

（2）密度。每亩定植 3 200 ~ 3 500 株，即株行距 30 厘米 × 80 厘米。

定植后管理

（1）肥水管理。定植水一定要浇透，3 天后再浇一次缓苗水。之后要视情况浇水，一般生育中期 15 ~ 20 天浇 1 次水，果实膨大期10～15天浇1次水，浇水时要随水冲肥，以特优码和先锋1号两种生物肥为主。

（2）整枝打杈。樱桃番茄属无限生长型，整枝一般采用单干整枝法，但打杈一定要早，当侧芽长到5～7厘米时选晴天上午进行，以利伤口愈合，避免病从“口”入。

（3）疏花、疏果。植株及时疏花、疏果有利于前期提高产量及其品质。疏果时，每株一般留5～7个果穗；第1～3穗果各留果穗长的2/3，4～7穗果留果穗长的3/4，这样可使养分运输集中，果匀质优。

樱桃番茄经常出现落花、落果现象，可用丰产2号或25～50毫克/千克的番茄灵蘸花，辅助坐果，蘸花时应选择花朵开放当天上午8:00～10:00进行。

（4）盛果期管理。盛果期的适宜温度为25～28℃，可用浇水、通风方式调控，由于樱桃番茄需要钾肥较多，需经常喷施磷酸二氢钾和雷力2 000等叶面肥，每10天1次。

（十三）番茄日光温室连续换头高产栽培技术

育苗

育苗的时间以8月中旬为宜，选晴天无风时播种。壮苗的标准是：株高25厘米左右，茎粗壮，节间短，具有9～10片真叶，叶片肥厚，叶色浓绿，根系完整，须根多。

定植

一般在9月底、10月初扣棚定植，定植一般采用浇沟淹畦法，即先按株行距用瓜铲栽苗，栽后盖膜，划孔将苗掏出膜外，将膜两侧压于小高畦两侧，然后足水沟灌，淹湿高畦。或栽后先淹畦，土稍晾干后，再覆盖。中晚熟品种因植株高，长势旺，一般每亩栽3 100～3 700株，按大小行起垄栽培，大行距80厘米，小行距40厘米，株距30～50厘米。起垄方法是：整成南北向小畦，畦高12～14厘米，畦顶宽50厘米，将苗栽到小高畦的上部两侧。

定植后管理

定植时浇足水，缓苗后控制浇水，勤中耕，以促进植株根深叶茂，防止高温高湿徒长，也可视生长情况在坐果前喷助壮素以防徒长。在每穗花序有 2～3 朵花开放时，选晴天上午用浓度为 10～15 毫克/千克丰产剂 2 号蘸花。在第一穗果长到核桃大小时浇 1 次水，以后视土壤干湿情况适当浇水，要保持地面见干见湿状态。结合浇水可陆续冲施肥料，在三穗果坐住后，每亩可追施尿素 20 千克，硫酸钾 10 千克。这次追肥很关键，此时正是大量果实生长膨大的时期，需肥量大，应及时追肥浇水。现蕾开花期温度控制的标准是：晴天白天 24～26℃，晚上 12～15℃，阴天白天 18～20℃，晚上 12～13℃；盛果期晴天白天 26～28℃，晚上 13～18℃（日落到日出），阴天白天控制在 20～25℃，晚上 8～13℃（日落到日出）。在通风减少的情况下，应补施二氧化碳气肥，可促进增产。

整枝换头：当第一穗果长至核桃大小时，在主蔓上出现第一个侧枝时，主蔓留两片叶，摘掉生长点。留下第一侧枝作为结果枝。当第一侧枝上开花结果后，再摘除生长点，再留侧枝。反复进行换头，可以控制植株高度，在有限的空间内，可以多留几穗果。这种换头整枝方法适于长季节栽培。

（十四）早春日光温室番茄栽培技术

育苗

（1）品种选择。粉色大果品种：仙客 1 号、硬粉 2 号、中杂 105 等；特色樱桃番茄品种有：绿宝石，京丹 1 号、3 号、5 号、8 号，黄莺 1 号、粉玉 1 号、小黄玉等。

（2）播种育苗。

①播种期：11 月底至 12 月初。

②播种量：选色泽好、子粒饱满，发芽率 85% 以上合格种子，每亩用种量 20～30 克。

③种子消毒处理方法：

a. 温汤浸种。用53～55℃温水，浸泡20～30分钟，期间不断搅动。再放入自然冷水中浸泡4～6小时，即可催芽或直播。

b. 药剂浸种。10%磷酸三钠溶液浸泡15～20分钟，然后用清水冲洗干净，再浸泡4～6小时，即可催芽或直播。

④催芽：把充分吸水的种子用湿毛巾包好，放在温度为25～28℃火炕上或电热恒温箱中。每天用自来水冲洗1次，经2～3天，大部分种子"露白尖"发芽时，即可播种。

⑤播种育苗方式：常用的育苗方式有温室电热温床育苗和温室不加温冷床育苗。

⑥苗床土的准备：一般用肥沃园田土与有机肥按体积比1∶1混合配制而成。播种前浇足底水。

⑦播种：把催过芽或浸泡过的番茄种子均匀撒在苗床上或点播于容器内，种间距约1厘米，盖上"蒙头土"，厚度约1厘米。注意保湿加温，有利提早出苗。

⑧苗期管理：播种后苗床温度白天保持25～30℃，夜温保持20℃以上。幼苗出齐后应适当通风，增加光照，进行降温管理。水分管理上，前期一般不用浇水，中后期如有缺水卷叶现象，可适当点水，分苗前要浇水，土壤润透即可。

（3）嫁接育苗。番茄的嫁接栽培在我国起步比较晚，目前，北方地区日光温室中由于多年连作，使包括根结线虫在内的土传病害日趋严重，通过嫁接防治土传病害将会越来越重要。近年来在我国一些地区有少量发展，如北京蔬菜研究中心开展了番茄砧木品种的选育，如果砧1号，该品种是番茄、茄子专用砧木品种，抗枯萎病、黄萎病、根结线虫、TMV和叶霉病。但目前使用的砧木大多引自国外，如耐病新交1号、影武者、安克特等。嫁接方法有靠接、劈接、斜切接、插接等。其中劈接和斜切接适于初学者，容易掌握。

①嫁接育苗技术：

a. 劈接法。先将砧木苗于第二片真叶上位处用刀片切断，去掉顶端，再从茎中央劈开，向下切入深1.0～1.5厘米。再将接穗苗拔下，保留2～3片真叶，用刀片削成楔形，楔形的斜面长与砧木切口深相同，随即将接穗插入砧木的切口中，对齐后，用夹子固定好。

b. 斜切接（贴接）。用刀片在第二片真叶上方斜削，去掉顶端，直接形成30°左右的斜面，长1.0～1.5厘米。再将接穗苗拔下，保留2～3片真叶，用刀片削成一个与砧木相反的斜面，大小与砧木的斜面一致。然后将砧木的斜面与接穗的斜面贴合在一起，用夹子固定上。

②嫁接苗的管理：番茄接口愈合期8～9天。温度白天保持25～28℃，夜间18～20℃；嫁接后5～7天内空气湿度应保持在95%以上，有利于提高成活率。7～8天后可逐渐增加通风量与通风时间，但仍应保持较高的空气湿度直至完全成活；嫁接后的前3天要全部遮光，避免阳光直射秧苗，以后半遮光（两侧见光），逐渐撤掉覆盖物。嫁接苗成活后及时摘除萌叶，保证砧木对接穗的营养供给。

（4）穴盘育苗。选择种子发芽率大于90%以上的种子，播前用温汤浸种法浸泡，风干后每穴播种一粒，72孔盘播种深度>1.0厘米；128孔、200孔和288孔盘播种深度为0.5～1.0厘米。然后将育苗盘喷透水，使基质最大持水量达到200%以上。

播种后白天28～30℃，夜间20℃保持3～4天，当苗盘中60%左右种子种芽伸出，少量拱出表层时，适当降温，日温25℃左右，夜温16～18℃为宜。当温室夜温偏低时，考虑用地热线加温或临时加温措施，温度过低出苗速率受影响，小苗易出现猝倒病。苗期子叶展开至两叶一心，水分含量为最大持水量的65%～70%。两叶一心后夜温可降至13℃左右，但不要低于10℃。白天酌情通风，降低空气相对湿度。苗期三叶一心后，结合喷水进行1～2次叶面喷肥。三叶一心至商品苗销售，水分含量为60%～65%。

一次成苗的需在第一片真叶展开时，抓紧将缺苗孔补齐。用72孔育苗盘育番茄苗，大多先播在288孔苗盘内，当小苗长至1～2片真叶时，移至72孔苗盘内，可提高前期温室有效利用，减少能耗。

春季番茄穴盘育苗商品苗标准视穴盘孔穴大小而异，选用72

孔苗盘的，株高18～20厘米，茎粗4.5毫米左右，叶面积在90～100平方厘米，达6～7片真叶并现小花蕾时销售，需60～65天苗龄；128孔苗盘育苗，株高10～12厘米，茎粗2.5～3.0毫米，4～5片真叶，叶面积在25～30平方厘米，需苗龄50天左右。秧苗达上述标准时，根系将基质紧紧缠绕，当苗子从穴盘拔起时也不会出现散坨现象，取苗前浇一次透水，易于拔出。冬春季节，穴盘苗运输要防止幼苗受寒，要有保温措施，近距离定植的可直接将苗盘带苗一起运到地里，但要注意防止苗盘的损伤，可把苗盘竖起，一手提一盘，也可双手托住苗盘，避免苗盘折断裂开。

定植

（1）定植前的准备。

①整地与施肥：彻底清除前茬作物的枯枝烂叶，进行深翻整地，改善土壤理化性，保水保肥，减少病虫害。定植前要施足底肥，一般亩施5 000千克有机肥，有机肥应充分腐熟。

②做畦：以采取小高畦扣地膜和宽窄行垄栽畦为最好。

小高畦扣地膜：将地整细耙平，按畦宽100～120厘米画线，劈沟，做成畦高10～15厘米、畦面宽60厘米的小高畦。然后覆盖地膜并压土，步道沟踩实。

宽窄行垄栽畦：按畦宽100～120厘米画线，用镐两边开沟，沟宽20～25厘米。开沟所起的垄即为定植时栽番茄苗所用，垄宽15～20厘米，压实畦垄。

③定植密度：留4～5穗果，单干整枝株距30～33厘米，3 200～3 600株/亩；留5～6穗果，单干整枝株距33厘米左右，3 000～3 200株/亩；留6～8穗果，单干整枝株距35～40厘米，2 800～3 000株/亩；双干整枝株距70～80厘米，1 400～1 500株/亩。

（2）定植期及定植方法

①定植期：1月底至2月初。

②定植方法：

a. 暗水穴栽法。用于地膜覆盖移栽。按一定株、行距开穴，将苗坨放入穴内，埋少量土，从膜下灌水，灌水后封穴。此法地温高，土壤不板结，幼苗长势强。

b. 卧栽法。用于徒长的番茄苗或过大苗定植。栽时顺行开沟，然后将幼苗根部及徒长的根茎贴于沟底卧栽。此法栽后幼苗高低一致，茎部长出不定根，增大番茄根系营养吸收面积。

定植后管理

（1）温度。番茄生长适宜温度白天为25℃左右，夜间13～15℃。早春日光温室，定植后相当长的一段时间内，由于外界低温，应以保温增温为主。夜间必需加盖保温被、蒲席或草帘。晴天阳光充足，室温超过25℃要放风，午后温度降至20℃闭风。开花坐果期，温度低于15℃时，授粉受精不良，易落花。果实膨大期，温度前半夜可控制在15～16℃，后半夜可控制在13～14℃；4月初，夜间可不再加盖保温覆盖物。当春季温度回升，外界最低气温稳定在12℃时，可昼夜放风。

（2）浇水。

①定植水：不宜浇大水，以防温度低、湿度大、缓苗慢及上病。

②缓苗水：在定植后5～7天视苗情，选晴朗天气的上午浇暗水（水在地膜下走）或在定植行间开小沟或开穴浇水。

③催果水：第一穗果长至核桃大小时浇一次足水，以供果实膨大。

④盛果期水：第二穗果膨大至拉秧浇几次水。这个阶段不断开花、结果、采收，生长量大，加上温度不断提高，放风量加大，水分蒸发、植株蒸腾随之加大，因此，需水量也大。原则是要在采收后浇水。

（3）追肥。一般追两次催秧促果肥。第一穗果实膨大（如核桃大），第二穗果实坐住时追施，每亩用尿素20千克与50千克豆饼混合，离根部10厘米处开小沟埋施后浇水，或每亩随水冲施人粪尿250～500千克。第二穗果实长至核桃大时进行第二次追肥，每亩混施尿素20千克加硫酸钾10千克。还可喷洒叶面肥，即根外施肥。

（4）搭架和绑蔓。留 3～4 穗果多采用竹竿或秸秆为架材。留 5～8 穗果时视大棚结构的结实程度，也可以采用绳吊蔓。温室内一般搭成直立架，便于通风透光。一般每穗果下绑蔓一次，绑绳与蔓和架呈“8”字形。

（5）植株调整。植株调整包括整枝、打杈、摘心、疏花果、打老叶等。

①整枝打杈：根据预计要保留的果穗数目进行。当植株达到 3～4 穗果或 5～8 穗果时掐尖，在最后一穗果的上部要保留 2 个叶片。留 3～4 穗果多用单干整枝，只保留主干，摘除全部侧枝；5～8 穗果可采取双干整枝，除主枝外，还保留第一花序下的侧枝。

②保花保果与疏花疏果：前 3 穗花开时，及时采用 2,4-D 或防落素等促进保花保果的生长调节剂处理。每穗留 3～4 个果，畸形果和坐果过多时，要及时采取疏果措施。

③摘心：根据需要，当植株第 3～4 穗、5～6 穗或 7～8 穗花序甩出，上边又长出 2 片真叶时，把生长点掐去，可加速果实生长、提早成熟。

④打老叶：到生产中后期，下部叶片老化，失去光合作用，影响通风透光，可将病叶、老叶打去，并深埋或烧掉。

（6）采收。在果实成熟期，根据市场需求，采摘少部果面转红至全部转红的果实，及时出售。

五、辣椒（含甜椒）栽培技术

（一）辣椒日光温室秋延后育苗栽培技术

育苗

壮苗抗病性强，结果早，产量高。培育壮苗首要注意适期播种。播种过早，气温高，湿度大，病害严重。播种过晚，结果盛期气温低，结果少，个小，产量低。秋延后辣椒育苗期分两个类型，山区是 7 月 5 ~15 日播种。具体可采取以下措施：

（1）配制好营养土，采取营养钵育苗。将 40% 的腐熟有机肥、50% 未种过茄果类蔬菜的壤土、10% 的煤渣，混合过筛后，每立方米营养土加 0. 5 千克三元素复合肥，5 千克草木灰、50% 多菌灵 50 克、50% 敌百虫 50 克，混匀后装钵。或用 72 孔穴盘（草炭：蛭石：珍珠岩 =3：1：1）进行育苗。

（2）搞好种子处理，严防苗期病害。将种子放入 55℃ 的温水中不断搅拌，将漂在上面的秕粒捞出，待水温降到 30℃ 浸泡 24 小时。在浸种期间用手搓洗种子 3 ~4 次，将种子表面的黏液洗掉，而后用 1% 高锰酸钾浸种 15 分钟，捞出后用清水冲洗干净，稍晾晒后用消过毒的湿毛巾包好放在 28 ~30℃ 的温度下催芽，待种子裂嘴时即可播种。

（3）严把播种技术关，实现一播全苗。播种前将营养钵浇透水，每钵放三粒种子，盖营养土 0. 5 厘米，后将营养钵放在高于地面 15 ~20 厘米畦上。上面搭成高 30 ~50 厘米的遮阳棚，棚上盖农膜，并放些秸秆或树枝，即高畦遮阴育苗，以防高温和暴雨侵袭和日烧病发生。

（4）苗期管理。播后温度保持在 30 ~35℃，出苗率达到 70% 时，温度降到 25 ~30℃，膜上加盖杂草、树枝，遮阴。单株达到三片叶时，为防止徒长，施用少量矮丰灵，有些棚用 5 毫克/千克缩节胺喷洒一次。苗期喷水 4 次。为防病害，喷洒甲基托布津两次，DT 杀菌剂一次，病毒 A 两次。

（5）科学施肥，精细整地。氮、磷、钾配合使用。每亩施优质农家肥 7 500千克、二铵 50 千克、过磷酸钙 40 千克，有些农户施饼肥 50 千克，深翻 80 ~100 厘米，达到土肥混合。土地平整以后打成宽行 60 厘米，窄行 40 厘米，起 15 厘米高的埂，以备定植。

定植

于 9 月 10 ~15 日定植，苗龄 65 天结束。按宽行 60 厘米，窄行 40 厘米，穴距 30 厘米，每穴 2 株，每亩 4 500穴，栽后顺沟浇透定植水。定植 15 天后，进行浅中耕松土，促进根系发育。门椒坐住以后，结合浇水每亩施入冲施肥 25 千克，或硝酸钾 7.5 千克 + 尿素 7.5 千克，促使门椒膨大。在花期用 20 毫克/千克的 2,4-D 擦抹花梗，并用 250 倍的硼砂在晴天叶面喷洒，可提高坐果率。在盛花期叶面喷洒磷酸二氢钾 1 次。

定植后管理

有些棚长势较好，结果也多，扣棚时间宜晚，可于 10 月中旬进行。长势有些弱的棚，属浅山区，气候也凉，于 9 月 20 日扣棚。在扣棚前浇水 1 次，顺水每亩施二铵 30 千克，硫酸钾 30 千克。浇水后两天扣棚，以减少棚内湿度。浇水后结合中耕保墒，促进根系发育。

（1）温度管理。白天棚温一般控制在 22～25℃，高于 30℃ 放风降温，夜间 13～15℃，11 月上旬开始盖草帘。长势旺的棚温度保持在 20～25℃，夜间 12～13℃。

（2）肥水管理。扣棚后 20 天浇水一次，顺水每亩施 15～20 千克尿素，促使果实发育。到拉秧前，浇水 3 次，施肥 3 次。

（3）株植调整。为减少养分消耗，增加田间通风透光，去掉第一分枝以下的腋芽，摘除一些拥挤枝条，打掉基部老叶，减少病害发生。

（二）秋辣椒温室栽培技术

育苗

（1）种子处理。先将种子在清水中浸 4 小时，捞出再放入 10% 磷酸三钠溶液中浸 20～30 分钟或 2% 氢氧化钠溶液浸 15 分钟，或 0.1% 高锰酸钾溶液浸 30 分钟。

（2）播种时间。大多于 6 月中旬播种，每亩用种量为 120～150 克，苗龄为 30～40 天。

（3）播种方法。由于不分苗，故可将营养土装入营养钵中，浇透水，撒入一层药土。按每平方米床土用 8～10 克 50% 的多菌灵或五氯硝基苯，与代森锌等量混合，加过筛床土 30 千克，拌匀制成药土。2/3 撒于营养钵，每个营养钵内播 4 粒浸过的种子，然后再覆盖其余药土，约 1 厘米厚，畦面可铺草保湿，并配合浇水保湿。

（4）苗期防蚜防雨，以防病毒病。出苗后每 5 ~ 7 天喷 1 次灭蚜药，发现带蚜虫植株拔除埋掉。同时喷施 1.5% 植病灵 1 000倍液，20% 病毒 A 600 倍液。为补充营养钵内的营养可浇灌 1 次磷酸二氢钾与尿素的等量混合 500 倍液。

定植

7 月下旬定植，定植前一天将苗床浇透水，选在阴天最好是傍晚进行，把耙平的畦面按 60 厘米行距开沟，沟灌足水，按穴距 30 ~ 35 厘米稳苗坨。

定植后管理

定植 3 ~4 天后浇 1 次缓苗水，以后每隔 7 天浇 1 次水，保持土壤湿润，降低地温。当 10 厘米深地温为 25℃时再起垄。定植后用稻草做地面覆盖，以便遮光防热，减缓土壤水分蒸发。8 月中下旬进入开花期，这是坐果率高低的关键时期，其主要管理采取如下措施：

①采用番茄灵 20 ~ 25 毫克/千克喷花。

②加大通风量，同时，可以搭架，把倾斜的枝条扶起来。

③地膜替换稻草。进入 9 月以后温度明显下降，这时要捡去铺地稻草，换上地膜。采用飘浮覆盖的办法，即一幅地膜覆盖在垄沟及相邻的两个垄帮上。

④在门椒坐住果时追一次肥，可追尿素每亩 10 千克，硫酸钾 8 千克，9 月下旬追第二次肥，并适当浇水。总之在整个生育期一定要做好防蚜防热防雨水，以达防病毒病的目的。

（三）秋冬辣椒日光温室早熟丰产育苗及栽培技术

育苗

育成无病适龄壮苗是日光温室秋冬辣椒栽培早熟丰产的基础。具体可采取如下措施：

（1）确定适宜的播种期。根据辣椒喜温暖、凉爽气候，怕热怕旱怕涝的习性，尽量避开或缩短高温炎热多雨的为害。将播种期安排在8月上中旬，9月上旬可定植，使结果期处于温暖凉爽的10月上中旬至晚秋冬前，保温延后于深冬季节，因此，播种期不能再提前提前高温炎热多雨期增长，病多苗弱，也不能再延后，延后生育天数减少，难以达到高产的目的。

（2）浸种消毒与催芽。为了促进种子萌发和防止病毒病的发生及为害，在播种前用清水浸泡5～6小时，然后用10%的磷酸三钠浸种20分钟，再用清水洗净捞出，用纱布包好，置于室内催芽或直播。

（3）苗床选择与消毒。苗床要选择地势高、排水方便，多年未种过辣椒地块的苗床，对于旧苗床床址要用50%的多菌灵30克/平方米处理土壤，同时，要施辛硫磷防治地下虫害。

（4）作畦与施肥。将育苗床建成1.2～1.5米宽的高畦，日光温室秋冬辣椒施肥结合作畦时施入，按100克/平方米施入二铵或三元复合肥。施肥后浅刨，使土、肥充分混合，以防过于集中而烧苗。

（5）精细播种。采取一次性播种，不经分苗的育苗方法。播种前床土一定要经深翻晾晒，晒透晾干，否则播种后会造成土壤板结，通气性差，幼苗不旺，根系发育不良，播种时用小铁耙将畦面整平，浇足底水，待水渗下，将种子掺入细沙一同分2～3遍播下，30平方米苗床播干种子50克，覆土0.5～1厘米厚即可。

（6）苗床管理。

①搭拱棚：播种后立即在苗床上支起拱棚盖上薄膜，膜上临时搭上杂草遮光防晒，并卷起两边、两头的薄膜通风降温，待缓苗后及时去掉薄膜。遇雨时将薄膜放下防雨挡雨。

②坚持洒水、小水勤浇的原则：播种后出苗前，要覆草保墒，使苗床土保持湿润出苗。出苗后，不能忽干忽湿，要早晚时间洒水或小水勤浇，绝不能大水浸灌。

定植

（1）上棚膜定植。由于辣椒根系弱，定植后根系受损，疏松土层有利根系再生和发育。因此，定植前上棚膜防雨，定植时要开浅沟，栽苗、溜浇小水湿润根际，否则土壤中湿度大，土壤板结，不利新根的形成和根系的发育，甚至造成沤根。

（2）土壤消毒与施肥。由于定植后地温高、气温也高，湿度大，定植后根系的伤口愈合缓慢，易患根腐病和青枯病，可用福尔马林和多菌灵处理。定植后还可以在幼苗和根际撒施一定量的草木灰，既增加钾肥又能改善根际区的酸碱度，有防治根腐病和青枯病的作用。由于日光温室秋冬辣椒生长结果期短，要一次性施足基肥，每亩施有机肥 2 667 千克、二铵或三元复合肥 33 千克。

（3）增加密度。可每亩定植 3 333～4 000 株，行距为 40 厘米，株距为 30 厘米。

定植后管理

（1）温度。定植后由于气温高，要降温防晒。缓苗后要去掉遮阴物。待 9 月中下旬至 10 月初当气温下降到 20℃时，夜间在 10℃左右，要放下前线膜，塞死后墙通气孔，通小风不封棚。当气温白天降到不足 20℃，夜间不足 10℃时，封死棚保温，白天保持 20～30℃，高于 30℃时要放风，夜间保持 15℃以上。深冬夜间覆盖草苫保温防寒。

（2）浇水。定植后缓苗期间要溜浇小水湿润根际。缓苗后浇一次透水。坐果后要浇跑马水，保持土壤湿润。每一批果坐住后，浇 1 次水，施 1 次肥。

（四）辣椒日光温室越冬再生栽培技术

育苗

越冬再生栽培辣椒要求越冬前能形成第一个产量高峰，剪枝再生，春季气温回升后形成第二个产量高峰。一般是 8 月上旬育苗，3 叶期分苗，9 月中下旬定植。播种首先浸种 4～6 小时，再用 1% 高锰酸钾溶液浸种 15～20 分钟，待晾干后播种。分苗前、定植前各喷 1 次 70% 百菌清 500 倍液。光照强、气温高时应采用遮阳网覆盖。定植前注意炼苗。

定植

定植前，每亩施腐熟农家肥 6 000～8 000 千克、磷酸二铵 10

千克、腐熟饼肥 50～100 千克，深耕、耙细、整平，作马鞍形高畦，畦宽 1.2 米左右。9 月中下旬定植，大行距 70 厘米，小行距 50 厘米，株距 25～28 厘米，亩栽 4 500株左右，栽后施足定植水。

定植后管理

（1）春节前管理。定植后至缓苗前不通风或通小风，保持高温、高湿环境 7 天左右，以促进缓苗、发棵。缓苗后靠调节通风量来控制温度。辣椒缓苗后浇一次缓苗水，浅松土，培根。随着辣椒进入结果期，外界温度开始下降，要加强保温工作。特别是北方寒冷地区从坐果后到采收阶段要尽可能地增温、保温和增加光照，如经常保持清扫棚膜，适当早放草苫保持夜间温度，尽量增加草苫数量或厚度提高夜温。维持室内白天气温为 20～25℃，夜间温度 10℃以上。10 月中下旬扣棚。扣棚后适当浇水、松土、培垄，然后覆盖地膜。白天温度保持在 25～30℃，夜间 18～13℃。坐果后，气温开始下降，应注意保温。当气温低，不易坐果时，可用防落素沾花。门椒开始膨大时，结合灌水亩追尿素 8～10 千克，以后每 2～3 周追 1 次稀肥水。元旦前后视市场行情可适当采摘上市，每株留幼嫩果 10 个左右，并浇水追肥促进生长。春节前后市场行情好时全部采收上市。

（2）肥水管理。缓苗后据土壤墒情，高垄栽培的可膜下浇小水 1～2 次，平畦栽培的轻浇一水，然后进行蹲苗。浇水选在晴天上午进行。缓苗期间用 0.4% 的磷酸二氢钾进行叶面喷肥，有利于发根，如果苗太弱叶面喷施糖氮液（0.2% 尿素加 1% 葡萄糖）效果较好。门椒坐果后，结合浇水进行第一次追肥，每亩可随水冲施浇腐熟粪肥 2 000千克左右或硝铵 15 千克及钾肥 8～10 千克。以后每 15～20 天浇 1 次水，根据情况每隔 2～4 次水追一次肥，春暖后每 7～10 天浇 1 次水，每次随水冲施磷酸二铵、尿素、硫酸钾等肥料，肥料应交替使用。在辣椒进入结果盛期后，适当增施二氧化碳可显著提高辣椒产量。追施二氧化碳应严格掌握使用量、施用浓度和施用时间，浓度一般为 550～750 毫克/升，用量为 0.18～0.98 千克/亩，施用时间应掌握在日出后不久，通风前 1 小时左右停止施用。

（3）剪枝再生。春节前后果实采完后，选晴天将三杈以上枝条剪去枝干。将剪掉的枝叶清除后，结合浇水亩追复合肥 20 千克或尿素 10 千克，并适当提高棚温，促进新枝发生。新枝长出后，摘去下部及腐、弱枝，每枝留 5 ~7 条新壮枝，白天棚温保持在 25 ~30℃，夜间 18 ~13℃。坐果后结合浇水亩追尿素 10 千克左右。以后随气温回升加强通风，当夜温达 14℃以上时昼夜通风，10 ~15 天浇 1 次水，20 ~30 天追 1 次肥。

（4）其他管理。定植后至门椒开花前，要及时打去门椒位置下面的侧枝。进入采收盛期后，枝条繁茂，行间通风透光性差，应尽早摘除向内伸长、长势较弱的“副枝”，中后期的徒长枝也应摘掉。

（5）采收。门椒要适当早摘，以免坠秧。在达到采收标准时要及时采收，根据市场价格波动可适当早采。采收时要小心、慢走、轻摘，以防折断脆嫩枝。

（五）辣椒保护地秋延后栽培技术

育苗

生育期长的品种可适当早播，生育期短的品种可适当晚播。一般秋延后大棚栽培于 4 月中下旬、秋延后温室栽培于 5 月中下旬冷床直播。播前用 55℃热水烫种 15 分钟，后用 25 ~30℃温水浸种 6 ~7 小时，后将种子捞出，在 25 ~28℃适温下催芽。见芽后播于 6 厘米 ×6 厘米营养土块或营养钵中，一次成苗。播种至出苗期间，保持日温 25 ~30℃、夜温 18 ~20℃。出苗后，保持日温 20 ~25℃、夜温 15 ~18℃。如夜间低温，可加盖草帘，如阳光过强、温度过高，要适当放风及遮阴处理。视苗情适时、适量进行叶面追肥和浇水，以免造成徒长或“小老苗”。防治猝倒病和立枯病可在苗出齐时，喷施 600 倍液百菌清加多菌灵。定植前用 50% 辛硫磷 800 倍液或 80% 敌百虫 1 000倍液等灌根，防治地下害虫。

定植

秋延后大棚栽培于 6 月中旬定植，秋延后温室栽培于 7 月上旬定植，每亩保苗 3 300～3 700穴，每穴双株。定植前，结合整地，施足基肥。定植时亩施磷酸二铵20千克作口肥。

定植后管理

定植后及早灌缓苗水，适时中耕松土和追肥，促进生长发育。每采收2～3次酌情施肥，氮、磷、钾配合施用，并视土壤墒情适当灌水。及时闭棚和放风，创造辣椒生长的适宜温度，即日温24～28℃，夜温15～18℃。秋延后大棚栽培于10月上旬掐花掐尖，促进果实膨大。秋延后温室栽培后期要注意防寒，温室夜温保持在10℃以上。

（1）肥水管理。定植后，浇定植水，缓苗后浇1次缓苗水，进行蹲苗。当第一门椒坐住后，进行浇水施肥。钾肥5千克/亩，尿素7.5千克/亩。以后每一果坐住后，进行浇水施肥。以钾肥为主，氮肥为辅的原则。

（2）收获期。大棚收获期为8月中旬至10月底；日光温室9月中下旬至12月底。

（六）辣椒冬季温室育苗与栽培技术

育苗

（1）准备苗床。辣椒冬季育苗需在温室内进行。用营养钵，或72孔穴盘育苗。采取营养钵育苗，将40%的腐熟有机肥、50%未种过茄果类蔬菜的壤土、10%的煤渣，混合过筛后，每立方米营养土加0.5千克三元素复合肥，5千克草木灰、50%多菌灵50克、50%敌百虫50克，混匀后装钵。或用72孔穴盘（草炭：蛭石：珍珠岩=3：1：1）进行育苗。

（2）种子处理。一般于11月下旬播种育苗，亩用种量50～75克，浸种前在室外曝晒一天；后将种子用水浸5～6小时后用1%的硫酸铜浸泡5分钟，或用40%甲醛浸种15分钟，洗净后催芽；温度控制在20～30℃为宜。经过5～6天后，见少数种子刚刚露白时就可播种。

（3）播种。将浸种催芽的种子用穴播法按行株距8厘米×8厘米，每穴 3 ~4 粒，播在准备好的苗床上，播后盖 0.5 厘米厚的细砂，并盖地膜增温保墒以利出苗。

（4）播后管理。播种后加扣小拱棚，至出苗前不通风，出苗 50% 时揭去地膜。白天温度最高不超过 27℃，下午降到 20℃时盖上草帘。顶心后进行间苗，每穴留 2 株壮苗，白天温度控制在 20 ~30℃以内，以后逐步加强通风锻炼，最后去掉小拱棚，苗龄 90 天左右，用 0.2% 磷酸二氢钾和 0.5% 尿素混合液，进行 2 ~3 次根外追肥。

定植

（1）整地施肥与平畦。前茬作物收获后，清洁土地，结合深翻，每亩撒施优质农家肥 10 000千克，磷酸二铵 30 千克。整平土地，起垄作畦，一般垄宽 70 ~76 厘米，沟宽 50 厘米，垄高 15 厘米，每垄定植两行，穴距 40 厘米双苗，每亩移栽 2 700穴左右。

（2）定植方法。按株距挖穴定苗，每穴点浇一些透根水，株间点施磷二钾，每亩 30 千克。

定植后管理

（1）温度管理。定植后保持高温高湿环境，白天维持 26 ~28℃，最高不超过 30℃，夜间维持在 15 ~18℃。

（2）追肥和灌水。辣椒需肥主要集中在结果期。当门椒长到 4 厘米左右时结合灌水进行第一次追肥，亩施硝铵 20 千克，此后每灌 2 ~3 次水追肥 1 次。并采用膜下暗灌，小水勤浇。为保花保果，开花期可使用 2,4-D 蘸花或喷 25 ~30 毫克/千克番茄灵即可。

（七）甜、辣椒日光温室春茬栽培技术

育苗

（1）播种期。北京地区播种期应为 12 月中旬至翌年 1 月底播种。

（2）亩用种量。一般每亩需 35 ~50 克种子。

（3）种子处理/消毒方法。播种前可将种子摊在簸箕内晒 1 ~2 天。但注意不要将种子摊放在水泥地等升温较快的地方曝晒，以免

烫伤种子。先将种子放在常温水中浸 15 分钟，后转入 55 ~ 60℃的温汤热水中，用水量为种子量的 5 倍左右。期间要不断搅动以使种子受热均匀，使水温维持在 55 ~ 60℃范围内 20 ~ 30 分钟，以起到杀菌作用。之后降低水温至 28 ~ 30℃或将种子转入 28 ~ 30℃的温水中，继续浸泡 8 ~ 12 小时。

（4）播种方法。

①培养土的配制：选用40% 1 ~ 2 年内未种过茄科蔬菜、瓜类蔬菜等的园土。园土宜在 8 月高温时掘取，经充分烤晒后，打碎、过筛，再贮存于室内或用薄膜覆盖，保持干燥状态备用。园土比例为40%，再加入 30% 草炭、30% 腐熟有机肥、1 千克复合肥/立方米、0.8 千克过磷酸钙/立方米，充分掺匀。

②培养土的消毒：

a. 福尔马林（40% 甲醛）消毒。一般 1 000千克培养土，用福尔马林药液 200 ~ 300 毫升（即 0.2 ~ 0.3 千克）加水 25 ~ 30 千克。喷洒后充分拌匀堆置，上面覆盖一层塑料薄膜，闷闭 6 ~ 7 天后揭开，待药气散尽后即可使用。此法主要是防止猝倒病和菌核病。

b. 用 70% 五氯硝基苯粉剂与 50% 福美双或 65% 代森锌可湿性粉剂等量混合后消毒。一般 1 立方米的培养土拌混合药剂 0.12 ~ 0.15 千克。为混合均匀，可先将药剂拌于细土 15 千克，再均匀拌入培养土中。此法可防止猝倒病和立枯病。

③直接播种法：铺好床土，将覆盖在上面的培养土整平。播种前一天充分浇足底水（如果是下午播种，也可在上午浇水），水渗后撒 0.3 厘米左右细底土，随后将催好芽的种子撒播在畦面上，播种后要及时覆 1 厘米经消毒过的盖籽培养土，并用洒水壶喷上一层薄水，插上小拱棚，扣上新地膜保温保湿。

④穴盘播种法：将草炭和蛭石按 2 ∶ 1 掺匀后，装入 128 孔穴盘，刮平基质后压穴，穴深 0.8 ~ 1 厘米，每穴播种一粒，覆盖蛭石，浇透水。

（5）苗期管理。

①出苗期的管理：管理上主要采取促的措施；即主要是控制在

较高的湿度和较高的温度。因此，播种前应及时浇透苗床。遇低温时应做好覆盖保温，出苗期应控制在 22～26℃，夜间不低于 18℃。在出苗过程中，还要防止幼苗“带帽”，如果发现小苗带帽的较多，可喷适量水或撒些湿润的细土。如果“带帽”现象不多，可以采取人工挑开的办法。

②破心期的管理：在保证秧苗正常生长所需温度下限的前提下，应尽可能使幼苗多见光。在正常生长的晴朗天气，可全部揭除覆盖物，即使遇上低温寒潮，也只是加强夜间和早晚的覆盖，白天要尽可能增加光照。其次是降低湿度。在幼苗破心期一定要控制浇水，可使床土表面见干见湿。注意防止“猝倒病”，一旦发现病苗，应立即喷施 75% 百菌清可湿性粉剂 800～1 000倍液。及时间苗，以防幼苗拥挤和下胚轴伸长过快而成“高脚苗”。

③旺盛生长期的管理：确保适宜温度，尽可能增加光照。在温度条件能保证秧苗正常生长的情况下，一般不需覆盖。保证水分和养分供应。正常的晴朗天气，一般每隔 2～3 天浇水一次，不要使床土“露白”，但每次浇水量不宜过多。在此期间，如果幼苗出现缺肥症状，可结合浇水喷 2～3 次营养液。营养液可用氮、磷、钾含量各 15% 左右的专用复合肥配制，喷施浓度以 0.1% ～0.2% 为宜。一般开始喷的浓度可偏低一些，第二、第三次的浓度可偏高一些。如果是选用其他单一肥料配制营养液，一定要注意氮、磷、钾配合，防止因氮素过多而引起秧苗徒长或发育不良。配制甜椒幼苗营养液时可采用以下配方：尿素 40 克、过磷酸钙 65 克、硫酸钾 125 克、加水 100 千克，整体浓度为 0.23% 。注意防止立枯病。在幼苗的中后期易发生立枯病为害，应及时防治。常选用的药剂有 75% 的百菌清可湿性粉剂 1 000倍液。适时疏松表土。发现表土结壳或床土板结时，应及时用小竹签或铁丝松土。

④炼苗期的管理：为了提高幼苗对定植后环境的适应能力，缩短定植后的缓苗时间，在定植前 6～10 天应进行秧苗锻炼。主要措施有：控制肥水和揭除覆盖物降温、通风。

（6）育苗方式。

①温床育苗：温床育苗方式主要包括电热温床、酿热温床、火热温床和水热温床四种。目前，华北冬春季甜椒育苗大多采用地热线加热温床。电热温床加热快，床温可按需要进行人工调节或自动调节，而不会受气候条件的影响太大。

②温室育苗：温室按加温方式可分为加温温室和日光温室。目前，生产上较多采用塑料薄膜日光温室，主要由土墙或砖墙，塑料薄膜和钢筋或竹木骨架构成，也可添加加温设施，比较经济实用。

定植

（1）施肥整地。在上茬作物施足基肥的基础上，每亩施优质有机肥5 000千克，磷酸二铵50～100千克，饼肥100～200千克。这些底肥要根据不同的定植方式来施用，甜、辣椒多为垄栽，为覆膜和浇水方便以及有利于提高地温，建议采用南北向的垄栽。根据所用品种的植株开张度确定行株距。日光温室冬春茬是早熟的短期栽培，故多宜采用大小行单株对栽并适当密植的方法。大行距60～70厘米，小行距40～50厘米，垄高12～15厘米。

（2）定植。在保温性能好的节能型日光温室里，采用地膜覆盖方式，地温可以满足甜辣椒定植的温度指标。因此，定植前的一切准备工作就绪之后，就可以定植了。定植一般选晴天上午进行，及时浇水利于当天晚上提高地温。定植时要把大小苗分开，一垄上大苗栽在前，小苗栽在后，按穴距30～40厘米开穴。每亩温室单株定植3 500株左右。以适当的密植争取早期产量。

定植后管理

（1）前期（定植至采收前）。定植后5～7天是缓苗期，此期要密封温室，尽量不通风。白天温度可以超过30℃，夜间尽量保温力求达到18～20℃。同时要经常检查，注意随时补苗。缓苗后（定植后10天左右）要顺沟浇一次水。底肥不足时，可于浇水前在行间开沟施入磷酸二铵，每亩15～20千克，或过磷酸钙50千克，掺细碎芝麻饼肥100千克。施后与土掺匀，用土覆盖，然后浇水压肥。

（2）中期（采收初期至采收盛期）。此期是在定植后的 40～75 天，这是甜辣椒生产的关键时期。白天尽量不要出现或少出现 30℃以上的高温，夜温维持在 20℃左右，最低也控制在 17～18℃。这样既可维持植株的长势，又不会对果实膨大带来不利影响。光照对光合作用十分重要，此期棚膜使用已达 5～7 个月，透光率已大幅度下降。一些无滴持久性差的棚膜开始附着露珠，必须十分注意清洁膜面。同时，要矫正植株，增加透光。结合浇水追肥时，用肥量不宜太大，必须氮、磷、钾肥配合。追施磷钾肥时，亩用 15～20 千克。

（3）后期。定植后一般 40～50 天开始采收，开始（门椒、对椒）宜适当早摘，以免影响植株长势。采收时为了不损伤幼枝，最好是剪果柄离层处或慢摘。采收盛期过后，此期管理应以维持长势为主，追肥应以氮、钾为主，并做到追肥与浇水结合。

（八）辣椒春塑料大棚栽培技术

育苗

（1）苗床土准备。选未种过茄果类蔬菜的田块，在前一年冬季来临前进行整地，或秋茬收获后，进行整地。每亩施入优质有机肥 3 000～5 000千克，磷肥 40 千克，复合肥 30 千克。混合后密闭发酵，过筛后消毒。于播前 20 天将甲醛 50～100 倍液均匀喷洒到翻松的土壤上，然后盖上薄膜闷 5～7 天，揭膜，松土，挥发 15 天后播种。

（2）浸种催芽播种。播种期：1 月初播种。先把种子晒 1 天，而后用 55℃热水浸 15～20 分钟，常温下浸 4～6 小时，捞起拌干细土播种。播前整平畦面，浇足底水，均匀撒籽，盖 2 厘米厚土，铺地膜保湿增温，搭小拱棚，保持 28℃的温度，以利发芽，50% 的幼苗出土后揭掉地膜。播后要防蚂蚁拖种和地老虎吃小苗。

（3）苗期管理。出苗后防高温烧苗，要常揭膜降温炼苗。一般不施肥，苗床干旱时于晴天上午洒水，注意保持叶面干燥。苗 2 叶

1 心时可直接用床土或营养钵分苗，分苗床设在大棚内，钵土要装紧拍平。移栽时边起苗边栽边浇水。分苗后要确保适宜的温度、水分、光照，以促进苗的生长。壮苗标准是分苗 20 天左右，苗龄达 7 片叶，现蕾率 70%，苗高 15 厘米，开展度 12 ~ 13 厘米，茎秆粗壮，根系发达，无病虫。

定植

华北地区春大棚辣椒定植期在 3 月中旬左右。

大田基肥以有机肥为主，增施磷钾肥，控制氮肥的用量，一般每亩用优质有机肥 3 000 ~ 5 000 千克或饼肥 200 千克，优质复合肥 30 千克，氯化钾 10 千克，硼肥 1 千克。部分全层施，部分集中条施，分 2 次施入。按 80 ~ 100 厘米宽连沟筑畦，畦土要细碎、平整。浇一定量水。喷除草剂，盖地膜栽苗。移栽前 1 天用 800 ~ 1 000倍 50% 多菌灵浇透苗床土壤，做到带药移栽。选晴天栽苗，行距 40 厘米、株距 33 厘米，双株定植，每亩栽 6 000株左右，浇适量定根水。

定植后管理

（1）大棚温、光的调控。适宜的湿度白天为 20 ~ 25℃，夜间 13 ~ 15℃，白天以 25℃ 为大棚开关的标准，阴雨天中午前后要适当通风。不论晴、阴、雨、雪，每天坚持揭小拱棚见光。大棚温度要确保晴天白天 20℃ 以上，夜间小棚 8 ~ 10℃，清晨 6 ~ 8℃；阴雨天白天 15℃，夜间小棚内 8℃，清晨 2 ~ 6℃。夜间可在小拱棚外加盖草帘，以提高温度，避免出现冻害。

（2）肥水管理。土壤保持湿润，缺水时抢晴天上午轻浇，浇后通风排湿。前期少施氮肥，挂果后重施 1 次肥，每亩穴施 25 千克复合肥，并加强中后期肥水管理，盛果期每隔 20 天追肥 1 次，每亩用尿素 15 千克，并用 0.5% 磷酸二氢钾和 0.2% ~0.5% 尿素或绿芬威叶面补施，以利挂果。

（3）整枝。生长前期打去分杈下的所有侧芽，生长后期剪去内膛徒长枝和无花果枝，除去底部的老、黄、病叶。

（九）春辣椒中拱棚育苗及栽培技术

育苗

（1）设施建造标准。中拱棚，东西走向，高 1.7～2 米，宽 4.5 米，长 50～60 米。连片的拱棚要考虑棚间距离，以利产品运输、雨水排灌及积雪清除。

（2）培育壮苗。苗床地要靠近大田，每栽 1 亩中拱棚辣椒需建造宽 1.3 米，长 10 米左右的育苗畦 4 个。用营养钵护根育苗，并做到一级育苗不分苗，这是决定春辣椒能否成功的关键措施。选近两年未种过茄科蔬菜的肥沃园土 6 份，加充分腐熟发酵的有机肥 4 份，掺匀过筛，按 1 000千克土加土壤消毒散 1 号 1 千克，50% 辛硫磷乳油 150 克拌匀，密闭堆闷 14 天，以杀死虫卵、病菌和杂草种子，制成营养土。每定植 1 亩中拱棚辣椒需 10 厘米 ×10 厘米营养钵 4 000个，需配制营养土 4 000千克。播种育苗期 2 月中旬育苗，定植期为 4 月中旬。播种前晒种 1 天，而后用冷水浸种 3～4 小时，再放入壮苗素 1 号 100 倍液中浸 30 分钟，洗净后放在 25℃左右的适温条件下催芽，待种子 60% 露白时播种，选阴天或晴天下午 16:00以后播种。播种前苗床浇透水，待水刚渗完时，每钵播露芽种子 2 粒，播后覆 0.8 厘米厚营养土，并覆一层作物秸秆，随即在苗床上撑拱棚覆农膜护苗。

（3）苗期管理。幼苗出土后，及时在傍晚清除覆盖物。三叶一心前注意保持苗床土壤湿润，防干燥、防积水。并注意防治猝倒病、疫病。

定植

苗龄 30 天左右，80% 植株现蕾时，为最佳定植时期。宽窄行种植，宽行 60 厘米，窄行 40 厘米，株距 40 厘米。定植前结合整地，每亩施入充分腐熟的鸡粪 3 000千克，农家堆肥 3 000～5 000千克，饼肥 100 千克，三元素复合肥 50 千克。要求肥料均匀施用，地下害虫发生严重的用百虫毙粉进行土壤处理。耕深整平，起垄做畦，以备定植。定植时一定要选阴天或晴天下午进行。1.7 米宽畦内栽 4 行，拱棚内共栽 8 行。为提高定植质量，在定植前 1 天苗床要浇 1 次水，喷 1 遍杀菌、杀虫农药和营养液。并做到随定植、随浇水，水刚渗完时，随即在行间地面铺一层作物秸秆，以降温缓苗防杂草。

定植后管理

疏去门椒以下的营养枝和门椒及对椒，并喷洒植物生长调节剂 1 次。"八面风"椒坐果后绑架防倒，剪去内膛的横生枝条。盖草帘前 1～2 天，摘除全部枝条的顶尖。"四门斗"椒坐果后进行浇水追肥，一般结合浇水，每亩追施三元复合肥 50 千克，隔 15～20 天再追施 1 次三元复合肥，每亩 30 千克，以后"八面风"再追一次肥，浇一次水。以后"满天星"还要进行浇水施肥。

如果到 6 月底至 7 月后，还要继续生长，就要撤掉中棚，形成露地栽培。要进行搭架。可一直延到秋季。

（十）大棚秋延迟保护地无公害辣椒栽培技术

育苗

秋延迟栽辣椒前期环境条件适宜，后期温度渐低，日照渐短，环境条件不大适宜。所以，应选用耐低温、弱光、抗逆性强的品种。

（1）苗床选择。苗床应选高燥、排灌方便且前茬未种过茄科蔬菜的地块。可用 50% 辛硫磷 1 000倍液随底水洒入苗床土，防止苗期病害与蚯蚓、蝼蛄。

（2）播种。播前用 50～55℃的温水浸种 15～30 分钟。苗床先浇大水，待水渗下后，撒种后覆 1 厘米厚的土，并用小弓棚盖遮阳网降温，雨天加盖薄膜，出苗后揭去覆盖物，及时浇水，畦面保持见干见湿，移苗前 3～4 天炼苗，提高移苗成活率。

（3）移苗。把直径 8～10 厘米的营养钵排列在床上，浇透下层土壤底水，待移苗。苗龄在 3～4 片真叶时，边移苗边浇定根水，盖小拱棚加遮阳网保湿降温，夜晚揭网。

（4）苗期管理。苗期气温高，要注意遮光降温。傍晚后要及时揭去覆盖物，注意水分管理。

定植

（1）整地和施肥。定植田块要早耕、深耕，基肥结合耕地早施、深施。每亩施饼肥 150 千克，复合肥 20 千克，氯化钾 10 千克。棚宽 4.5 米，作两畦，中间管理沟 40 厘米、深 15 厘米。

（2）架大棚、扣棚。定植前架好大棚，棚高 1.8 米扣好遮阳网。

（3）定植。选苗龄 35 ~ 40 天，8 ~ 10 片真叶，叶片大而厚，叶色深绿，第一花蕾初现的壮苗移栽，每亩栽 4 000 ~ 5 000株，定植后浇定根水，并及时覆地膜保湿促早发。

定植后管理

（1）温光管理。缓苗期白天控制在 25 ~ 30℃，夜间 18 ~ 20℃。5 ~ 7 天缓苗后，白天温度控制在 25 ~ 28℃，夜温不低于 15℃，以免因低温而受精不良。大棚外用草帘或遮阳网调节温度，当夜温低于 15℃时，大棚内要扣小弓棚；当夜温低于 5℃时，小弓棚上还要加盖草帘；当温度低于零度时，小弓棚上的草帘要适当加厚，同时，不论气候如何都要揭草帘照光，冰雪天揭草帘时间可缩短。

（2）水肥管理。定植时浇透定植水，3 ~ 4 天后再浇 1 次缓苗水。天气转凉后应逐渐减少浇水次数，田间保持湿润，严防湿度过大，植物徒长和落花落果，降低病害。

六、茄子栽培技术

（一）早春茬温室茄子栽培技术

早春茬茄子一般是 11 月播种，翌年 1 月下旬至 2 月上旬定植，3 月中旬始收，到 6 ~ 7 月结束。或在夏季剪截再生，延后栽培至初冬。

育苗

日光温室早春茬茄子育苗的播种期一般在11月上旬至下旬的1个月范围内，育苗期是一年中温度最低、光照最弱的季节，要利用加温温室或节能日光温室育苗。采用嫁接育苗时，从砧木播种算起，托鲁巴姆的育苗苗龄为125～130天，一定采取地热线育苗。接穗品种比常规播种提前10天左右。

温室中选光照充足、温度较高的位置作苗床，沿南北向做成1.5米宽的畦。普通育苗：每定植1亩温室需播种约2平方米的苗床，播种覆土后在苗床上面盖小拱棚保湿保温。整个苗床播种后密闭保温。子叶展开后及时间苗。小苗2～3片真叶时分苗。分苗后要密封保温促进缓苗，白天室温保持在25～30℃，33℃以上才开始通风。夜间温度保持在20℃左右，以利于发根缓苗。缓苗后要适当加大通风量降温。育苗期间可在苗床北侧张挂反光幕以增加光照。

分苗前一般不浇水施肥，保持土壤表面呈半干半湿状态，有利于防止病害的发生和防止出现沤根现象。不旱不浇水，浇水要适量，而且在晴天上午浇水。幼苗缺肥时，可随水浇200倍液的尿素或叶面喷施0.3%的磷酸二氢钾和尿素液。定植前5～7天要加强通风，低温炼苗。

定植

早春茬茄子多育大苗定植。即在苗龄80～100天，苗高20厘米左右，7～8片叶，而且第一花蕾大部分已出现时定植。

（1）整地施基肥。早春茬茄子一般是在秋冬茬生产结束后进行的。将前茬作物拉秧后，清除地面上的残株杂草，每亩施腐熟优质农家肥7 500千克，磷酸二铵40千克作基肥。2/3撒施，深翻30～40厘米，按行距50～60厘米开沟，1/3基肥施入沟中，然后做畦（垄），畦（垄）上覆盖地膜。也可整平畦面后做成高畦，宽70厘米，高20厘米，间距40厘米，畦中间开一小沟，覆盖地膜后可用来浇水。

（2）定植方法。早春茬茄子于1月下旬至3月初定植。具体时间根据温室保温性能及当地气候条件而定。早熟品种的株距 30 ~ 40 厘米，中晚熟品种的株距 40 ~ 50 厘米。大小行定植，大行距 70 ~ 80 厘米，小行距 50 ~ 60 厘米。定植前按株行距在畦（垄）上开孔，选整齐健壮的秧苗，将苗放在孔中，掩埋少量土后浇水，水渗下后用湿土封严定植孔。根系埋土不宜过深，以和苗坨齐平为宜。

定植后管理

（1）温度管理。定植初期外界气温低，管理的重点是密闭保温促进缓苗。为了提高地温，促进发根，定植后可扣小拱棚，白天揭，夜间盖，心叶开始生长表明已缓苗，此时要逐渐通风，促根壮秧。没有盖地膜的，开始在行间中耕。从开始开花到门茄坐果期，外界气温仍然很低，管理重点是提温。

随着外界气温的升高，通风量也要逐渐加大，通风时间也要延长。待植株进入结果期，门茄开始生长，白天可通肩风，尽量不通底风；外界最低气温稳定在 15℃左右时，进行昼夜大通风。

（2）肥水管理。缓苗后浇 1 次缓苗水。门茄长到 3 ~ 4 厘米大小时，即门茄瞪眼前，一般不施肥浇水，如明显干旱可浇 1 次小水。不盖地膜的以中耕培土保水为主。门茄瞪眼后，果实膨大速度加快，这时就要开始追肥浇水，每亩随水冲施尿素 20 千克，或复合肥 15 ~ 20 千克。水量以能润湿畦面或垄面为准。门茄采收一二次后，外界气温已高，茄子进入盛果期，结合灌溉每亩施尿素 20 千克，以后每 7 ~ 10 天浇 1 次水，同时，每亩施稀大粪 1 500千克，或磷酸二铵 20 ~ 25 千克。

（3）植株调整。早春茬日光温室茄子由于密度大，枝叶繁茂，通风透光不好，应及时进行整枝去叶，改善植株间的通风透光条件，加速结果。双杆整枝留 5 个茄子或 7 个茄子，即 1 个门茄，2 个对茄，2 个四门斗和 2 个八面风。三杆整枝留 6 个或 9 个茄子，其余的侧枝和腋芽及时打掉，然后留 2 ~ 3 片叶打顶尖，使营养集中供给果实，提高茄子前期产量。

在植株生长过程中，摘除下部老叶、枯叶，改善光照条件和增加空气的流通，促进果实发育，减少病虫害的发生。

日光温室早春茬茄子栽培前期气温低、光照弱，为防止落花和畸形果的发生，提高坐果率，促进果实膨大，必须用激素蘸花。

（4）再生栽培。日光温室早春茬茄子可以进行再生延后栽培，但以嫁接茄子的再生栽培效果较好。在四门斗茄子收获之后、露地茄子大量上市、市场上茄子价格较低时进行剪截。同时，在畦面追施有机肥，并浇足水，促进侧枝的萌发。

（二）春茬茄子塑料大棚提早上市栽培技术

育苗

为使春茬茄子获得高产并提早上市，在1月上中旬开始准备育苗工作。育苗在温室内应用营养袋移栽育苗技术，具体方法是：将消毒处理并催芽的种子密播在60厘米×40厘米×5厘米的营养箱内，到小苗1叶1心时及时移栽到8厘米×8厘米或10厘米×10厘米的营养钵内，培育具有8~9片真叶，18~20厘米株高，0.5~0.7厘米茎粗，叶片肥厚深绿的茄子秧苗，为春茬茄子早熟高产打下良好的基础。

定植

在棚内土壤解冻15厘米以上时，施足底肥，深翻整地，起垄做畦覆地膜，当10厘米土温稳定通过10℃，棚内最低气温10℃以上时开始定植，定植后前25天棚内夜间扣小棚，并挂二层幕保温，采用双秆式整枝方法管理枝株。

定植后管理

利用老株再生法栽培秋茬茄子，较好地解决了秋茬茄子育苗过程中出现的许多困难，秋茬茄子育苗期正值高温季节，雨天较多，幼苗很容易发生病害，管理不当又很容易徒长。采用老株再生栽培技术，较好地解决了这些问题，提高了茄子的产量和品质。

（1）适时更新老株促发新枝。在7月15~20日，选一晴天及时将老株割除，留茬5厘米，将田间病枝、枯叶、烂果等及时清除掉，预防病虫害发生。

(2) 及时灌水追肥，促进新枝生长。留茬、净田、喷药后要及时灌水追肥，以利促发新枝，灌水以灌透为好，不可将水溅到留茬伤口上，灌水时随水追施速效氮肥每亩15 千克，加速新梢生长。

(3) 定芽留梢。留茬 7 ~ 10 天即可在老株根际处萌发多个枝芽，待芽长 3 ~ 5 厘米时选留 1 个健壮芽留作结果枝，其它芽要及早除去，以免影响留芽生长。对所留结果枝也采用双秆式整技方法进行管理。其他田间管理方法均与常规栽培相同。

(三) 茄子夏季大棚栽培技术

育苗

(1) 育苗时间。在 5 月上旬，立夏前后为宜。

(2) 苗床营养土的配制与消毒。用肥沃园土 6 份、腐熟粪肥 4 份，混合均匀配制而成，并用 50% 多菌灵可湿性粉剂 1 000倍液消毒。苗床在填营养土之前用 2.5% 的敌百虫粉加细土混匀，撒入苗床，以防治地下害虫。

(3) 播种。播前苗床浇足水，采用撒播，每平方米用种量 3 克，播后覆土 1 厘米。为使幼苗健壮无病和出苗整齐，播前应进行种子精选、晾晒、消毒和浸种催芽。

(4) 苗期管理。出齐苗后浇一次透水，起苗前浇一次小水，第一片真叶长出时疏苗，2 ~ 3 片真叶时定苗，苗距以 3 ~ 5 厘米见方为宜。

定植

在 6 月下旬、夏至前后当幼苗长到 10 片真叶时进行。定植前大棚内要结合深翻整地，每亩施圈肥 1.5 万千克，鸡粪干或大粪干 1 500千克。然后按大行 70 厘米、小行 50 厘米、株距 40 厘米的规格在大棚内定植，每亩栽 3 200株，栽后浇足水，一般 5 天后缓苗。

定植后管理

管理目标主要是促根壮秆，积蓄养料，打好坐果基础。缓苗后，首先要进行多次中耕划锄及培土。同时，为使茄果集中产在霜降以后的生产淡季，取得最佳经济效益，在第一次剪枝前要及时摘除苗蕾与幼果，以积蓄养分。

剪枝及其剪后管理：一般每年进行两次剪枝。

（1）第一次修剪与剪后管理。8 月中下旬开始，从对茄以上 10 厘米处，将侧枝全部剪掉，剪口距地面高约 30 厘米。剪后伤口用农用链霉素 1 克加 80 万单位青霉素 1 支，加 75% 的百菌清可湿性粉剂 30 克，加水 25 ~ 30 毫升，调成糊状，涂于伤口，防止感染。此后，结合起堤，每亩施复合肥 120 千克、饼肥 150 千克，起拔高 10 厘米，然后浇一次小水。剪枝后腋芽很快形成侧枝，8 ~ 10 天开始定枝，每株按不同方向均匀选留 5 ~ 6 个侧枝。定枝后 7 ~ 8 天开始现蕾，有 50% 的植株见果后要肥水齐攻，第一次亩追施尿素 30 ~ 40 千克，以后每 8 ~ 10 天浇 1 次水，隔一水追一次肥。寒露前扣膜保温，扣棚后用 20 毫克/千克的 2,4-D 点花，以增加坐果率。棚内温度白天保持在 23 ~ 26℃，夜间 15℃。同时，为了提高产量，应增施二氧化碳气肥，施用浓度为 0. 15%。

（2）第二次修剪与剪后管理。第一次剪枝后，霜降前后头茬茄子可大量上市，于大雪前后全部采摘完毕后进行第二次修剪，剪口较第一次矮 5 厘米，同时，将剪口涂药。其后，在大行内每亩追施饼肥 200 千克，小行内深中耕，注意勿伤根系和主干。棚内温度白天 25 ~ 28℃，夜间 10℃ 以上。来年立春之后，选晴天上午在小行内浇 1 次水，同时每亩追施尿素 35 千克。随着天气转暖后侧枝的生长，每株选留 3 ~ 4 个枝条，第一花芽以下的侧枝全部去掉，即可转入正常管理。以后的修剪可如同前两次修剪，周而复始。通过栽培实践，多年生茄子一般前两年效益好，以后随着根系老化，枝杆木质化程度增高，而发枝弱，产量降低。因此，一般栽培 2 ~ 3 年为宜。

（四）秋冬茬茄子栽培技术

育苗

（1）品种选择。日光温室秋冬茬茄子生育期的气候特点是由高温到低温，日照由强变弱。因此，首先应选用抗病毒病能力强的品种，其次是选耐低温、耐弱光、果实膨大较快的早中熟品种。如早熟京茄一号、京茄三号、京茄五号、天津快园、九叶茄等。

（2）适期播种。一般在7月中下旬播种育苗，苗龄40～50天，8月中下旬至9月上旬定植，部分地区近年来将播种期提前到6月中旬至7月初，也取得了高产高效，但必须选好抗病品种和严防病毒病的发生。

（3）育苗床的准备。这茬茄子育苗正处于高温多雨季节，高温多湿和强烈的光照条件对幼苗生长十分不利，因此，对苗床必须进行遮阴防雨。苗床宜选在覆盖有旧棚膜和遮阳网的大棚内，或选择排水良好的地方做高畦苗床，在上部搭一个1～1.5米高的棚架，四周盖防虫网，在顶部盖旧塑料膜防雨，再在塑料膜上盖遮阳网或草苫，做成四面通风、上面防雨遮阴的育苗棚，保湿降温，以防高温危害。

一般每亩需播种床1～2平方米，分苗床30～40平方米。有条件的地方最好采用穴盘育苗。采用苗床育苗，不宜施入太多的农家肥，每平方米铺60～70千克过筛的腐熟农家肥和加少量的生石灰即可。然后喷洒3 000倍液的氟胺氰菊酯加800倍液50%的多菌灵进行土壤消毒。消毒后将土粪搅拌均匀，耧平浇透水。

（4）浸种催芽。在浸种前2～3天晒种，然后用10%磷酸三钠浸种20～30分钟，再用0.2%高锰酸钾浸泡10分钟。捞出用清水洗净，再用55℃热水浸种30分钟，在浸种过程中不停地搅拌。在30℃温水中浸泡7～8小时，种子出水后搓去种子表皮的黏液；沥干后置于室内催芽或播种。催芽时每天用清水冲洗1～2次，5～6天种芽萌动时即可播种。

（5）播种。夏季高温期要选择早晨或傍晚播种。播种前浇底水，待水全部渗下后播种，然后覆1厘米厚的细土，再在畦面育苗盘上面盖上湿稻草或报纸，遮阴、保墒、防晒。

（6）分苗。当幼苗长出2～3片真叶时，按照12～15厘米的距离将幼苗移植到分苗床或10厘米×10厘米大小的塑料营养钵内。

分苗宜在傍晚或阴天进行，分苗前将幼苗浇透，以利于带土移栽。

（7）苗期管理。苗期管理的重点是遮阴、防雨、防病虫、防徒长。从播种至定植，对遮阴物要按天气情况灵活揭盖，避雨淋及水涝。播种后将畦面或育苗盘覆湿草帘或湿报纸保墒、防晒。出苗后，立即去掉覆盖物。

苗期要抓好防虫防病，可在出苗后 7～10 天喷 1 次乐果消灭蚜虫。当幼苗 2～3 片真叶展开时，叶面喷洒 500～800 毫克/千克矮壮素，以防幼苗徒长。

定植

（1）温室消毒。把前茬作物的残枝落叶清理干净，在定植前 2～3 天进行消毒。每立方米用硫磺 4 克，锯末 8 克；或百菌清 1 克，锯末 8 克。将药混合后放在容器内或瓦片上，在傍晚点燃，密闭温室，熏烟 1 昼夜。第二天打开门窗排除烟雾和毒气。这种方法对真菌、病原菌和一部分害虫具有良好的杀伤效果。

（2）整地做畦施基肥。茄子是深根性作物，深耕土地有利于茄子的根系正常发育。底肥要施足，每亩撒施腐熟农家肥 5 000千克，磷酸二铵 40 千克，碳酸氢铵 100 千克，并加施 50% 的多菌灵可湿性粉剂 2.5 千克进行土壤消毒。然后深翻 30～40 厘米，按大行距 60～80 厘米、小行距 40～50 厘米起垄或做畦，开沟或挖穴定植。定植沟深度在 5 厘米左右。

（3）定植期与密度。苗龄 40～50 天、茄子秧苗长到 5～7 片真叶时，于 8 月中下旬至 9 月上旬定植。定植密度根据选用的品种和栽植方式不同而异。植株高大而开张的宜稀，株型紧凑宜密些。垄作的行距 55～60 厘米，株距 35～40 厘米；小高畦双行种植，小行距 45～50 厘米，大行距 60～65 厘米，株距 35～40 厘米。

（4）栽培方法。定植前 1 天，把苗床或营养钵浇透水，起苗时尽可能不伤根或少伤根。要起大垞进行定植，选阴天或晴天下午进行。定植时按株距摆苗，并将相邻的两行互相错开，以利于通风透光。边定植边分株浇水，待全田定植完毕后顺沟浇大水，或铺滴灌管进行滴灌，这样可防止茄子萎蔫现象的发生。

定植后管理

（1）温度与光照的管理。定植后的生育前期正值高温、多雨、光强季节，此时在环境管理上主要是减弱光强，降低温度，保持一定湿度。这时旧棚膜可起遮光降温防晒的作用，同时在棚膜外覆盖遮阳网，并根据天气情况灵活揭、盖，或在棚膜上喷洒泥浆等，减弱光强，降低温度。此外，要充分利用日光温室上下风口的高度差昼夜通风降温，并在傍晚适当灌水，保持土壤经常湿润。

当白天最高气温降到20℃、夜间最低气温在15℃左右时，要及时更换新棚膜或扣棚保温。温室内最低气温低于15℃时，要及时加盖草帘、植被。随着外界温度的逐渐降低，要进一步增加覆盖物进行内外保温，必要时进行临时补温，使温室内夜间最低气温保持在10℃左右。从11月开始，温室内光照逐渐减弱，需要采取各种措施来增加光照。首先，要经常消除棚膜上的灰尘及杂物，保持棚膜的清洁，以提高其透光率；其次，在温室北侧张挂银色反光幕，提高弱光期温室内的光照强度。

（2）肥水管理。定植后及时浇足定植水，并抓紧时间浅中耕，预防高温积水造成切脖死苗。定植4～5天后浇1次缓苗水。尔后连续中耕2～3次，注意培土防倒伏，不旱不浇水，进行蹲苗管理，促进根系的发育。

门茄开花坐果期间一般也不灌水、不追肥，以“壮秧坐果”为管理目标。门茄有一半左右坐住果时结束蹲苗，每亩追施三元复合肥25千克。随后沟灌或滴灌，灌水量以能湿润畦面或垄面为准，水量不宜太大。以后根据土壤温度情况每15～20天浇1次水，而且在12月中旬至翌年1月下旬或2月初拉秧时，减少浇水量，以防降低地温和增加空气湿度。

门茄采收时每亩随水施入尿素20千克。门茄采收后进入旺盛结果期，外界气温已明显下降，植株和果实生长逐渐减慢，栽培管理的目标应当是保秧促果。门茄采收完后再每亩随水施入尿素20千克，以后每层果坐住后，随水追1次肥，每亩每次追施尿素15千克，或复合肥20千克。结果期结合喷药用0.2%的尿素和0.3%

磷酸二氢钾液叶面喷施，每 15 天喷 1 次。

（3）植株调整。秋冬茬茄子栽培后期光照弱、温度低，因通风量小，室内湿度较大。为了增加通风透光率、提高坐果率，一般用双杆整枝法，去掉其余的侧枝、腋芽和下部老叶，并用尼龙绳吊枝，防止倒伏，减少遮光。由于定植后温度较高，易引起植株徒长，根据植株的生长情况，在缓苗后可再喷 1 次矮壮素，促使壮秧早结果。

（五）茄子两熟大棚栽培技术

育苗

茄子种子种皮厚、坚硬并有腊质，透水、透气都较差，常出苗不整齐，应采用高温浸种催芽。用 70 ~ 80℃ 水浸种，种子放入热水中，一边搅拌，一边用手搓洗种子，待水温至 30℃ 时，再换干净凉水浸泡 24 小时，然后捞出种子放在 25 ~ 30℃ 温床催芽，前两天不搓洗，以后淘洗种子必须搓洗，这样处理的种子发芽快，出苗整齐。育苗床土应肥沃，苗床整好后浇足水，表层土壤干时播种。分苗不宜晚于真十字期，保持较大的营养面积及较强的光照是培育丰产苗的重要措施。

整地施肥，茄子应实行 5 年以上的轮作，并避免与茄科作物连作。每亩施优质农家肥 5 000 千克，尿素 30 千克，过磷酸钙 50 千克。

定植

在北方大部分地区以 4 月下旬，土壤温度稳定在 13 ~ 15℃ 以上时为定植最适时间，一般早熟品种每亩定植 2 500 ~ 4 000 株。中晚熟品种 2 200 ~ 2 400 株。以行株距 50 厘米 × 20 厘米为佳。茄子枝叶繁茂，株形开展，相互遮阴，因此，加大行距，缩小株距是改善栽培方式、密植丰产的有效措施。

定植后管理

茄子要求肥水较高，缓苗后结合追肥，灌水一次，以后控制灌水蹲苗，到门茄鸡蛋大时，果实开始迅速生长，见干就灌水。茄子全生育期需追肥3次，保证其对养分和水分的需求。北方地区，茄子的产量主要分布在1~3结果层，占总产量的60%~70%。因此，在气候条件允许的情况下，在结果后期摘除植株基部已经失去光合功能和衰退的老叶、黄叶。北方栽培茄子一般不摘顶，不整枝，任其生长。但在高度密植和温室栽培条件下，适时摘顶整枝，可促进体内养分的合理利用，提高光合强度。加强田间管理，延长采收期是获得茄子高产、优质的重要途径。

茄子两熟栽培技术管理：在8月下旬至9月上旬，加强茄子的肥水管理，每亩追施尿素15千克，磷肥25千克，追肥后灌水1次，9月中下旬平茬，把茄子所有的分枝只留基部1~2个叶片，其余全部剪掉，让其叶芽萌发生长，10月中下旬扣棚，提高温室温度，促其快速生长，11月中下旬茄子可采收上市，形成茄子周年生产与市场供应，解决淡季吃菜难的问题。一年栽培1次茄苗，达到两茬收果。第一茬亩产量达4 000~4 500千克，第二茬可产2 500千克，两茬亩达6 500~7 000千克。

（六）茄子塑料大棚秋季栽培技术

育苗

这茬茄子育苗时间较短，一般苗龄不超过45天。播种期一般在6月份，此时是温度高、湿度大、光照最强的季节，要利用遮阳网和塑料膜同时保护，以防雨水冲刷和光线过强对幼苗的伤害。

定植

（1）定植前的准备。茄子秋棚栽培的生长期比较短，结果集中，结果量大，对土壤营养的要求比较高。将前茬作物及时清理，结合翻地每亩施优质农家肥5000千克（鸡粪、猪粪、牛粪等），三元复合肥30~50千克。

（2）定植适期。根据前茬作物的拉秧时间确定，一般7月上旬定植。

（3）定植密度。秋大棚茄子可畦栽，也可垄栽。一般行距 80 厘米，株距 45～50 厘米，每亩栽 2 000株。

定植后的管理

（1）温度管理。定植后的管理要点是小水勤浇，以降低地温，并实行大通风，促进发根缓苗。可拆去棚侧膜，只留顶膜。

（2）田间管理。定植后 2～3 天进行中耕，以增加根的通气性。5～7 天新根发出，心叶展开表明已缓苗。浇水的同时每亩可追施尿素 15 千克。开花后，适当控水，结合中耕进行蹲苗，防止植株徒长，造成落花。门茄瞪眼后（即能看见小茄子时），应及时浇水追肥，促进茎叶生长、果实膨大。每亩施硫酸铵 20 千克或尿素 10～15 千克。以后 7 天左右浇 1 次水，保持土壤湿润状态。盛果前期追肥 1～2 次，促进果实发育。进入 9 月份后，气温下降，将棚的侧膜补上，并根据天气状况及时通风，降低棚内温湿度。

（3）植株调整。要及时去掉门茄以下的老叶及腋芽。在四门斗后，有些地区在“八面风”现大蕾后，在花蕾上部留 2～3 片叶摘心，以利于通风透光，减少养分流失，促进上部果实膨大。

（4）防止落花落果。秋大棚茄子定植时，气温高，湿度大，易引起落花落蕾和形成畸形果。在开花时采用 30～40 毫克/千克 2,4-D 溶液或 40～50 毫克/千克的番茄灵溶液，用毛笔涂抹在花萼或花柄上，可防止落花，促进果实膨大。施用保花保果剂，可在药液里加入 1% 的速克灵或 1% 的百菌清，对果实的灰霉病、菌核病、绵疫病有一定的防效。

（七）春中小拱棚茄子覆盖栽培技术

中小拱棚短期覆盖茄子，属于半保护地栽培，由于棚体矮小，覆盖方便，故其保温、抗冻性能良好，茄子定植期一般可比露地提前 15～20 天，缓苗快、发棵早，采收期可提前 20 天左右，由于延长生育期，提前上市，比露地明显增产、增收。一般畦面覆盖地膜，拱棚膜上可覆盖草帘等保温材料。但棚体小，棚内通风差，湿度大，易感染病害。

育苗

中小棚栽培茄子，定植时期较温室、大棚晚。在温室内进行，并采用温床育苗或地热线育苗。育苗时间较长，一般80～90天苗龄。茄子定植前7～10天要进行低温炼苗，白天棚外气温达到15℃以上时把薄膜揭开通风，夜间控制在10℃左右，临近定植可降到8℃左右，增强茄子苗的耐寒能力。

定植

中小拱棚早熟栽培，一般在温床育成现蕾的茄子幼苗，北京地区在4月中旬定植。

茄子中小拱棚春季早熟栽培的生长期比较长，结果量大，对土壤营养要求比较高，要施足基肥。定植选择晴暖天上午进行，定植时要多带土，最好是用营养钵育苗。定植当天必须全部浇水并盖好小拱棚，以防夜间降温伤苗。

定植后管理

（1）中小拱棚覆盖期间管理。茄子苗定植后的7～10天内，要以盖好薄膜、加强保温为主，应密闭小棚，不能通风，促进活棵。但如果温度过高，应在中午前后适当通风降温，尤其缓苗后通风量逐渐加大，进行炼苗，提高茄子的抗逆性。茄子苗定植缓苗后浇1次缓苗水，水量要小。

（2）中小拱棚揭膜后管理。中小拱棚栽培的茄子，到5月上旬气温已相对较高，可撤掉小棚，进行露地生长。

①及时浇水追肥：茄子结果前需肥水少，结果后需肥水多。门茄开花时要适当控水蹲苗，以促使茄子根系继续向纵深发展。门茄瞪眼期结束蹲苗，及时浇水追肥，每亩沟施或穴施复合肥15千克。对茄和四门斗相继坐果膨大时，对肥水的要求达到高峰，要重施一次化肥，每亩施尿素15～20千克，撒施在垄沟内，而后浇水。也可随水施入，视天气干湿情况，决定兑浓度。在茄子结果期要给予较多的氮和钾，不然果实易变硬。茄子结果后期叶面喷施0.2%～0.5%尿素和0.2%～0.3%磷酸二氢钾，以补充茄子根部吸肥不足，

喷施时间以晴天傍晚为宜。

②中耕培土：茄子植株虽然一般不易徒长，对蹲苗的要求不严格。但由于早春气温低，茄子发根慢，在浇过缓苗水后，要抓紧时机进行第一次中耕蹲苗，深度为7～10厘米，保持土面疏松。当门茄瞪眼、对茄全部开花时，浇肥水后再浅耕1次，结束蹲苗。在茄子的枝叶封垄后，就不再中耕。到门茄收获后，结合灌水施肥，待表土干湿适宜时，进行培土。

③蘸花：茄子门花开花是在小拱棚内完成，因此，要采取蘸花保果措施。待后期温度升高，有昆虫活动授粉，可不必再蘸花。

（八）茄子日光温室矮化密植栽培技术

育苗

（1）适期育苗，在北方地区适宜播期为7月上中旬。育苗期正值高温多雨季节，苗床需搭小拱棚，防高温、暴雨、水淹。

（2）浸种催芽，浸种前先把种子晾晒2～4小时、然后把种子放在50～55℃温水中浸泡15～20分钟，并不停搅拌，使种子受热均匀，待水温降至30℃左右时停止搅动，浸泡10小时。捞出搓洗干净，摊开晾晒、用消过毒的纱布包好，放在28～30℃环境中催芽，当种子有80%透尖后，播入12厘米×12厘米营养钵内，每钵播2粒，覆盖1厘米营养土。

（3）营养土配制，营养土用肥沃土与粪干按6：4配制。打碎过筛后加适量磷酸二氢钾、敌百虫及敌克松，消菌灭虫。

（4）苗期管理，播种后盖好小拱棚。齐苗后小拱棚四周通风，降低温度防苗徒长。1片真叶后，拔去弱苗、每钵保留1株壮苗。幼苗具3片真叶时，揭去棚膜，促苗健壮生长。整个幼苗期要严防雨淋，定期喷洒农药防虫、防病，旱时浇小水，确保壮苗定植。

定植

（1）精耕细作，重施基肥。秋延后茄子多以春番茄、黄瓜为前作。前作拉秧后要深翻土地，暴晒1个月，再深翻1次，再暴晒半个月。每亩施优质农家肥7 500千克，然后浅翻1遍，精细整地。定植时每亩沟施二铵50千克、磷酸二氢钾30千克。

（2）合理密植、适时扣棚。幼苗株高20厘米左右，具7～8片真叶时定植。定植期一般在9月上中旬。实行宽窄行定植，宽行60厘米，窄行40厘米，株距26厘米，每亩栽5 000株。定植后顺沟浇透定植水，并在1周内扣上棚膜。

定植后管理

（1）温度管理。扣棚后白天温室控制在25～30℃，夜间控制在15～18℃。白天温度高时，需放风降温，霜降后，覆盖草帘保温。立冬后在草帘上盖第2道农膜防寒。棚膜要经常擦洗，以提高温室透光保温效果。

（2）水肥管理。门茄坐住后开始顺沟浇小水，结合浇水每亩冲施适量人类尿。结果期每半月浇1次水，每次每亩冲施尿素25千克。

（3）及时打顶、整枝。门茄坐住后摘除下部老叶摘心打顶。

（4）激素处理。9月下旬至10月底，温室内易出现30℃以上的高温，11月中旬后室内易出现15℃以下的低温，为提高坐果率，在开花前后2天内，用2,4-D 30～50毫克/千克涂抹花萼和花柄。激素处理后的花冠不易脱落，易引发灰霉病，也不利于果实着色，因此，果实膨大后要剥去花冠。

（九）茄子小拱棚育苗、嫁接及栽培技术

育苗

（1）播种。先播砧木，温室温度低时，可催芽育苗，不宜直播。催芽时，将砧木种子浸泡24小时后，上袋催芽，最低温度20℃、16小时，最高温度30℃、8小时，交替变温催芽；约15天，当砧木芽子出齐后，播入育苗盘中覆土后盖上地膜。接着再催接穗茄子芽；同样将茄芽播在另一个育苗盘中。当砧木2片真叶铜钱大小时移栽到营养钵内，茄苗同时移栽到苗床内，苗株行距6～7厘米。

（2）嫁接。采用劈接法嫁接，当砧木长到8～9片时，半木质

化、茎粗0.5厘米时，在第3～5片叶处（离地面最高不超过3厘米）平切、嫁接的刀片和手要干净，不能沾土，然后在砧木中间垂直切入1厘米深。当接穗长到5～7片叶，茎粗0.5厘米时，在第4～5片叶处平切后，削成1厘米长“V”字形，即为模型。将削好的接穗插入砧木中，用专用塑料夹子固定。放在温度25～30℃，湿度95%的小拱棚内，浇足底水促使缓苗。

（3）嫁接后管理。在小拱棚上用纸被遮阴或半遮阴2～3天、然后去掉遮阴缓苗两天、再掀开小拱棚底部放风炼苗两天，这时伤口已基本愈合，即可撤掉小拱棚进行正常管理。当接穗长到5～6片叶时即可定植。

定植

定植时接口处高于地面3厘米以上，以防接穗扎根受病菌侵染，株距40～50厘米，行距50～60厘米。肥水用量应比一般栽培略高一些。

定植后管理

（1）再生处理。于7月5～19日进行，对老茄秧进行修剪平茬、在茄秧嫁接口上留3.3厘米高桩剪断、然后加强水肥管理，特别是多施农家肥、铲垄1次、培土1次。

8月1日左右留桩上的芽眼萌发，也再生出1～3个侧枝，一般只留1～2个壮枝，9月1日后再生茄子始收，9月中下旬开始扣棚，以防早霜。10月上中旬盖草垫子，棚内暂不需加温，11月7日前共灌3次水。尽量少灌或不灌水、以保持地温。

（2）温室茄子再生栽培。一般亩产量可达3 000千克，这样全年亩产量可达1.5万千克。

（十）茄子日光温室无土栽培技术

育苗

（1）栽培系统的建立。

①栽培槽的建立：栽培槽长度视温室跨度而定。北边留1米通

道作工作走道，南边余20厘米，用砖垒成内径为72厘米南北向槽，槽高30厘米（平放5层砖），槽距30厘米。为防止渗漏使基质与土壤隔离，槽基部铺一层废旧的大棚棚膜。

②灌溉系统：铺设灌溉设施，槽内铺2根滴灌带，设置一个可容纳2吨的蓄水池，与出水管道的水位差在1.5米以上。

③栽培基质：按炉渣：珍珠岩粉：腐熟过筛羊粪为2：1：1配制，同时基质中加入颗粒鸡粪10千克/立方米，二胺0.1千克/立方米，尿素0.07千克/立方米，用50%多菌灵可湿性粉剂1 000倍液喷洒消毒，充分拌匀填入栽培槽内待用。

（2）培育壮苗。

①选用早熟耐寒性强、生长势中等、耐弱光、适于密植的品种。

②用基质培育壮苗，基质配比为腐熟过筛羊粪：炉渣为4：6，基质加入5千克/立方米消毒鸡粪，尿素0.1千克/立方米，育苗盘选用5×10孔吸塑育苗盘。

③种子处理与播种。于2月中旬育苗，用55℃热水烫种25分钟，并不断搅拌。然后在20~30℃的温水中浸种24小时，并认真搓洗种子2~3次。浸种后在28~30℃条件下催芽，6~7天大部分种子露白即可播种。每穴播1粒，需种量每亩50克。

④加强管理培育壮苗。出苗前温度保持白天28~30℃，夜间20~25℃，基质温度25~28℃。出苗后白天25~30℃，夜间16~18℃，茄苗有4~5片真叶即可出盘定植。

定植

3月中下旬开始定植，定植前基质槽进行大水漫灌，使基质充分吸水。选晴天上午按株距40厘米，每槽两行调角扒坑定植每亩2 300株，栽后轻浇。

定植后管理

（1）温度管理。定植后温度白天保持30~35℃，缓苗后白天温度控制在25~30℃。

（2）肥水管理。定植半个月后，每隔10~15天，每亩追混合肥100千克。混合肥配比为：腐熟羊粪2份，消毒鸡粪2份，二胺1份，尿素1份充分混匀。将混合肥撒施在植株行间然后浇水。在定植后1个月及果实膨大期，将混合肥距根8厘米处挖穴施入，每株25克。定植后5~7天浇1次透水，坐果后晴天上午下午分别浇1次，每次滴灌20分钟。

（3）植株调整。及时摘除植株下部老叶及侧枝，温室内低温弱光条件下茄子坐果率低，可用30~40毫克/千克的2,4-D蘸花保花保果。

（十一）茄子春日光温室栽培技术

育苗

（1）浸种催芽。为消除种皮带菌，播前可用1%高锰酸钾溶液浸种30分钟，或用0.1%多菌灵浸种1小时，再用清水反复清洗，然后倒入50~55℃温水中不停搅拌，温度降到30℃时反复搓洗，去掉种皮上的黏液，浸种8~10小时后，置于30℃、16小时，20℃、8小时条件下变温处理，每天翻动一次，见干时喷水，一般5~6天出芽。

（2）播种。播种前先配好营养土，营养土腐熟有机肥约占50%，为防苗期猝倒病，每平方米用营养土15千克加5克五氯硝基苯，再加5克代森锌，混合均匀，配置药土，播种时下铺1/3，打透底水后，上盖2/3（药量不能超量，否则不长根）。播种后要盖一层地膜以提高地温在18℃以上，气温白天30℃，夜间20℃，以促进尽快拱土。

（3）苗期管理。50%以上幼苗出土时撤下地膜，出苗后白天保持20~25℃，夜间15~20℃，不旱不浇水。幼苗2~3片真叶时用8厘米直径、10厘米高营养钵分苗。分苗前3~4天适当降温炼苗，移植后缓苗期间要尽量提高土温，必须在15℃以上。气温也要高，白天28~30℃，夜间15~20℃。为防止萎蔫，中午前要放苫遮阴，3~4天后再全天揭苫。缓苗后进入成苗期，生长量最大，但又进入严寒季节，因此，在管理上尽量做好保温，白天25～30℃，上半夜15～20℃，下半夜10～15℃，土温在15℃以上。在水分管理上，要在缓苗后灌一次透水，进入严寒季节不干不再灌大水，定植前5天加大放风量，延长放风时间，进行低温炼苗，白天20～23℃，夜间8～10℃。

定植

每亩施优质有机肥3 500～4 000千克，过磷酸钙50千克，耕翻与土壤拌匀，整平，按55厘米南北开沟，沟深4～5厘米，然后按38～40厘米株距栽苗，再埋土浇水，水渗下后第二天，用小木板由行间向定植沟处刮土培垄，垄面超过培面2厘米，使之成为10厘米高的垄台，再在原垄上覆盖一幅地膜，开纵口把苗引出膜外，每亩保苗数2 500～2 700株，定植要选冷天过后晴天开头进行，3天后再在膜下灌1次缓苗水。

定植后管理

（1）温度。1月中旬定植移苗后正是严寒天气，要尽量提高气温和地温，白天达到25～30℃，上半夜保持13～20℃，下半夜保持10～13℃。2月中旬以后天气转暖也正是开花结果期，白天25～30℃，上半夜18～24℃，下半夜15～18℃，土壤温度保持15℃以上，不能低于13℃，久阴乍晴，不能强烈曝光和放风，应中午前后放苫遮阴，待过3～4天植株健壮后再全天见光，通风换气。

（2）光照管理。主要是保持薄膜清洁。并要在温室后墙内侧张挂反光幕。

（3）肥水管理。灌水临界期是根茄3～4厘米（瞪眼）时，瞪眼期以前一般不追肥灌水，以免植株徒长，延迟收获期。瞪眼以后，开始追肥灌水，开始时天气严寒，要在膜下暗灌，3月中旬以后，土温稳定在18℃以上，要在上午大灌水，暗沟和明沟全灌，灌后大放风，一般每隔7～8天灌1次水，灌水要结合追肥，每半月追一次，每次用尿素10千克或二胺10千克。

（4）整枝。茄子是典型双叉分枝作物，中后期通风不良，易发病虫害，要进行双杆整枝，即对茄形成后打掉向外伸长的侧枝，留向内发展的两个枝继续生长，以后每分枝一次都要打掉向外张的侧枝，只留两个枝伸长，当结完七个果后，打尖。

（5）防落花落果。用浓度为30～40毫克/千克的2,4-D蘸花或用毛笔涂抹在花萼和花柄上，蘸1次即可。为防重蘸或漏蘸，可加几滴红墨水。

（6）适时采收。萼片下面有一段果实颜色特别浅，当浅颜色逐渐缩短至不显著时为最佳采收期。

（十二）圆茄简易温室春季栽培技术

育苗

（1）育苗时间。通常在10月下旬至11月中旬播种，以利全苗。

（2）育苗设施。选择地势高燥，土壤肥沃的地块，做一个后墙高1.2米，厚0.8米的简易日光温室，覆盖聚乙烯无滴膜和麦穰，不用加温。播种前5天扣上棚膜，提高地温。

（3）苗床土配制。用未种过茄科类蔬菜的园田土6份，充分腐熟的优质有机肥4份，混合过筛后每立方米营养土中再加磷酸二铵2千克，草木灰5千克，50%多菌灵可湿性粉剂80克，充分掺匀后撒入苗床，厚度为10厘米。定植每亩需苗床面积20平方米。

（4）浸种催芽播种。把种子放入55℃温水中，搅拌冷却至30℃，浸泡15小时，捞出后晾干，放在干净的湿毛巾中，在30℃条件下催芽。5天后，50%以上的种子露白时即可播种。催芽期间每8小时打开毛巾1次，进行换气。播种前3天，苗床浇透水，把催好芽的种子均匀撒入苗床内，覆细潮土1厘米，然后盖上地膜。

（5）苗期管理。出苗期间保持较高温度白天30～32℃，夜间22～25℃，出苗后撤去地膜，降低温度，白天25～28℃，夜间13～15℃。控制浇水，旱时浇小水，及时间苗，苗距8～10厘米，幼苗2片真叶时可进行分苗。壮苗的标准是：苗龄90天左右，6～8片真叶，已现蕾，苗高25厘米，茎秆粗壮。整地施肥，建造中棚。定植前 1 个月进行整地施肥。每亩施优质腐熟的有机肥 4 000千克，磷酸二铵 30 千克，硫酸钾复合肥 50 千克。深翻整平耙细，每 1.1 米做一个小高畦，畦高 15 厘米，宽 80 厘米，畦沟宽 30 厘米。整地后，根据地块大小和方位，按 1.5 ~ 2.5 米的间距埋设立柱，拉好铁丝，绑好竹皮，建好棚待用。定植前 10 天，扣好棚膜。棚膜用紫光膜。麦穰放在棚的两侧。定植后覆盖，厚度为 15 厘米左右。

定植

（1）定植时间。2 月中下旬开始定植。一定注意选择“冷尾暖头”的天气，即栽后至少应有 2 天晴天，以利升温缓苗。

（2）定植方法。定植密度为每亩 3 000株左右。定植采用“稳水坐苗”的方法。在高畦两侧开出定植穴，小行距 50 厘米，穴距 45 厘米。浇水后把苗坨放入穴内，水渗下后，把穴封好。盖上 80 厘米宽的地膜，注意要把苗和膜开口处用土封好，定植后，切不可大水漫灌，以免降低地温。

定植后管理

定植后 7 天内升温缓苗，不放风，及时扫去或盖上麦穰，白天温度 28 ~ 30℃，夜间 15℃以上。缓苗后白天 30℃左右，夜间 13℃左右。

结果期管理：

（1）植株调整。采用双杆整枝的方法，即只保留“对茄”时两侧枝，其余侧枝全部去掉。老叶、黄叶也应及时去掉，以免造成行间郁蔽。

（2）肥水管理。“门茄”坐住以前，以蹲苗为主，一般不浇水施肥。当“门茄”鸡蛋大小时，结合浇水，每亩冲施尿素 15 千克，硫酸钾 5 千克，或大棚冲施肥 30 千克，以后每 7 ~ 8 天浇水 1 次，15 天追肥 1 次。

（3）激素处理。茄子开花当天 8:00 ~ 10:00，用 20 ~ 30 毫克/千克的 2,4-D，同时加入适量 50% 速克灵涂抹花柄，或用坐果灵等喷花，促进坐果，不能重复进行，否则易造成药害。

（十三）茄子夏季日光温室化控栽培技术

育苗

苗期培育壮苗。应用生殖促进剂（或助壮素）100～300毫克/千克，在茄子3～4片叶时喷洒植株，可使秧苗矮壮，叶片厚而坚实。如果用5～10毫克/千克的烯效唑，在幼苗3～5片叶时喷1次即可取得良好效果。

定植后管理

（1）营养生长旺盛期控制徒长，促花促果。随底肥均匀撒施增效剂，每亩750克；如果不使用增效剂，在茄子定植缓苗后，进入旺盛生长期，也可每隔10天，喷100～300毫克/千克生殖促进剂（或助壮素）1次，共喷2次，或在茄子旺盛生长期喷1次5～20毫克/千克的烯效唑。以上方法均可使茄子植株矮化，根系发达，增强光合作用，促进花果发育，早熟增产。

（2）花期防止落花落果。茄子用2,4-D蘸花也易形成畸形果，主要表现为长尖。为提高商品性，应用沈农番茄丰产剂2号（30～40毫克/千克）蘸花为好，不仅果形整齐，还具有明显的促进果实膨大和增产的作用。另外，用30～40毫克/千克的防落素也比较安全，不会出现畸形果。为防止茄子灰霉病，在蘸花剂中也应加入0.2%的农利灵或速克灵药剂。近年来，新研制出一种复合型的茄子丰产剂，应用这种药剂处理植株，可以省去蘸花这道工序，既省劳动力，又有防止落花落果，促进果实膨大和增产的作用。使用方法是：在茄子开第一朵花后，全株喷洒5～10毫克/千克的茄子丰产剂，即每5毫升对水2.5千克，整个生育期只喷1次，包括以后开的花再也不用蘸花了。其作用不仅防落花，还能控制徒长，促进叶片的同化产物流向果实，促进坐果，加速果实膨大。

（3）幼果期促进果实膨大。当每个茄子幼果长到蛋黄大小后，每间隔10天，用30毫克/千克的膨果剂蘸果或喷果1次，共喷2次，能显著促进果实膨大。应用茄子丰产剂处理后再用膨果剂处理，茄子增产效果更为显著。另外，经过这样处理后的茄子外观显得饱满，皮色也好，商品性明显提高。

（十四）茄子越冬日光温室栽培技术

育苗

（1）营养土配制。5份园土+4份有机肥+1份化肥（过磷酸钙、磷酸二铵各半），每立方米营养土用福尔马林100毫升加水2千克，于装钵前一周喷洒在营养土上，拌匀。然后用草帘覆盖，几天后，药效充分发挥作用，即可装入苗钵。

（2）苗床选择。在陆地选择通风良好、地势高燥、能灌能排的地方做苗床。挖去表土7~10厘米，然后把装好的苗钵紧紧地码在钵床里，钵与钵之间的缝隙用土填满，播前浇透水，亩日光温室约净留苗4 400~5 000株，适当增加苗数，以便定植时剔除僵苗、病残苗。

（3）播种期。7月末至8月初。

（4）种子处理。亩用种量50~75克。种子先用0.2%的高锰酸钾水浸30分钟，然后捞出用50~55℃的水浸30分钟。注意要不停搅拌，到时间后，稍加凉水冷却，用手反复揉搓，搓去种子表皮的黏液。再用30℃的水浸8~12小时，浸泡过程中要淘洗4~6次。然后取出种子用布擦干，再放到阳光下略晾，直播于苗钵里。播前浇透水，每钵点3粒种子，呈“一”字形。钵与钵之间的“一”字形要基本保持平行一致。播完后，上覆1~1.5厘米厚一层过筛的纯干土，苗钵上面用地膜覆盖，以防芽干。

定植

定植时间在秋分前后，即9月下旬至10月初，定植时生理指标达到5~6片真叶，苗龄45~50天，坐水定植，定植后温室前屋面要覆盖遮阴，以利缓苗。室内气温超过25℃要破膜通风。

定植后管理

（1）温光肥水管理

①缓苗后，浇一遍缓苗水，要浇小水。以后逐渐减少水量。为

提高地温，白天室内温度适当提高，保证地温不低于20℃。

②挖防寒沟：在日光温室南侧距前墙30厘米左右挖宽30厘米、深70厘米的防寒沟，沟内用烂草、秸秆填充，上盖20厘米厚的土。

③换新膜：10月中旬，日光温室开始更换新的无摘膜。换膜时间应选在14:00点前后，无风天气进行，先将新膜盖上，然后扯下旧膜，压牢新膜。换膜后，光照突然增强，中午应放下帘子适当遮阴。气温超过30℃时放风，晚上气温低于12℃要覆盖草帘子。

④肥水特点：10月中旬换新膜后，要浇晒过的水，随水在根侧20厘米左右地方扎孔追肥，每次每亩追尿素6~8千克，混合磷酸二氢钾0.5~1千克。

（2）开花结果期的管理

①防病、防落花落果：花朵开放一半时用30~40毫克/千克的2,4-D蘸花。在蘸花时每千克药液中加入1克速克灵或扑海因，这样既可防病又可防止落花、落果，促进早熟，提高品质，也可用防落素4 000倍液喷花，整个花期喷2~4次，每隔7天左右喷一次。

②防畸形：日光温室秋冬茬茄子花期保温至关重要：白天气温25~35℃，夜间气温12~20℃，土壤温度最好保持在15~20℃。不能低于13℃，为了提高地温，中午的温度要比常规管理提高2~3℃。浇25℃的温水，严防湿度过大。日照不足棚室，在阴雪寒冷天气必须坚持揭帘见光和短时间少量通风，如遇极端低温，最好在日光温室内点几盆炭火、来辅助增温。此外要经常清洁棚膜，在后墙挂反光幕。要及时清除根茄以下过密的分枝，门茄坐果后，适当追肥，亩日光温室每次追尿素10千克，离秧苗20~30厘米的地方扎孔、把肥施入，然后浇温水、追肥次数3~5次。

要适时早收，采收时间最好选择下午、傍晚进行，采收后及时浇一遍水。

（十五）茄子遮阴育苗及日光温室栽培技术

育苗

（1）播种前准备。选择地势高、排水良好、未种过茄科作物的地块建苗床，每亩需播种床 1 平方米，分苗床 25 平方米。每平方米苗床施磷酸二铵或三元复合肥 150 克，辛硫磷 5 克，50% 多菌灵可湿性粉剂 10 克，施后拌匀，做成 1.5～2 米宽的高畦。

（2）浸种催芽。将种子浸泡 12 小时，再用 55℃ 热水浸种 15 分钟，或用 50% 多菌灵 500 倍液浸泡 2 小时，然后捞出沥干，用净布包好置于室内催芽，每天用清水冲洗 1～2 次，经 5～6 天种芽萌动即可播种。

（3）播种与分苗。夏季高温期要选择清早或傍晚播种与分苗。播种前浇足底水，待水全部渗下撒种，最后覆 1 厘米厚的细土。在出苗后 20 天左右，幼苗长出 2～3 片真叶时，按照 12～15 厘米的株距进行分苗。分苗前将幼苗浇透，以利带土移栽，分苗时开沟、起苗、栽苗、浇水、覆土同时进行。

（4）苗床管理。

①盖膜防雨，从播种至定植，遇雨将塑料薄膜盖上防雨淋，雨后揭开防徒长。

②遮阴保墒防晒，播种后将畦面覆草保墒、防晒。出苗后，立即去掉覆草，搭荫棚或用带叶片的树枝插布在畦面遮阴。分苗后的缓苗期间仍需遮阴防晒，以促进缓苗。

③控制肥水，在施足基肥的基础上，一般不追肥，但若发现苗期缺肥时，可结合浇水追施氮肥。浇水要小水勤浇或洒水，以保持土壤有良好的墒情和起到降温的作用。

定植

（1）适时定植。当幼苗高 30 厘米，苗龄 45 天时定植，一般在 8 月 10 日前后进行。

（2）定植前的准备。结合深耕整地每亩施有机肥 4 000千克，磷酸二铵40千克，碳铵100千克，为了防治黄萎病，施50%多菌灵5千克。

（3）定植密度。要依选用的品种不同而异，济南茄王植株高大而开张宜稀些，以每亩栽1 000株左右为宜，行距100厘米，株距67厘米；法国面包株型紧凑宜密些，每亩以1 300株为宜，行距100厘米，株距50厘米。

定植后管理

（1）浇水与追肥。定植后因气温高，为了缓苗降温，要紧接着连浇2次缓苗水。缓苗后结合中耕除草，蹲苗培土防倒伏，促进根系的发育和坐住门茄。浇水以见干见湿为度，雨季要注意排水防涝，以防黄萎病的发生。在施足基肥的基础上，原则上不追肥，为了防止早衰，在盛果后、扣棚前后结合浇水，每亩追施磷酸二铵20千克。

（2）整枝。采取二叉状常规整枝法，按一门茄、二对茄、四面斗茄自然规律留果，但要注意摘去腋芽，在扣棚后由于处于弱光、低温条件下，坐果率低，要用2,4-D蘸花，保花保果。

（3）连株吊枝。由于茄子植株高大，果大坠枝，易倒伏，因此，要用尼龙绳将植株连在立柱上，将结果的侧枝吊在拱杆上，以防倒伏。

（4）扣棚栽培。在10月中旬后，当白天最高气温降到20℃，夜间最低气温低于15℃时，须对日光温室进行扣棚保温，白天棚温保持在20～30℃，夜间不低于15℃，随着季节的延后，须覆盖草苫保温防寒至12月中旬拉秧。

（十六）嫁接茄子越冬日光温室育苗及栽培技术

育苗

（1）砧木、接穗选择。用中晚熟番茄品种作砧木，早青茄作接穗。

（2）整地施肥。于6～7月，每亩备10～12方均匀的粪肥，即

200千克钙镁磷肥堆沤的农家肥、100千克尿素、100千克硫酸钾与发酵鸡粪或大粪拌匀，施入土壤，深翻60～80厘米，平整后，每2～4米做垄，大水浇灌，打足底水，溶解粪肥。

（3）播种育苗。于7月下旬至8月上旬，每亩备砧木苗床2个，接穗苗床3个，嫁接苗床8个，园田土与腐熟农家肥（鸡粪或大粪，掺入0.5千克磷酸二铵，适量多菌灵农药或土壤消毒散）5∶5，过筛掺匀铺成长6米、宽1.2米、高0.1米的苗床。

选择晴朗天气把砧木和接穗种子凉晒2～3天，于8月上旬，把种子用55℃热水浸泡30分钟后，换0.3%高锰酸钾溶液浸泡30分钟，淘净，苗床上泼透水，将种子撒播均匀，留土1.5厘米，用多菌灵500倍溶液喷洒，上盖草苫，遮阴保温，5天后揭苫，床土表面干燥时及时洒水，7天左右苗可出齐，1个月后可培育成壮苗。

（4）嫁接。9月上旬嫁接，嫁接前4～5天，苗床控制温度，少浇水，两种苗在中午前后略呈萎蔫状。

采用劈接方法，接穗留3片真叶，把下端削成1.5厘米的楔形接口；砧木留2～3片真叶，水平割掉，在茎横断面中央向下割成1.5厘米以上的接口，把接穗的楔形接口对准砧木接口插入，用嫁接夹夹起，按株行距10厘米×10厘米栽入苗床，边栽边浇水，而且加盖小拱棚。温室前面放大草苫遮阴。

定植

10月1～10日，采用宽窄行、高低畦、株距50厘米，行距70厘米定植。

定植后管理

定植后浇大水，盖地膜。

（1）缓苗期温度。白天控制在28～30℃，夜间控制在18～20℃。缓苗后温度：白天控制在25～28℃，夜间控制在15～18℃。

（2）苗期光照。茄子对光照要求严格，尽可能多见光，早拉草苫，晚盖草苫，后墙张挂反光幕，加施微肥，改善温室光照条件。

（3）花期温度。白天控制在25～28℃，夜间控制在15～18℃，白天超过35℃要放风，否则花器发育不良，夜间低于15℃生长缓慢，引起落花，花芽分化受阻。但夜温不能太高，高夜温呼吸旺盛，碳水化合物消耗大，果实生长速度慢。

（4）果期肥水。门茄迅速生长以后需水量多，要加强肥水管理，加施尿素或磷酸二氢钾，每次10～15千克，半月1次。收果前后需水量最大，但土壤潮湿，枝叶茂盛，通气不良时，容易引起沤根，因此，要将门茄下边枝叶全部打掉，还要适当打侧枝。空气湿度大于80%，持续时间比较长时，易发生褐纹病。所以，浇水应采取膜下浇水的方式。如明沟浇水要选在上午进行，灌水后放风排湿。

要及时采收嫩果，茄子开花后20～25天就可以采摘，特别是门茄易早不易迟收摘，否则发生坠秧现象。

（十七）平茬茄子日光温室栽培技术

定植

定植前首先要进行温室消毒，温室早春茬茄子于3月中旬定植，株距30厘米，行距60厘米，亩植3 900株左右，浇定植水后起垄覆膜，在茄子生长后期仍要加强水肥管理，同时，注意病虫害的防治，以保证茄子在收获后期仍有健壮的植株。

定植后管理

（1）茄子平茬适期。茄子在7月中旬至8月中旬之间，外界气温高、给以充足的水肥，很快便可萌发侧枝，因此，均为平茬适期，具体要视前茬茄子的果实采收情况以及市场行情而定。

（2）茄子平茬方法。在茄子主干距地面10～15厘米处用锋利的镰刀斜茬割下，注意避免损伤基部组织，伤口要尽量小而平滑。

（3）茄子平茬后的水肥管理。茄子平茬后，及时灌水，并随水追施腐熟有机肥750千克或尿素10～15千克，浇水后中耕松土，以促进其侧枝萌芽。1个月后植株再次开花结果，此时要加强水肥管理，一般每隔10～15天追1次肥，每次随水追尿素10～15千克或磷酸二铵10千克，共追肥3～4次。茄子开花后用30～40毫克/千克的2,4-D涂抹当日开放的茄子花柄，防止落花和畸形果的出现。盛果期用0.2%～0.3%的磷酸二氢钾进行叶面追肥。11月初在温室内张挂反光幕。

（4）平茬茄子的整枝技术。选生长好的枝条进行双杆整枝，及时疏掉门茄及门茄下边的枝叶，在对茄形成后摘心，每株只留2个果，以保证单果质量，及时打掉多余果、畸形果、烂果。

（十八）糙青茄子日光温室育苗与栽培技术

育苗

（1）适期育苗。适宜播期为7月上旬至中旬苗龄70天左右。育苗期正值高温多雨季节，育苗床需要搭小拱棚，防高温、防暴雨、防水淹。

（2）浸种催芽。浸种前先把种子晾晒2～4小时，提高发芽率。再把种子放在50～55℃温水中浸泡15～20分钟，并不停搅拌，使种子受热均匀，待水温降至30℃时停止搅动，浸泡10小时捞出搓洗干净，摊开晾晒，用消毒纱布包好，放在28～30℃处催芽，当种子有80%透尖后，播入12厘米×12厘米营养钵内，每钵播两粒覆盖1厘米厚营养土。

（3）营养土配制。葱蒜地肥沃土6份，粪干4份，打碎过筛后加适量磷酸二氢钾、敌百虫及敌克松，消毒灭虫、营养土分。

（4）苗期管理。播种后盖好小拱棚，齐苗后小拱棚要四周通风，降低温度防苗徒长。一片真叶后，拔去弱苗，保留一株壮苗。幼苗长到3片真叶，揭去棚膜，促苗健壮生长。在整个幼苗期要严防雨迫、雨淋，定期喷洒农药防虫、防病，旱时浇小水，确保壮苗定植。

定植

（1）精耕细作，重施基肥。秋延后茄子多以春番茄、黄瓜为前作。前作拉秧后要深翻土地，暴晒1个月再深翻一次，暴晒半个月，彻底熟化土壤，消灭病虫害，增加肥力。亩施优质农家肥7 500千克，浅翻一遍，精细整地。定植时沟施二铵50千克、磷酸二氢钾10千克。

（2）合理密植，适时扣棚。幼苗株高达20厘米左右，7~8片真叶时定植，定植期在9月上旬至中旬，实行宽窄行定植，宽行60厘米，窄行40厘米，株距26厘米，亩栽5 000株。定植后顺小沟浇透定植水，并在一周内扣上长寿无滴聚氯乙烯膜。

定植后管理

（1）温度管理。扣棚后白天温度控制在25~30℃，夜间控制在15~18℃。白天温度高于所需时放风降温，霜降时覆盖草帘保温，立冬后在草帘上盖二道农膜防寒。棚膜要经常擦洗，提高温室透光保温效果。

（2）水肥管理。门茄坐住后开始浇水，浇水时只浇水沟水，结合浇水亩冲施适量人粪尿，结果期每半月浇一次水，每次亩冲施尿素25千克。

（3）及时打顶、整枝。门茄坐住后摘除下部老叶，结4个果后摘心打顶，促使养分集中、果肉膨大。

（4）激素处理。9月下旬至10月底，温室易出现30℃以上的高温，11月中旬后室内易出现15℃以下的低温。为提高坐果率，在开花前后2天内，用30~50毫克/千克2,4-D涂抹花萼和花柄。激素处理后的花冠不易脱落，易引发灰霉病，也不利于果实着色，待果实膨大后用手剥去花冠。

七、芹菜栽培技术

（一）芹菜秋延后日光温室育苗与高效栽培技术

育苗

芹菜在7月下旬播种育苗前，应先做发芽率试验，当发芽率经测定达90%以上时，每亩按定植2~3万株算，则每亩用半两籽

(25克)。将种子浸于40℃左右的温水中，待24小时后捞出来，用手轻搓一段时间后，再用清水冲洗净，控水翻动晾晒，待种子表面无湿水时，用湿毛巾包裹或用湿沙（手握后半成团半松散）掺和均匀，置阴冷处催芽15~20℃待其发芽率达50%以上时，将其摆于苗床中。育苗床土应富含有机质、土质疏松。播前应灌透底水，播种密度2厘米×2厘米，播后覆土0.3~0.5厘米。播种后，要进行遮阴。芹菜虽喜土壤湿润，但水分过大，亦不利其生长，会造成苗徒长、弱嫩、不健壮，易受病害侵染。因此，苗期应注意防雨水，浇水亦应适量，早晨床土不干不浇水，苗长到10厘米高时，进行定植。

定植

定植期：9月上旬。芹菜定植时，正是秋季，外温凉爽，室内温度除午间稍高外，大部分时间正适合芹菜生长，芹菜定植前须整地施肥，要做到：

①施足底肥：每亩施农家肥4~5吨，二铵20~30千克。

②整地做畦：畦宽1.2~1.5米，畦埂宽0.12~0.25米，畦土耙细、疏松，畦面平整。

定植时，除西芹按12厘米×5厘米的株行距外，其他品种均按10厘米×15厘米的株行距栽苗。从温室前沿开始，向后推移栽植，人坐在搭两边畦埂的厚木板中间，用移植铲横向铲挖一条深3~4厘米的浅沟，将苗根放到沟里，按苗间隔10厘米或12厘米的要求，逐棵排齐后，马上往根部覆土少许加以固定根部，然后往根部缓缓浇足透水，待水大部渗完时，用余土覆平浅沟，应注意不要将苗的心叶盖住。与前排苗约隔15厘米处，再用移植铲铲挖同样的沟，后面操作同上，这样由前往后，逐排推移。

定植后管理

定植后，室内温度高于30℃时，应用草帘覆于薄膜屋顶上遮阴降温，栽苗3~5天后，浇一遍缓苗水，隔1~2天用小耙锄浅松一遍土，此后，如早晨发现表土干时则浇水，然后隔一天用耙锄松土，使地表保持不湿不干的状态约20天，防苗徒长，促苗健壮。

芹菜生长的后期，不能长时间干旱缺水，长时间缺水会致芹菜品质严重下降。因此，该时期应经常浇水，保持土壤湿润。而且要注意追肥，结合灌水施入2~3次腐熟的人粪尿，以及每亩施入3~5千克钾肥，20~30千克尿素。还要适时施用二氧化碳气肥，其中，后期是施二氧化碳气肥的适宜时期，可促其增产，改善品质，加深色泽，外观亮润。气肥的施用时间应是每日7:00~10:00。

进入11月中下旬以后，特别是12月底和翌年整个1月，应注意低温造成的冷害危及芹菜生长。要注意收听天气预报，根据天气情况，观测室温变化，大寒之时，及时加温以备不测。阴天和夜间除用厚棉被覆盖严密外，室内还应挂一层塑料薄膜保温，或适当加温。

（二）芹菜凉棚遮阴育苗及日光温室栽培技术

育苗

7月下旬采用凉棚遮阴育苗也可和小白菜混播，小白菜出苗快可替芹菜遮阴。每亩苗床播750~1 000克，每平方米苗畦施尿素100克，撒匀后覆上一层细园田土，然后将催出芽的种子和5倍种子体积的细沙混撒均匀覆营养土1厘米厚，用喷壶浇水，以均匀喷湿畦面为标准。用竹帘遮阴保湿，避免高温危害。出苗后每天早或晚浇1次水以刚浇湿畦面为准。逐渐揭掉遮阴物。从播种到定植不再追肥，适当控制水分以防徒长。一个真叶可开始间苗，5~7天1次，共2~3次，出现蚜虫应及时防治。

定植

每亩施优质农家肥8 000千克，深翻土地，打碎土块，耙耱平整达到细绵，做1.2米宽平畦待栽。幼苗高10厘米并具有3~5片真叶即可棚内定植。定植前苗床浇一次透水，带土起苗，按10厘米×10厘米株行距双株栽植。

定植后管理

定植后充分灌水，一周内 2 ~ 3 次，并及时拔草中耕除草，放风降温，室温保持 15 ~ 20℃，生长中后期 4 ~ 5 天浇一次水，随水每亩施硝铵 5 ~ 10 千克，到 11 月加强冬季防寒措施，夜间加盖草帘保温。为防叶片黄化可进行叶面喷肥 2 ~ 3 次，每次每亩用尿素 1 千克对水 50 千克。收获前 7 ~ 10 天停止浇水。

（三）芹菜露地育苗与日光温室栽培技术

育苗

（1）播钟。先做好苗床准备，在苗床撒施过筛的已充分腐熟的有机肥，每平方米用 25 千克左右，翻耕苗床地，使土肥均匀混合，再做好畦子。芹菜的种子实际是果实，皮厚而坚韧，有油腺，吸水慢，发芽慢，育苗播种前要浸种催芽。秋延迟芹菜是在夏天进行露地育苗，由于温度高出苗慢且不整齐，应创造低温条件催芽，即把浸的种子装袋，放在水箱里（不低于 10℃）或吊在井中催芽。也可以用 5 毫克/千克赤霉素浸种 11 小时，具体做法是：先用清水浸泡种子 12 小时，然后采用 5 毫克/千克赤霉素或爱多收浸泡 10 ~ 12 小时以打破休眠，提高发芽率，之后将种子捞出，装入布袋放入冰箱冷藏室内催芽 4 ~ 5 天，温度控制在 10℃左右，每天翻洗 1 次，30% 露白即可播种。如无冰箱，可将种子置于冷凉的地方，例如水缸边或地窖中，或吊在水井内距水面 30 ~ 60 厘米处。在适温条件下，7 ~ 10 天就可发芽。

芹菜育苗一般都是撒播，底水要足，盖土要薄，不超过 1 厘米厚，播种覆土后喷洒除草剂，这是防治苗期杂草的有效措施。出苗期间苗床土温维持 18 ~ 20℃，保持床土湿润。避花荫，降床土温度，保湿防雨。播种后，还应插小拱棚，覆薄膜，将四周膜卷起，便于通风降湿，棚膜上可盖遮阳网或稀疏的玉米秸等覆盖物遮阴。避免高温影响出苗，雨天时，放下薄膜并压好，整个苗期应避免雨水与苗子接触。

（2）苗期管理。芹菜苗出土至1～2片真叶期间，若苗床高温干燥或幼苗徒长，易发生猝倒病，控制苗床温湿度环境，可以有效防病。出苗后降低土温2～3℃，白天气温15～20℃，夜间7～10℃为宜。3～4片真叶以后应注意防止连续低温，以免通过春化，出苗后逐渐撤除遮荫，但雨天还要遮塑料薄膜防雨。苗期勤浇少浇水，保持苗床湿润。在3片真叶时追施一次氮肥，每亩育苗田施硫铵15～20千克，随后浇水。定植前一星期左右进行秧苗锻炼。此外，在幼苗1～2叶间苗1次。

定植

定植前，育苗畦要浇透水，以便于提苗。栽苗时，连根挖出，大小苗分开定植，随起随栽，栽植时宜浅，不要埋住心叶，否则影响生长，栽后要埋实。定植后要立即浇水，2～3天后再浇一水，促进缓苗。大棚秋芹菜定植时株行距一般为12～13厘米，每亩保苗2.7万～3.3万株。

定植后管理

芹菜生长适温为15～20℃，低于10℃生长缓慢，超过25℃生长不良。定植后，隔2～3天浇一水，4～5天可缓苗。缓苗后中耕保墒，控制浇水，进行蹲苗，促进发根和叶片分化，定植后10～15天，每亩施尿素20千克，随之浇水，促进幼苗生长。芹菜长至30厘米高时，植株进入旺盛生长期，为满足植株对肥水的需要，每亩施10千克腐熟的饼肥，施肥后浇水，在追施氮肥时，要少施勤施，避免一次使用过多而导致伤根。

定植时，天气好，大棚要全面通风，使白天温度保持在15～20℃，夜间8～10℃，避免棚内温度偏高，引起芹菜徒长。随着气温下降，要逐渐封严薄膜，11月中旬开始，夜间需盖草帘保温，使棚内的白天温度不低于7～10℃，夜间不低于2℃。此外，芹菜定植30天后，植株长至30厘米，进入旺盛生长期，在加强肥水管理，促进植株迅速生长的基础上，对芹菜进行叶面喷洒赤霉素，具有明显的增产作用。一般赤霉素浓度为30毫克/千克，一周喷1

次，连续喷 2 ~3 次。在进行微肥处理时，必须结合追肥，浇水，否则会导致植株叶柄细长，空心，会降低芹菜的品质。

株高 80 ~90 厘米可以采收，采收可采用擗叶多次采收或连根拔起，一般前期采取擗叶采收，第一次擗叶后，隔 1 日后再擗收第二次，一次擗叶不能太狠，每株擗 1 ~3 叶，否则难以高产，收后 5 ~6 天不宜浇水，以免引起伤口污染腐烂。根据市场和定植下茬作物需要，最后连根刨收。收获的芹菜应将毛根及过长主根削掉，黄叶、腐烂叶片及泥土去掉，捆绑成捆上市，最后清洁田园。

（四）西芹冬季节能日光温室栽培技术

育苗

（1）用种量。用种 50 ~100 克/亩。

（2）种子处理。10 月下旬，选当年夏收的种子，用 5 ~10 毫克/升的赤霉素浸泡 12 小时，打破休眠，再浸种一昼夜，捞出，放在 18 ~20℃的条件下催芽一周左右，每天冲洗 1 ~2 次，待出芽后播种。

（3）播种土配制。田土 5 份，有机质 3 份，马粪或细炉灰 2 份，均匀混合过筛后使用。20 ~25 千克细土加一袋（20 克）苗菌敌，播种时上覆下垫用。

（4）苗床的设置。苗床应设在温室内光线和温度最好的地方，一般在温室的中后部，为提高土壤温度，要下铺电热线。单位栽培面积所需苗床为 1 ~2 平方米/亩。

（5）播种。用热水浇透苗床，待水渗透后，把催好芽的种子均匀播下，覆一薄层药土，扣好地膜，保温保湿。

（6）出苗后管理。播种 4 ~5 天后出苗，揭去地膜，充分见光。保证白天的温度为 20 ~25℃，夜间为 10 ~18℃，水分管理以见干见湿为原则，籽苗期可适当喷杀虫剂，防治蚜虫、潜叶蝇或白粉虱等害虫。

（7）分苗及管理。出苗 30 ~40 天，幼苗 2 ~3 叶时进行分苗，为节省分苗床面积，按每撮 3 ~4 株进行分苗，撮距 5 厘米，行距

10 厘米，温度和水分管理同出苗后管理，根据长势，适当喷施叶面肥。此后应加强温度和光照的控制，因为西芹从 2 ~ 3 叶龄直到收获前，生长点受日平均气温 13℃ 以下低温刺激，并遇到长光照时，易形成花芽并抽薹开花。

定植

1 月开始整地，施优质腐熟农家肥 5 000 千克/亩，深翻做畦，畦宽 1.2 ~ 1.5 米。待分苗 30 天左右（1 月中旬），此时西芹能分化出 15 ~ 17 个大小叶片，其叶高 20 厘米以上的有 6 ~ 7 片，这是定植适期，此时按株行距 25 厘米 ×20 厘米单株定植，栽苗 1 万 ~ 1.2 万株/亩，栽后浇透水。

定植后管理

定植后一周为缓苗期，缓苗后进行松土，促进发根壮苗，并且小水勤浇，保持畦面湿润，生长期 4 ~ 5 天浇一次水，浇两次水后追一次肥，追肥量为硝酸钾 15 千克/亩或腐熟的有机肥 500 千克/亩，化肥和有机肥交替使用。缓苗后喷 0.2% ~0.5% 的硼肥，防止叶柄粗糙和破裂。

生长期经常进行叶面喷肥（0.1% ~0.2% 磷酸二氢钾和尿素）。西芹营养生长期的适温是白天 20 ~ 22℃，夜间 13 ~ 18℃，土温 15 ~20℃，喜中等光［1 万 ~4 万勒（克斯）］。进入 4 月，随着气温的升高，要加大通风量，并适当遮阴，保证芹菜正常生长。

株高 80 ~90 厘米可以采收，采收可采用掰叶多次采收或连根拔起，一般前期采取掰叶采收，第一次掰叶后，隔 1 日后再掰收第二次，一次掰叶不能太狠，每株掰 1 ~ 3 叶，否则难以高产，收后 5 ~6 天不宜浇水，以免引起伤口污染腐烂。根据市场和定植下茬作物需要，最后连根刨收。收获的芹菜应将毛根及过长主根削掉，黄叶、腐烂叶片及泥土去掉，捆绑成捆上市，最后清洁田园。

（五）秋冬茬西芹日光温室育苗与栽培技术

育苗

（1）苗床准备。选择平坦、肥沃、定植方便的地块做育苗床。

施足过筛的腐熟有机肥和适量的磷酸二铵，深耕细耙，起梗做成宽1.2～1.5米的平畦，耕平畦面，播前灌透水，待水渗后播种。每亩温室需播种床面积33平方米左右。

（2）种子处理。播前5～7天进行种子处理，是防病促芽的有效方法。每栽1亩芹菜需种133克，为了选择长势旺的大苗移栽，播种量可增加到167克。处理时先用适量冷水浸泡24小时，然后揉搓种子，清洗几遍，除去种子表面黏液，用纱布或麻袋包好，放在15～20℃的阴凉处催芽，并且每天淘洗一次，待70%～80%种子露白即可播种。为促进发芽可用5毫克/千克的赤霉素浸泡10～12小时，效果更好。具体做法是：先用清水浸泡种子12小时，然后采用5毫克/千克赤霉素或爱多收浸泡10～12小时以打破休眠，提高发芽率，之后将种子捞出，装入布袋放入冰箱冷藏室内催芽4～5天，温度控制在10℃左右，每天翻洗1次，30%露白即可播种。如无冰箱，可将种子置于冷凉的地方，例如水缸边或地窖中，或吊在水井内距水面30～60厘米处。在适温条件下，7～10天就可发芽。

（3）适时育苗。秋冬茬西芹可在7月上旬播种育苗。将催芽处理后的种子混入少量的白菜种子均匀地撒播在苗床上，播后覆土厚度为0.3～0.5厘米，然后畦面盖草帘或秸秆遮阳。

（4）苗期管理。播种后勤检查，发芽顶土时轻浇水，出苗后应经常勤浇浅灌保持土壤湿润，逐渐揭除覆盖物和铲除油白菜，幼苗长出1～2片真叶时，应间去丛生苗、弱苗，2～3片真叶时随浇水每亩追硝酸铵10～13千克，3～4片真叶时进行第二次间苗并定苗。

定植

（1）移栽定植。定植前，前茬作物清理干净，然后深翻晒地，每亩施优质粪肥3 333千克以上，磷酸二铵26.7千克，尿素10～13千克，施肥后整细耙平。

（2）及时定植。当西芹长到5～6片真叶时灌水准备起苗，向温室内移栽定植。行距15～18厘米，株距15厘米，栽植深度以不埋住心叶为宜，随栽随浇水。

定植后管理

（1）定植后管理。定植后应促其尽快缓苗和根系生长。定植后3～4天立即浇缓苗水，地见干后要连续中耕锄划2次，促根下扎，到扣棚前结合浇水亩施尿素10千克。

（2）扣膜。在10月下旬严霜来临前扣膜，进入温室栽培。

（3）温室管理。扣膜后初期光照强；温度高；应通风降温。以后随外温下降，应覆盖草帘保温，白天温度保持15～20℃，夜间保持7～15℃。温度降到6～8℃时，要加盖草帘保温，超过20℃应立即通风换气。

（4）水肥管理。当西芹长到20厘米高时，打去下部老叶，结合浇水，亩追硝酸铵13千克，以后每隔15天左右浇1次水，再追肥3～4次。进入严寒季节，室内水分不易散失，湿度过大，应尽量减少浇水和追肥次数，始终保持土壤湿润，以保证根系正常吸水，促进地下部的生长。

在西芹生长期间，可用30～50毫克/千克的赤霉素加200～300倍的尿素进行喷施，15天后再喷1次，增产效果明显。

（六）西芹越夏温室育苗及栽培技术

育苗

（1）育苗时间。山区温室4月下旬、5月上旬育苗，平原温室5月下旬至6月上旬育苗。苗床内施足腐熟有机肥，精细整地后，做成宽1.2米的畦。播种前1周浸种催芽，当80%～90%的种子露芽后，将苗床浇透水，水下渗后把种子均匀撒于床面，每亩的种植面积，需种子40～60克。播后覆盖细营养土0.5厘米，再覆地膜保持床面湿润，中午阳光强时应盖草帘遮阴。大部分幼苗出土后，及时撤去地膜，并视情况及时喷水，约15天可出齐苗。

（2）尽早间苗和分苗。西芹生长期长，为保证单株质量和品质，要采用较大的植株定植，因此，要求培育株形大的壮苗。当苗长至3叶1心时，尽早间苗，一般要间苗2次，保证单苗营养面积达 5 厘米 ×5 厘米。最好采用分苗的方法，在 3 叶 1 心时用小铲连土铲出幼苗，按行距 10 厘米，株距 8 厘米将幼苗分于畦中，并及时灌水，可培育出较大株形的壮苗。

定植

山区温室 7 月中下旬，平原温室 8 月上旬，选晴天下午定植。采用穴植法，按行株距各 25 厘米或 28 厘米梅花状穴植，每亩保苗 8 500 ~ 10 000株。密度过大，单株质量下降，叶柄细、品质差。定植深度以刚埋住根茎为准，切记不要栽得过深埋住心叶，造成西芹苗不长或死亡。栽后小水浇透，严禁大水漫灌。

定植后管理

西芹定植后 5 天心叶开始生长，因西芹根系分布浅，要小水勤灌，保持地表湿润。结合浇水亩冲入尿素 20 ~ 30 千克。浇水后及时松土，增加土壤通气性，促进根系生长。中后期每 7 ~ 10 天叶面喷施 0.2% 磷酸二氢钾 1 次。逆温带山区温室夏秋夜温低，定植后，用塑料膜覆盖温室顶部，白天通大风，将温室内最高温度控制在 25℃以下。平原温室 8 月份气温过高，不利于西芹生长，定植后要覆盖遮阳率 50% 的银灰色遮阳网，可降低地表温度 7 ~ 8℃，并可减少蚜虫、潜叶蝇等害虫的发生和为害。

后期精心管理：9 月是西芹旺盛生长期，要精心管理，逆温带山区温室在 8 月下旬至 9 月初，气温下降后要逐渐减少通风口，夜间要关闭通风口。平原温室 9 月上旬，在日平均气温降到 10 ~ 12℃时，要及时覆盖棚膜。前期白天夜间通大风，后期逐渐减小通风口和通风时间。9 月要保持白天 18 ~ 20℃，夜间 8 ~ 10℃，促进西芹快速生长。逐步减少浇水量，以保持土表湿润为主。注意通风排湿，减少病害发生。

（七）西芹塑料大棚冬春茬栽培技术

育苗

（1）准备苗床。6 月下旬至 7 月上旬，选择排灌方便、土质疏松肥沃的地块作苗床。每栽一亩大棚需苗床50～60平方米。整地前每平方米施优质农家肥7.5千克，尿素25克。翻耙耧平后踩1遍，筑成1.3米宽的平畦。

（2）浸种催芽。每亩大棚需种子130克左右，7月上旬用浅水浸泡种子24小时，浸后淘洗干净，摊开稍晾，然后装入干净布袋，放阴凉处催芽。最好将种子吊在水井内离水南50厘米处，每天将布袋打开翻动种子1～2次，并经常保持湿润状态，5～7天即可出芽。为促进发芽可用5毫克/千克的赤霉素浸泡10～12小时，效果更好。具体做法是：先用清水浸泡种子12小时，然后采用5毫克/千克赤霉素或爱多收浸泡10～12小时以打破休眠，提高发芽率，之后将种子捞出，装入布袋放入冰箱冷藏室内催芽4～5天，温度控制在10℃左右，每天翻洗1次，30%露白即可播种。如无冰箱，可将种子置于冷凉的地方，例如，水缸边或地窖中，或吊在水井内距水面30～60厘米处。在适温条件下，7～10天就可发芽。

（3）播种。种子出芽后，将苗床浇足底水，把刚出芽的种子掺入3～5倍的细沙，均匀撒播，播后盖过筛细土0.5厘米厚，并覆盖遮阳网。

（4）苗期管理。出苗前保持畦面湿润，干旱时可用喷雾器喷水。出苗后在阴天或傍晚撤掉遮阳网，撤网当天要浇水。之后浇水以保持畦面不干为准，下雨前及时搭盖塑料薄膜，雨停后及时揭开，并用井水轻浇1次。苗期注意防治蚜虫，及时拔除杂草。

定植

（1）定植前深翻土地，亩施农家肥5 000～7 500千克，三元复合肥50千克，碳铵25千克，深翻30厘米，整平。一般株行距均为20～30厘米，南北向平作畦，畦长10米，畦宽1.33米。定植前畦内浇透底水。定植前先制作一个划行器。方法是：在一长40～60厘米、宽3厘米左右的木板，间隔10厘米钉上1个钉子，共钉5～7个，在此木板上钉上1根木棍作为手柄。也可用12号铅丝制成划行器。手持划行器在刚浇透水的平畦内纵横划出10厘米×10厘米的方格。

（2）9 月初当幼苗长至 3 叶 1 心至 4 叶 1 心时定植，可分 3 批栽完。起苗时先浇水，第一批挑选大苗栽在大棚四周畦内，依次向中间栽。2～3 天后挑第二批，5～6 天后起第三批。前两次起苗后苗床要浇水。苗子拔出后用清水冲洗干净，以免根部所带泥土沾污叶片。栽植时畦埂太湿，不宜踏踩，可垫两块长木板，边栽边交替移动，栽苗时左手捏住叶部，右手拿 1 根筷子或小竹片，将苗子根部按入泥中，深度以上不淤心，下不露根为宜。定植时间宜选在下午或阴天。栽植时注意剔除病弱苗。

定植后管理

（1）盖网促缓苗。定植后随即插上竹片，覆盖遮阳网，遮阳网下部要离开地面 30 厘米左右，以保证通风。3 天后揭网。

（2）浇水追肥。揭网时浇 1 次小水，此后 10～15 天一般不浇水，可进行浅中耕，促进缓苗。苗高 15 厘米左右时，每亩用硝酸铵 15～20 千克或尿素 10～15 千克，趁叶面无露水时撒施，撒后用笤帚扫净黏附在植株上的肥料后再浇水。以后每隔 3～5 天浇 1 次水，第一次追肥后 15～20 天再追第二次。一般 3 水 1 肥连追 3～4 次。此后随天气转冷，放风量应逐渐减小，并相应延长浇水间隔时间。

（3）扣棚保温。10 月底至 11 月初，当外界气温降至 －1～－2℃，出现轻微霜冻后，及时扣棚。初期昼夜通风，随气温下降，夜间不再通风。气温控制在白天 15～20℃，超过 25℃放风，夜间 5～10℃，温度低于 5℃，夜间用草苫把大棚四周围盖起来。当早晨发现芹菜叶部有轻微冻害后，夜间应在芹菜植株上用塑料薄膜进行漂浮覆盖。

株高 80～90 厘米可以采收，采收可采用掰叶多次采收或连根拔起，一般前期采取擗叶采收，第一次擗叶后，隔 1 日后再擗收第二次，一次擗叶不能太狠，每株擗 1～3 叶，否则难以高产，收后 5～6 天不宜浇水，以免引起伤口污染腐烂。根据市场和定植下茬作物需要，最后连根刨收。收获的芹菜应将毛根及过长主根削掉，黄叶、腐烂叶片及泥土去掉，捆绑成捆上市，最后清洁田园。

（八）玉管黄芹日光温室栽培技术

育苗

玉管黄芹于9月5日播种育苗，播种前先于晚9时用温水浸种，次晨用清水冲洗后在冷凉处催芽2天，然后在露地苗床播种。苗床先期1周深翻晒白，每3平方米浇浓人粪尿50千克，第二天耙细耙平，于播种前1天浇透水，播后随即覆盖遮阳网。出苗后，始终保持苗床见干见湿，苗高2厘米时，揭开遮阳网间苗拔草。在60天苗期内，间苗2次，保持3厘米见方内留1苗为宜，并追尿素2次，喷农药2次，待苗高10厘米左右即可定植。

定植

玉管黄芹于11月5日在日光温室内定植，植前每亩施腐熟猪粪5 000千克，深翻耙平，日光温室左右两边各筑2.7米宽的定植畦，畦长以15～20米为宜，日光温室两边及中间为走道，定植株行距为15厘米×15厘米，每亩日光温室实际种植面积586平方米，在无缺株的情况下，每亩日光温室实种芹菜苗7 600株。定植完毕后，随浇活棵水，1周后进行植株补缺，保全苗，保高产。

定植后管理

玉管黄芹定植后，在11月25日盖好日光温室天膜，以提高室温，防止寒风侵袭。日光温室土壤始终保持见干见湿，在晴天的上午10:00至下午15:00前要揭开膜适度通风。整个生长期内，喷农药2次，因通风良好及管理细致等原因，未发现病害，故只喷施除虫药剂即可。同时，追施稀人粪尿2次，每次追肥前松土除草。

（九）秋延后芹菜育苗与大棚栽培技术

育苗

播种时间在7月下旬至8月上旬，播种量每亩0.8千克，进行直播或育苗移栽均可。育苗省地、便于管理，但移栽费工，直播则相反。

育苗时选择通透性好的地块，按每亩地需 30 平方米苗床地所育苗子计算。播前整好苗床，浇足水，将种子均匀撒于床面，再覆盖一层薄薄的细土，再撒上麦草，以防板结。

苗期管理：苗期应及时锄草、间苗，每穴留一株，拔除小芹菜。当芹菜苗有 5 ~ 6 片真叶时定苗，每穴留一株，结合浇水移植苗缓苗后，每亩施尿素 5 千克。在 10 月上中旬扣棚前重施一次追肥，每亩施尿素 20 千克。应远行贴地撒施，勿沾小叶。

定植

移栽、施肥、整地：定植前半月施足底肥，每亩施农家肥 5 000 ~ 7 000千克，磷肥 40 千克，硝铵 10 千克，全部撒施，翻入土中，耙平、压实，当苗龄 50 天以上、长有 5 ~ 6 片真叶时，按穴距 10 厘米栽一株。每亩栽 6 000株左右，栽后即浇定植水。

直播栽植：其整地施肥同于育苗移栽，唯播种方法不同。播前先撒少许小白菜、用以为芹菜苗期遮阴，芹菜以划行点播为好，即按 10 厘米距南北划行，每划 10 行留 15 ~ 20 厘米宽为操作行，然后在划好的沟印上按 10 厘米的穴距点播，每穴 8 ~ 10 粒种子，播完轻轻推平覆土、浇一次透水，以后见干见湿浇 2 ~ 3 次水至出苗。

定植后管理

秋冬茬芹菜一般在 10 月上旬扣棚转入冬季生产，加强中后期管理是提高产量和品质的关键。

（1）温度管理。扣棚初期气温尚高。白天加强通风工作，棚内温度不能超过 25℃，进入 12 月中下旬，应加盖草帘，使棚内温度白天保持在 15 ~ 20℃，夜间保持在 8℃左右。

（2）肥水管理。芹菜密度大，需肥水量大。当苗高达 30 厘米时、可开始采收，以防下部老叶腐烂，每打一次外叶，灌一次稀肥或结合灌水追施尿素或硝铵，每亩追尿素 10 千克或硝铵 20 千克。结合防治病虫害也可进行叶面喷施 0.2% 的磷酸二氢钾溶液。12 月上旬芹菜基本长成，应减少浇水，不再追肥。分期分批采收，春节前后收获完毕。

八、菜花栽培技术

（一）绿菜花越冬日光温室栽培技术

育苗

绿菜花的苗龄短（30～35 天），视具体情况可在 10 月中、下旬育苗，春节前大量上市。育苗可用营养钵（10 厘米 ×10 厘米）或营养方格法（8 厘米 ×8 厘米），营养土的配置以 8 份肥沃田园土 +2份充分腐熟鸡粪或羊粪，双粒点播，亩用种量 20 克，播种深度 0.50～1 厘米。播后浇 1 次透水，2～3 天出苗后拔除杂草，苗床要经常保持湿润，当 1～2 片真叶时及时间苗 1～2 次，去除细弱、过密苗。苗出齐后，白天温度控制在 20～25℃，夜间 10～15℃，最低不得低于 5℃。反之，床温过低，苗龄过长，则造成小老苗，导致定植后株形矮小、减产。床温过高，温度过大，则徒长形成虚弱苗，导致植株生长势弱，减产。苗床保持见干见湿。在两片子叶展开后及时间苗、补苗，穴盘育苗保证每穴 1 株，普通育苗保持苗间距 1～1.5 厘米。当幼苗长到 5～7 片真叶 30～35 天时进行控肥、控水、通风降温，炼苗 3～5 天，以提高移栽的成活率。

穴盘播种：选用 128 孔育苗盘，将配好的营养土装入苗盘穴内，轻压营养土，使穴中基质向下凹 0.5～0.8 厘米，每穴播 1 粒，上覆蛭石。

定植

定植前亩施优质农家肥 4 000千克，二铵 15 千克，硝铵 10 千克混匀翻耕、耙细整平，起垄以 70 厘米 ×50 厘米宽窄行定植，即垄面宽 70 厘米，沟宽 50 厘米，垄面覆 90 厘米地膜，株距 40 厘米，亩保苗 2 750株。

温室封闭 7～10 天后，浇 1 次缓苗水，选晴天的上午进行。缓苗后，可以通风换气，通风量由小逐渐增大，最好在中午气温高时进行通风，前期不要放底风，尽量使白天室温保持在 15～20℃，夜间 10～15℃。可在上午室温达 20℃以上时通风，下午降到 20℃时关闭风口。定植后肥水齐攻，以促为主，温度保持在 8～24℃，尽快促进植株生长，增大叶面积。约 10 天，配合浇水追施硝铵 15 千克，顶花球出现前追施硝铵 6 千克。定植后 20 天左右追第一次肥，每亩追施复合肥 25 千克左右。穴施，然后浇水。

现花球后进行第二次追肥，每亩追施复合肥 15 千克左右，以促进花球的生长。浇水视苗情而定，一般 7～10 天浇 1 次水。花球生长期要求凉爽的气候条件，白天温度 20～22℃，夜间 10～15℃。大于 24℃，花球松散，整个植株生长期温度不宜超过 32℃。

收获

青花菜花球若过早收获，因未充分长成，影响产量；过晚采收则花枝伸长，花球松散，或枯蕾、开花，失去商品价值，因此，需要适时采收。一般来说收获标准为花球紧密，花蕾无黄化或坏死，花球直径 12～15 厘米，收获时从花球边缘下方往下 15～18 厘米处的主茎，或花茎与主茎交接处下 2 厘米处切割采收。

（二）绿菜花秋日光温室育苗与栽培技术

育苗

（1）播期。选用早熟或早中熟品种一般于 8 月中旬前后播种育苗。生产规模大时，宜排开播种，分期定植，陆续采收，均衡上市。

（2）育苗设施。由于绿菜花不耐高温，而育苗正值高温多雨，所以育苗场地宜选排水方便的地段，而且须设置遮阳网或苇帘遮阴降温。绿菜花种子目前多依赖进口，价格较高。为节约开支宜采用稀播，营养土最好选用蛭石或珍珠岩与腐殖质（充分腐熟马粪或菌糖等）的 1∶1 混合物。

穴盘播种：选用 128 孔育苗盘，将配好的营养土装入苗盘穴内，轻压营养土，使穴中基质向下凹 0.5～0.8 厘米，每穴播 1 粒，上覆蛭石。

（3）播种。地面挖槽装入营养土，厚6～7厘米。播前浇足底水，播后覆盖营养土0.5～1厘米。每亩本田用种20～25克，播种床每平方米撒播4～5克。

（4）播种后的管理。播种后白天温度20～22℃，3天齐苗。幼苗出齐和破心时各撒一次土。苗齐后白天保持15～18℃，夜间不低于10℃。出苗期土壤相对湿度达到70%～80%。出苗后及时补充水分，不可因缺水而影响秧苗生长。此期还需注意防治黄条跳甲、菜青虫等害虫。出苗后经15～20天，当第一片真叶显露出来后，便可进行分苗。分苗宜选阴天和傍晚进行。分苗所用的营养土可用肥沃粮田表土掺充分腐熟的马粪或菌糖各半，充分混匀后装入上口直径8厘米的塑料营养钵内或营养袋里，每钵（袋）一棵。分苗后，管理上既不要蹲苗，又要防徒长。首先，浇水要见干见湿，不可缺水。温度不宜高，须适当遮光。定植前10天左右撤除遮光物，使秧苗充分见光。

苗龄30天左右，即分苗后20～25天，当苗长有4～6片真叶时即可定植。

定植

（1）定植前的准备。将温室墙体、前后屋面骨架在定植前修建起来。在温室内定植地段，亩用优质农家肥2 000～2 500千克，磷、钾复合肥20～30千克，干鸡粪或芝麻饼肥100千克做底肥。深翻30厘米，按50厘米行距起小高垄，垄高12～15厘米。

（2）栽苗。定植苗龄25～30天，幼苗具3叶1心。一般在8月下至9月上旬定植。选阴天或晴天傍晚进行，双行栽苗，早熟品种株行距50厘米×50厘米，每亩定植株数2 400株左右；中、晚熟品种株行距50厘米×60厘米，每亩定植株数2 200株。定植后立即浇水。栽后顺沟浇一次水，以浸润透垄和苗地为宜。

定植后管理

（1）水肥管理。在定植水的基础上，7～8天再浇缓苗水。中耕划，锄松土促根，以后管理宜肥水齐攻，以促为主，主要措施：

定植后15～20天进行第一次追肥，亩用氮、磷、钾复合肥25～30千克，现蕾后再顺水追入复合肥每亩15～20千克，主球收获后，再根据侧枝的生长情况适度追肥，以促进侧花球生长。

（2）温度管理。外界气温低于5℃就要扣膜。扣膜后要注意通风，防止温度过高。苗期和莲座期室温白天20～22℃，不超过25℃，夜间8～10℃，不超过12℃，也不低于5℃。花球形成期室温要从严掌握，白天15～18℃，不超过20℃，夜间5～8℃，不超过10℃，也不低于5℃。并要加强通风排湿，减少棚水滴落到叶片和花球上的机会，防止发病和烂花球。

（三）绿菜花春大棚育苗与栽培技术

育苗

育苗应在每年2月上旬，在温室苗床内播种育苗。用配制好的营养土约铺床20厘米厚，每平方米拌过磷酸钙1千克或尿素0.5千克与土拌匀后，平整、灌水、沉实，待墒情稳定后按5厘米行距划浅沟深3厘米，在沟内约每隔1厘米1粒，而后覆土细土，再覆盖上薄膜，保温保湿。发芽期保持温度在18～20℃，见苗后及时掀去覆盖物，一般每亩用籽量20～25克。在苗的初期要使幼苗尽快抽出绿色真叶。

白天20～25℃，夜间10℃左右。长至3片真叶时，按8～10厘米见方分苗，分苗后及时浇透水，保持温度在18～25℃，缓苗后：白天20～25℃，夜间10℃左右。并开始“二氧化碳施肥”——苗床上扣上小棚，使之密闭封好，在日出至上午10：30向内通入二氧化碳气体，保持棚内二氧化碳浓度在0.1%。

苗长至5～6片真叶时，在定植前8天左右进行“大温差育苗”锻炼，白天最高温度控制在25～28℃，夜间最低温度控制在3～5℃，防止过早春化现蕾。此期间仍要进行二氧化碳施肥。

定植

在苗长到7片真叶时，便可定植在准备好的大棚中。应在定植前对土壤消毒，每隔30厘米，开深5～8厘米小洞，注入30毫升氯化苦液，用土封洞口，每亩用药25千克左右，注药后应立即盖上塑料薄膜，密闭约10天后揭去。施药时要戴防毒面罩，站上风口，注意人畜安全。土壤消毒后，要施足基肥，绿菜花是一种需肥量大，喜肥耐肥的蔬菜。每亩施用腐熟的土杂肥7吨，翻耕、整平后耕细，采用深沟高畦，一般沟深20厘米，畦宽1.5米左右，采用双行种。每亩施过磷酸钙50千克，尿素10千克混匀后，集中施于沟内与土拌匀准备定植。定植前铺设滴灌软管于沟内，铺设时南北两端应有0.1%的坡度，进水端装在口径为40毫米×25毫米，变径三通的25毫米管口上，滴水部分用壁厚0.1毫米，黑色/蓝色直径40～50毫米软管，其上有两排极小的滴水孔，当水压为0.3～0.5千克/平方厘米，软管中可以15～27升/（小时·米）的比流量自根系土面供水，供水同时可随水追肥，即设置一距地60厘米左右的肥液桶，内装复合化肥浓缩液（N：K≈8：7为宜），软管铺设完毕后，“地膜覆盖”，一般只盖畦面，不盖沟，抢晴天定植，这样有利于缓苗，株距40厘米为宜，每亩栽培3 000株左右，定植后要浇足定根水。

定植后管理

绿菜花生长要充足的水分，通过控制灌水来实现营养生长时期，保持温度在20～22℃，花蕾发育适温应在15～18℃，在叶簇生长旺盛及花球形成期，追加速效氮肥。生长期间不蹲苗，保持营养生长旺盛。现蕾时要施一次重肥，同时结合“叶面喷肥”，力求每张叶片的正反面都喷到。绿菜花对硼、镁等微量元素有特殊要求，用“叶面喷肥”方式施加。叶面喷肥尤适于作物生长后期，在定植后有条件仍应进行“二氧化碳施肥”。

定植后7天左右，进行第一次中耕、除草，以后视土壤情况进行第二次中耕、除草，植株长大，叶片封满地面，不再中耕。定植后20天左右追第一次肥，每亩追施复合肥25千克左右。穴施，然后浇水。现花球后进行第二次追肥，每亩追施复合肥15千克左右，以促进花球的生长。浇水视苗情而定，一般7～10天浇1次水。花球生长期要求凉爽的气候条件，白天温度 20～22℃，夜间 10～15℃。

到了采收期，气温比较高，青花菜花球生长迅速，花球容易松散或枯蕾、开花，必须及时采收。收获标准一般为花球紧密，花蕾无黄化或坏死，花球直径 12～15 厘米，收获时从花球边缘下方往下 15～18 厘米处的主茎，或花茎与主茎交接处下 2 厘米处切割采收。

（四）青花菜中拱棚栽培技术

育苗

宜在每年 1 月底至 2 月初于温室内育苗，每定植 1 亩约需 5 平方米育苗床，苗床用种量 4 克/平方米左右。苗床应施优质农家肥 5 千克/平方米、磷酸二铵 0.1 千克/平方米、普通过磷酸钙 0.2 千克/平方米、硫酸钾 0.2 千克/平方米。苗床宽 1 米左右，播前浇足底水，待土壤湿度适宜时以 7～10 厘米行距条播，播后覆盖厚 1.0～1.5 厘米的营养土，再架小拱棚保温、保湿，以利快出苗。5～7 天种子出土后撤除小拱棚。当幼苗长出第 1 真叶时间苗，苗间距为 2 厘米左右，苗床温度白天保持 20℃，夜间保持 10℃。当幼苗长出 2 片真叶时进行分苗，分苗的行距 10 厘米，株距 7 厘米，分苗后浇水，白天保持室温 20℃左右，夜间 8～10℃。幼苗长出 4～5 片真叶时开始定植。苗龄 45～50 天。

定植

3 月中旬定植。青花菜较耐水肥，其生长越旺，叶面积越大，花球产量和商品率高。定植地扣棚前应施足底肥，要求施优质农家肥 4 000～5 000千克/亩、过磷酸钙 25～30 千克/亩、草木灰 200 千克/亩。由于青花菜对硼、钼等微量元素较敏感，缺少则茎叶开裂，花球中部或边缘花蕾出现水浸状坏死，应注意在底肥中适当加入硼肥和钼肥。宜于 3 月上旬扣棚，需 5～7 天的升温时间，以便提高地温。于 3 月中旬定植，先将定植地整成垄距 100 厘米、垄高

15～20 厘米、垄面宽 50～60 厘米，再实行大小行定植，大行距 60 厘米、小行距 40 厘米，株距 30 厘米，定植后及时浇水。

定植后管理

（1）温度管理。青花菜喜温暖湿润的气候，耐热、耐寒性较强。适宜的温度为 10～20℃，5℃以下生长受到抑制，25℃以上则易徒长、花球形态受抑、花枝松散、品质差。花球形成的适宜温度为 15～18℃。

（2）光照管理。青花菜为长日照作物、但对日照长短的要求不十分严格，充足的光照能提高花球的产量和质量。

（3）肥水管理。定植后 25 天左右进行第 1 次追肥，追施磷酸二铵 15 千克/亩，以促进叶簇的生长；在出现花球时进行第 2 次追肥，追施磷酸二铵 10 千克/亩，以促进花球的生长。由于青花菜在湿润条件下生长良好，不耐干旱，气候干燥、土壤水分不足时则长势弱、花球小而松散、品质差，因此在每次追肥后应及时灌水。5 月中旬收获。

（五）绿菜花春季大棚育苗及栽培技术

育苗

（1）播种时间。播种一般在 12 月到翌年 1 月，此期温度虽低，但适宜培育壮苗，产品上市正是市场淡季，能获取较高的经济效益。

（2）育苗准备。育苗前 15 天将大棚薄膜上好封严闷棚提温，当棚内地表 20 厘米土层温度稳定且化冻后，结合整地每亩施有机圈肥 5 000千克、二铵 50 千克、硫酸钾 50 千克或草木灰 100 千克，充分拌匀后深耕细翻，然后做一长 7 米、宽 1.3 米的南北向育苗畦，先将苗床土堆到畦两侧，充分晒土过筛，播种前 5 天将育苗畦浇一水，以浇透为准。浇水后立即搭上拱棚，盖严薄膜，以提高地温准备播种。

（3）播种育苗。绿菜花种子同其他菜花种子一样易发芽，可漫种催芽后播种。浸种水温掌握在25～35℃，浸种2～3小时后洗净晾干，放在20～25℃条件下催芽，经1～2天大部分种子露白即可播种。每亩用种量80克。播种时，将露白的种子均匀撒于畦面，覆土1厘米左右后搭拱棚盖膜。白天保温25℃以上，夜间18℃以上，以利幼苗尽早出土。一般3天出苗，5天齐苗。

（4）苗期管理。从出苗到第一真叶显露前极易徒长，应通过放风使苗床温度白天保持在20℃左右，夜间10℃左右。子叶展开后拔掉畸形，弱小、密集的幼苗，长到2片真叶时进行分苗。分苗前先浇起苗水，然后按10厘米见方开沟定苗，将带土幼苗摆在小沟内浇小水，水下渗后封沟。分苗后立即搭小拱棚封闭大棚，提高畦内温度，白天温度保持不高于25℃，夜间不低于15℃，前3天中午应进行遮阴。缓苗后逐渐放风降温，白天20℃左右，夜间不低于10℃，防止温度过低出现先期结球现象。苗床一般每隔10天用75%百菌清可湿性粉剂600倍液或50%多菌灵可湿性粉剂500倍液杀菌1次，防止苗期病害的发生。

（5）穴盘播种。选用72孔育苗盘，将配好的营养土装入苗盘穴内，轻压营养土，使穴中基质向下凹0.5～0.8厘米，每穴播1粒，上覆0.8～1厘米厚的蛭石。

定植

定植期：3月初。当绿菜花长至5～6片真叶时即可定植。先整平作畦，畦宽1.2米，然后在晴天上午，选择健壮、无病，无残缺的苗子采用穴栽法，大坨移栽，尽量少伤根。定植株距40厘米、行距60厘米，每亩栽2 780株，浇定植水后用地膜覆盖地面，中午放草帘遮阴，白天控温20～25℃，夜间15℃以上，促进幼苗的缓苗。

定植后管理

温度：定植缓苗后白天棚温超过26℃时开始放“顶风”，不能放“腰风”和“低风”，下午棚温降至20℃时闭风，夜间气温保持在15℃以上，连阴天不放风，但要坚持揭整草帘，以提高菜花对不良环境的适应能力。中后期外界温度逐渐上升，要加大通风量。白天棚内保持 20 ~ 25℃、夜间 12 ~ 15℃，当外界最低气温达 10℃以上时，可昼夜放风。肥水：定植时浇定植水后要坚持控制肥水，不旱不浇，土壤保持见干见湿以进行蹲苗，进入莲座期后结合浇水每亩施尿素 15 千克。现蕾前每亩追施尿素 10 千克，随之浇水 1 次。在花球形成前期可用 0.1% 尿素进行叶面喷肥，中后期可用 0.2% 硼砂进行叶面喷肥。现蕾后要小水勤浇，收获前 5 ~ 7 天，停止浇水。5 月初收获。

（六）花椰菜日光温室育苗及栽培技术

育苗

适时播种，培育壮苗。采用温室育苗，平床播种。播种适期为上年 11 月 20 日至 12 月初。播种后温度保持在白天 20 ~ 25℃，夜间 8 ~ 10℃，在 2 叶 1 心时分苗，苗距 10 厘米 × 10 厘米见方。适宜苗龄 50 ~ 60 天，叶龄数为六叶或七叶一心。定植前 5 ~ 7 天要低温炼苗。

穴盘播种：选用 72 孔育苗盘，将配好的营养土装入苗盘穴内，轻压营养土，使穴中基质向下凹 0.5 ~ 0.8 厘米，每穴播 1 粒，上覆 0.8 ~ 1 厘米厚的蛭石。

定植

早春提早栽培，应在定植前 20 ~ 30 天扣棚，提高地温；或在收获一茬菠菜后及时整地，进行 20 ~ 25 厘米深翻或深锄。亩施有机肥 5 000千克，加硝酸磷肥 25 千克。建长 10 米、宽 1.2 米的平畦。在地整好后开沟施入人粪尿 2 000千克，硝酸磷肥 15 千克，然后覆膜。

1 月下旬地温稳定在 5℃以上即可定植。每畦两行，株行距 40 厘米 × 50 厘米，每亩 2 200 ~ 2 500株。栽时先打坑、摆苗、上土、浇水，待水渗下后覆土，将膜孔盖严，然后覆盖小拱棚。

定植后管理

（1）防寒。定植后密闭大棚7天，拱棚内不揭膜，便于缓苗。待棚上解冻后，9:00～10:00将棚膜揭开，15:00～16:00盖严。当大棚白天温度高于22℃开始放风降温。上午棚温达20℃时放风，下午棚温降至20℃时闭风。当苗子达到小拱棚高度，棚内夜温达10℃以上时，可揭去小拱棚薄膜。如外界最低气温达10℃以上时，大放风，放底风，并昼夜通风。但在花球膨大时，晚上可收风，提高夜间温度，加速花球膨大。

（2）适当蹲苗。定植后到拧心前进行蹲苗控水。坚持不旱不浇。同时外界气温低，棚内地温也低，以不浇大水为好。到3月下旬后，随着棚内温度增高，加大放风量，水分随放风而散失，这时浇1次大水。

（3）花球膨大期管理。花球一露白，生长速度加快，应保持湿润的环境。一般5～7天浇1水，隔1水追1次肥，连续追肥2～3次。第一次可追一次粪稀，每亩用量750～1 000千克，第二次可追施化肥，碳铵每次每亩50千克。在包球初期，可根外追肥1～2次，喷洒0.2%～0.5%的硼酸或0.5%的磷酸二氢钾溶液。

（4）捆叶或折叶。在遮光条件下，花球紧实、白嫩、肥大，要及时捆叶或折叶。捆叶就是把外叶束起，在其上部用绳捆扎起来。折叶就是把靠近花球的叶子折倒，盖在花球上。折叶在上午进行为好。3月末至4月初收获。

（七）花椰菜塑料大棚春季早熟栽培技术

育苗

（1）适期播种。春季早熟栽培，应尽可能早播。春用型单斜面大棚早熟花椰菜，定植期为2月，拱圆形大棚的定植期为2月下旬到3月中旬。因此，幼苗播种期为头年12月初。

（2）播种。育苗畦应建在春用型单斜面大棚或冬暖型大棚中，育苗畦应设小拱棚保温。播前15～20天扣棚，盖草帘增温，烤畦，尽量提高育苗畦的温度，育苗畦施足腐熟的有机基肥，亩施量4 000～5 000千克。花椰菜种子可直播也可用温水浸种2～3小时，在20～25℃温度条件下催芽，1～2小时后即可发芽露白。播种前，苗床浇水，渗透10厘米深较适宜。撒种，每平方米1.5～2.0克干种，撒后覆土1厘米。

穴盘播种：选用72孔育苗盘，将配好的营养土装入苗盘穴内，轻压营养土，使穴中基质向下凹0.5～0.8厘米，每穴播1粒，上覆0.8～1厘米厚的蛭石。

（3）苗期管理。幼苗期管理的重点是防寒保温。保持气温白天在25℃左右，夜间温度不低于6～8℃，促进幼苗迅速出土。苗出齐至第一片真叶显露，应进行通风，防止幼苗徒长。保持育苗期内白天不超过20℃，夜间6～8℃。第一片真叶显露到分苗，管理上以保温为主。分苗前35天，适当降低畦内温度，以锻炼幼苗。幼苗拱土、齐苗和间苗后各撒一次细土，厚土0.3厘米左右，以防止畦表裂缝，保墒和提高畦温。间苗在子叶展开、第一片真叶显露时各进行一次，定苗苗距1.5～2.0厘米。分苗在播后一个月左右，幼苗2～3叶期时进行。分苗畦的建造与播种畦相同。分苗前一天，育苗畦浇大水，以利起苗，少伤根系。分苗的密度为10厘米×10厘米，栽后立即浇水。分苗后立即盖严塑料薄膜，棚内5～6天不通风，尽量提高棚温，促进缓苗。缓苗后在晴暖天气浅中耕松土1.5～2.0厘米。7～8天后再稍深松土，深2～3厘米。缓苗后到定植前，注意保温，以免出现先期结球现象。定植前5～7天切块囤苗，并降低育苗畦温度锻炼秧苗，准备定植。

定植

定植前要求在棚内10厘米处地温稳定在10℃以上。春用型单斜面大棚在华北地区以2月上中旬为宜，拱圆形大棚在2月下旬至3月上旬。定植前施足基肥，一般亩施有机肥4 000～5 000千克。定植前15～20天扣棚，揭盖草帘子，尽量提高棚温，进行烤畦。播前整地做畦。定植时，起苗要认真，带土定植，行距50～60厘米，株距40～50厘米，每亩2 600～3 000株，栽后立即浇水。

定植后管理

定植后应保持棚温白天 20～25℃，夜间不低于 10℃。超过 23℃即放风降温，防止高温抑制生长和发生茎叶徒长现象。夜间不能长时间低于 8℃，以免先期现球。缓苗后，浇第二水，追第一次化肥，亩施尿素或复合肥 15～20 千克，追肥后 3～5 天再浇水，然后中耕、培土并开始蹲苗。待莲座叶开始出现蜡粉，花球 2～3 厘米时结束蹲苗。结合浇水追施复合肥亩用量 20～25 千克，保持地面湿润。为防止植株倒伏，可在茎部培土一次。花球直径长到 10 厘米以上时，心叶遮掩不住花球，花球受日光直射，易变黄，影响商品价值，这时可将一片心叶折倒，覆盖在花球上或摘一片光叶盖到花球上，也可用草绳把上部叶丛束起来遮光。

（八）花椰菜遮阴育苗及日光温室栽培技术

育苗

7 月至 8 月上旬，菜花育苗期外界气温高，光照强，也是蚜虫、菜青虫大量发生季节。

由于播种期正值高温多雨季节，育苗要选择通风、阴凉、地势高的地块做苗床。为培育健壮幼苗，可采用遮阴育苗的方法，在苗床顶部用支架搭棚，上铺塑料薄膜，防止雨淋；再在上面覆盖秸秆、旧草席、芦苇或遮阳网遮阴，四周还应围上防虫网。在播后 40 天左右幼苗 6～8 片真叶时揭掉遮阴物，接受自然光照射。以增强菜苗的适应性。

穴盘播种：选用 128 孔育苗盘，将配好的营养土装入苗盘穴内，轻压营养土，使穴中基质向下凹 0.5～0.8 厘米，每穴播 1 粒，上覆 0.3～0.5 厘米厚的蛭石。

定植

定植前温室准备。在 10 月上旬选择地势高、背风向阳、周围没有遮阴物地带建温室，建温室时要注意 3 点：

①山墙及后墙厚度应在 1 米以上。

②温室前的防寒沟一定要填充足的隔热物。

③温室后坡的厚度应在 20 厘米以上。

在温室建成后，立即扣棚，利用高温杀菌，控制病害。并对棚内土壤实行深翻，结合深翻每亩施入土杂肥 6 000 千克、氮磷钾复合肥 10 千克，并浇一次透水。

移栽 在移栽前 3 ~ 4 天，打开通气孔进行降温。在移栽后，应打开通气孔，保持较低的温度，以利菜花缓苗。在缓苗后，及时关闭通气孔，以促进植株的生长。

定植后管理

在定植时每亩穴施氮磷钾复合肥 10 千克，在缓苗后植株生长时，在株间或行间开沟施入尿素 5 ~ 7.5 千克。并视土壤墒情浇水。在菜苗长到 20 片叶左右，再乘雨撒施硝铵 20 ~ 25 千克，施后浇水，防止因肥水不足、营养面积小造成早期抽薹开花，失去商品价值。在水分供给上定植前要浇透底水，定植时再浇定植水，生长季节由于主要在秋季，雨水较多，要少浇水。室温管理要求前期温度在 20 ~ 24℃，以促进营养生长的进行。在花球开始形成时应将温度控制在 15 ~ 18℃，保持花球的形成。在花球未长足的情况下将温度降到 1 ~ 5℃，延续生长，分批采收，供应市场。

九、生菜栽培技术

（一）生菜设施栽培技术

育苗

壮苗标准为：5 ~ 6 片真叶，根系发达，不徒长。一般露地栽培苗龄宜短，为 25 ~ 35 天，大棚、日光温室栽培苗龄可延至 45 ~ 50 天，均用营养钵护根育苗。精选当年种子，用 5 毫克/千克赤霉素溶液浸种 6 小时，置于 15 ~ 20℃下催芽，播前浇足底水，播后扫帚扫一扫，使种子分布均匀，夏季播于架菜下，并用秸秆和稻草覆盖，3 片真叶时按株行距 7 ~ 8 厘米见方分苗，苗期温度白天 18 ~

20℃，夜间 12～14℃。

定植后管理

（1）大棚早春栽培。定植前低温炼苗 3～5 天，株行距 30～50 厘米，刚埋住土坨为度。管理以防晚霜冻害为中心，定植后轻灌水，棚内白天温度保持在 25℃左右，夜间不低于 15℃，但要注意中午适当通风，浇水后立即中耕松土，包心始期每亩追施速效氮肥 20 千克，后期适当控制浇水。

（2）日光温室栽培。栽培日期：日光温室栽培可在 11 月中下旬至 1 月下旬定植，1 月上中旬至 3 月初收获。

11 月后定植于日光温室的生菜以防低温危害为主，第一，重施腐熟有机肥每亩 5 000千克及速效磷、钾肥作基肥；第二，作成南北向小高垄进行地膜覆盖，加大栽植密度，每亩 5 000～6 000 株；第三，采用滴灌设施，保证供水均匀，加强追肥，分 2～3 次施入，以弥补低温生长不足。

（二）生菜日光温室育苗栽培技术

育苗

（1）浸种催芽。将种子用温水浸泡 4～5 小时，然后放置 15～20℃条件下，见光催芽 2～3 天。幼芽突破种皮露白即可播种，亩需种子 200 克左右。

（2）播种育苗。育苗土要求疏松，富含有机质。育苗盘装好育苗土后，浇透底水，水量不要过大，以刚浇透为度，然后将发芽的种子撒播于育苗盘中。适当稀播，防止过密，每平方米播种 5～10 千克，播种时要小心，不要碰伤嫩芽。播种后覆土 0.5 厘米，不可过厚，盖上薄膜保湿。置于 20～25℃条件下，经 5～6 天种子拱土后，及时撤除薄膜。出苗后，白天温度 18～22℃，夜间温度 10～12℃。

（3）简塑盘分苗。播种后 25 天左右，当苗子长至 2 叶 1 心时。用百孔简塑盘分苗。将生菜幼苗移栽至百孔简塑盘中，然后浇透水。筒塑盘中的营养土要求疏松肥沃，富含有机质，以利幼苗健壮生长。分苗后，温度白天 20 ~ 25℃，夜间 15 ~ 20℃，促进缓苗，经 3 ~ 5 天缓苗后，温度白天控制在 18 ~ 22℃，夜间 12 ~ 14℃为宜。分苗后，喷施双效微肥，喷施宝等叶面肥，促进叶片生长，每隔 7 天喷 1 次，喷 2 ~ 3 次。筒塑盘中的营养土保持见干见湿。约经 3 天后，生菜长至 4 ~ 5 片叶时，准备定植。定植前 1 周降温炼苗。定植前喷施百菌清、或扑海因、或农用链霉素和叶面肥，以利定植后缓苗和防病。

定植

整地作畦，亩施腐熟有机肥 5 000 ~ 10 000 千克，普施石灰 80 千克，既可杀菌，又可调整土壤酸度，增加钙质。防止缺钙而发生顶烧病。石灰 2 ~ 3 年施用 1 次即可，作成宽 55 厘米低畦，畦内栽双行生菜。有条件的可覆盖地膜。既能防病又能提前一周左右采收。定植时施底肥磷酸二铵每亩 40 千克，定植株行距 15 厘米 ×20 厘米。浇透定植水。一直至收获避免大水漫灌以免腐烂。土壤过分干旱时，可喷水。

定植后管理

定植后缓苗前。白天温度 25 ~ 30℃，夜间 12 ~ 20℃，促进缓苗；缓苗后，白天温度 15 ~ 20℃，夜间 8 ~ 10℃，蹲苗 3 ~ 4 天；以后白天温度 18 ~ 22℃，夜间温度 8 ~ 12℃。温度过高，心叶易坏死腐烂。定植 5 天左右视土壤干湿情况，可适当浇一次较小的缓苗水。土壤见干后，及时中耕松土，增加土壤通透性，加速生菜生长发育，生长期增喷叶面肥，加速叶片生长。约 7 天喷 1 次，共喷 3 ~ 5 次。以双效微肥、喷施宝、磷酸二氢钾为好。同时混喷杀菌剂百菌清、扑海因、农用链霉素、可杀得等。防治生菜腐烂病、灰霉病、霜霉病等。杀菌剂要交替喷施。为加速叶片生长，在 10 ~ 15 片叶时，喷施 10 ~ 20 毫克/千克浓度赤霉素，先用酒精溶解赤霉素后，再加水喷雾。冬季温室内因通风换气差，二氧化碳较少。有条件的可增施二氧化碳气肥，促进生长，生菜属长日照植物，要求日照充足，生菜才能健壮生长。所以温室的覆盖物要早揭晚盖，增加光照，促进生长。

（三）生菜日光温室无土栽培育苗与栽培技术

育苗

在地面槽式基质栽培系统中，采用育苗盘育苗，先在盘内装入蛭石粉，用清水浇透，均匀撒播种子，再盖一薄层蛭石粉，然后盖上地膜。在空间立体盆栽系统中，采用营养钵育苗，先在营养钵内装入岩棉，均匀撒播种子 8～10 粒，然后盖一层细沙或蛭石粉，并盖上地膜。育苗时若温湿度高，需适当遮阴，待出苗后撤去地膜，白天保持 15～22℃，夜间 13～15℃，齐苗后及时间苗，苗龄 20 天左右即可定植。

定植

在栽培槽内将育成的生菜苗从盘内挖出，按株行距 15 厘米×15 厘米均匀定植。在栽培盆内将育成的生菜苗从营养钵取出后连同岩棉一同定植，每盆定植 8～10 粒，每钵留 3～4 株，每盆定植 25～30 株。

定植后管理

定植后先浇清水，待幼苗恢复生长后再供给营养液。定植后白天温度控制在 15～20℃，夜间 13～15℃。

营养液配方及使用调控技术：配制营养液应先测定水的 pH 值，pH 值一般在 7～8，配制前先用 98% 磷酸钾或硫酸钾将 pH 值调至 6.0，然后将称好的硝酸钙加入，再加入其他肥料混合均匀。苗期采用 1/2 标准液，比值 0.8～1.2 毫秒/厘米，定植后 1.4～1.7 毫秒/厘米，营养液 pH 值 6.0～6.3，营养液冬季温度不低于 12℃，每天上午、下午各供应 1 次，根据天气情况，夏季温度升高后应增加供液次数，并注意随时补充水分，以防营养液浓度过高，一般间隔 7 天浇 1 次清水，以防盐分积累，营养液使用 1 月左右应彻底更换。

（四）结球生菜秋延茬日光温室栽培技术

育苗

（1）选择适宜品种。秋延迟生产应选择抗热性强、抽薹迟、耐湿、耐病、高产、优质、适应性广的早熟品种。

（2）防虫网育苗。秋延茬栽培一般在8月上旬至8月下旬播种，每亩用种25～50克。苗床面积10～20平方米。先将种子在冷水中浸泡4小时，放在15～20℃下催芽，3～4天可发芽。可以用细胞分裂素100毫克/升液浸种3分钟或赤霉素5毫克/升浸种6～7小时，催芽效果更好。种子露苗后沟播，并且搭建遮阴防虫棚，棚四周1米高用防虫网，棚上部用旧膜，高温时加盖遮阳网，晴天早晚和阴天揭去，从而确保“遮阴降温防虫防雨”。苗生齐后，覆药土或喷药1次，防徒长、防带帽苗、防病，保持15～20℃，保持土壤湿润。3～4片真叶时保持20～22℃。定植前7～10天加强炼苗，逐步适应强光高温天气。

定植

一般9月上旬至9月下旬定植。定植每亩施腐熟有机肥3 500～4 000千克、二铵25千克、尿素20千克、过磷酸钙10千克、草木灰50千克。精细整地后，选择苗龄25～30天，4片真叶左右，按宽行40厘米、窄行20厘米、株距25厘米进行移栽，移栽时注意“带土、带药、带肥、带水”，深度以不埋住叶片为度。起微垄后覆膜保墒。

定植后管理

（1）温度管理。结球生菜喜冷凉，忌高温，因此前期加大顶风、底风量和利用遮阳网来降温。定植后保持白天22～25℃，缓苗后包心前保持15～20℃，包心后至叶球长成白天20～22℃，夜温10～15℃，收获期10～15℃，夜温5～10℃。

（2）合理肥水。结球生菜根系浅，喜湿润，忌多雨。浇好定植水、缓苗水，宜见干见湿，结球后保持湿润，应控水减少菌核病，收获前7~20天停水。定植后追肥3次，第1次在缓苗后15天左右，茎叶生长盛期，亩施尿素5千克，第二次在结球前（团棵至莲座期），第三次在结球期间（莲座期至包心期），每次亩施尿素6~8千克、二铵5千克、硫酸钾复合肥5千克。生长中期叶面喷施0.3% KH_2PO_4防早衰，封行后一般不追肥浇水，保持畦面稍干。

（五）大棚生菜栽培技术

育苗

采用平畦育苗或穴盘育苗

（1）平畦育苗。苗床苗畦整地要细，床土力求细碎、平整，1平方米施入腐熟细碎的农家有机肥10~20千克、磷肥0.025千克，撒匀，然后翻耕掺匀，整平畦面。播种前浇足底水，水流满畦后略停一下，待水渗下土层后，再在苗畦上撒一薄层过筛细土，厚3~4毫米，随即撒籽，播量2~3克/平方米。

（2）穴盘育苗。穴盘选择长52厘米、宽28厘米、高5.5厘米，128孔型的黑色塑料穴盘。育苗基质选用蔬菜专用育苗基质或自己配制。自配基质可选用草炭、珍珠岩、蛭石以3:2:1比例混合，然后1立方米加入腐熟粉碎的干鸡粪10~15千克、尿素500克、磷酸二铵600克、土壤杀菌剂（50%多菌灵可湿性粉剂200克、70%甲基托布津可湿性粉剂150克，稀释喷雾）搅拌均匀，基质含水量达到手握成团、松手即散时即可，及时填装穴盘。将填装好的穴盘平放在塑料大棚内，床面要求平整、土质疏松，专业育苗棚可铺一层砖或厚塑料膜，防止根透出穴盘底部往土里扎，利于秧苗盘根。棚架上用塑料薄膜和遮阳网覆盖，有防风、防夏季暴雨、防强光和降温作用。到出圃时，幼苗根系已长满穴孔并把基质裹住，很易拔出，不易受伤。

（3）种子处理。播前对种子进行处理。气温适宜的季节，用干种子直播。在夏季高温季节播种，种子易发生热休眠现象，需用15~18℃的水浸泡催芽后播种，或把种子用纱布包住浸泡约0.5小时，捞起沥去余水，放在4~7℃的冰箱冷藏室中2天再播种，或把

种子贮放在 -5 ~0℃的冰箱里存放 7 ~10 天，都能顺利打破生菜种子休眠，提高种子发芽率。2 ~3 天即可齐芽，80% 种子露白时应及时播种。

（4）播种深度。生菜种子发芽时喜光，在红光下发芽较快，所以播种不宜深，播深不超过 1 厘米。播后上面盖薄薄一层蛭石，浇水后种子不露出即可。苗畦育苗撒籽后，覆盖过筛细土，厚约 0.5 厘米。经低温催芽处理后的种子，播后在畦上覆盖一层塑料薄膜，2 ~3 天，见种子露白再撒一层细土，以不见种子为度。

（5）苗期管理。在保护地用穴盘育苗，播种后把温度控制在 15 ~20℃，3 ~4 天出齐苗。由于出苗率有时只有 70% ~80%，需抓紧时机将缺苗孔补齐。苗期温度白天控制在 15 ~18℃，夜间 10℃左右，不宜低于 5℃。要经常喷水，保持苗盘湿润，小苗有 3 叶 1 心后，结合喷水喷施 1 ~2 次叶面肥（0.3% ~0.5% 尿素加 0.2% 磷酸二氢钾水溶液），并要注意防治温室病虫害。气温较低季节育苗及夏季，防晒、防雨水冲刷，都宜覆盖塑料薄膜或草帘，小苗出土后先不忙撤掉覆盖物，等小苗的子叶变肥大，真叶开始吐心时，再撤去覆盖物，并在当天浇一次水。特别是在天热的季节，要在早晚没有太阳暴晒的时候撤除覆盖物，随即浇水，浇水后还需上 1 次过筛的细土，厚 3 ~4 毫米。夏季育苗要防止子苗徒长，采取适当的遮阴、降温和防雨涝的措施，苗出真叶后进行间苗、除草等工作。在 2 ~3 片真叶时进行分苗。分苗用的苗畦要和播种畦一样精细整地、施肥，分苗当天先把播种畦的小苗浇一次水，待畦土不泥泞时挖苗，移植到分苗畦，按 6 厘米 ×8 厘米的株行距栽植，气温高时宜在午后阳光不太强时进行分苗，分苗移植后随即浇水，并在苗畦上盖上覆盖物，隔 1 天浇第二次水，一般浇 2 ~3 次水后即能缓苗。

定植

（1）定植时间。缓苗后撤去覆盖物，以后松土一次，适时浇水，苗有 3 ~5 片真叶时，即可定植。定植时间因季节不同而差异较大：4 ~9 月育苗的，一般苗龄 20 天左右、3 ~4 片叶时定植；10

月至翌年3月育苗，苗龄30~40天、4~5片叶时定植为宜。

（2）茬口安排与地块选择。在年初制订种植计划时，即应安排好每一茬生菜前后茬的衔接和土地的选择。为保证产量和质量注意以下几点：生菜生长快速，怕干旱，也怕雨涝；土壤要选择肥沃、有机质丰富、保水保肥力强、透气性好、排灌方便的微酸性土地；生菜是菊科植物，前后茬应尽量与同科作物，如莴笋、菊苣等蔬菜错开，防止多茬连作。

（3）整地、施肥。整地要求精细，基肥要用质量好并充分腐熟的畜禽粪，露地用量每亩2 000~3 000千克，加复合肥20~30千克。保护地需3 000~5 000千克。做畦按不同的栽培季节和土质而定。一般春秋栽培宜作平畦，夏季宜作小高畦，地势较凹的地宜做小高畦或瓦垄畦，如在排水良好的沙壤地块可作平畦。在地下水位高、土壤较黏重、排水不良的地块应作小高畦。畦宽一般为1.3~1.7米，定植4行。

（4）起苗栽植。起苗前浇水切坨，多带些土。穴盘育的苗在种前喷透水，定植时易取苗，且成活率高。苗床育的苗挖苗时要带土坨起苗，随挖随栽，尽量少伤根。种植时按株行距定植整齐，苗要直，种植深度掌握在苗坨的土面与地面平齐即可。开沟或挖穴栽植，封沟平畦后浇足定植水。定植后温度，白天保持20~24℃，夜间保持10℃以上。

（5）定植密度。不同的品种及在不同的季节，种植密度有所区别。一般行距40厘米，株距30厘米。大株型品种，秋季栽培时，行距33~40厘米，株距27厘米，每亩栽苗5 800株；冬季栽培时，可稍密植，行距25厘米，每亩栽6 500株。株型较小的品种，如奥林、达亚、凯撒等在夏季生产，宜适当密植，行距30厘米，株距20~25厘米，每亩栽苗6 200~8 000株。

定植后管理

（1）浇水。浇透定植水后中耕保湿缓苗，保证植株不受旱。缓苗水后，要看土壤墒情和生长情况掌握浇水的次数，一般5~7天浇1次水，沙壤土3~5天浇1次水。春季气温较低时，土壤水分蒸发慢，水量宜小，浇水间隔的日期长；春末夏初气温升高，干旱风多，浇水宜勤，水量宜大；夏季多雨时少浇或不浇，无雨干热时又应浇水降低土温。生长盛期需水量多，浇水要足，使土壤经常保持潮润。叶球结成后，要控制浇水，防止水分不均造成裂球和烂心。保护地栽培，在开始结球时，田间已封垄，浇水应注意，既要保证植株对水分的需要，又不能过量，以免湿度过大。

（2）施肥以底肥为主，底肥足时生长期可不追肥。至结球初期，随水追 1 次氮素化肥促叶片生长；15～20 天追第 2 次肥，以氮、磷、钾复合肥较好，每亩施 15～20 千克；心叶开始向内卷曲时，再追施一次复合肥，每亩施 20 千克左右。

（3）中耕除草。定植缓苗后，为促进根系的发育，宜进行中耕、除草，使土面疏松透气。封垅前可酌情再进行一次。

（六）生菜小拱棚育苗及设施套种栽培技术

育苗

播种育苗：初春和早春定植的蔬菜，要在深冬或初春育苗，此时正处低温时期，要选用耐寒早熟品种。播种前把配好的床土整细铺在温床上，浇透水，干籽播种，床面铺地膜和小拱棚，出苗后撤掉地膜，白天揭开小拱棚通风换气，夜间保温。苗长至 2 片真叶时移入 10 厘米×10 厘米营养钵内，或在床内按 5 厘米间距间苗，待苗长出 5 片真叶时，苗龄 45 天即可定植。秋季延后栽培，育苗期正值炎热季节，昼夜温差小，呼吸作用强，消耗大，植株容易徒长，也容易未熟先抽薹，所以在高温季节下育苗，要先浸种催芽，然后播种，播种后要搭荫棚或盖遮阳网，早晚浇水降温，出苗后扔掉遮阴设备，3 片真叶左右进行间苗，5 片真叶时定植。

定植后管理

定植后应浇水 1～2 次，亩施腐熟粪肥 1 500千克。

（1）早春温室散叶生菜套种果菜，1 月上旬育苗，2 月下旬至 3 月上旬塑料膜日光温室内套种番茄。4 月下旬收获生菜，亩产 312

千克。

（2）早春大棚散叶生菜套种果菜，2 月中旬育苗、3 月下旬大棚定植，留出果菜定植行，4 月上旬定植番茄。5 月中下旬收获生菜，亩产 247 千克。

（3）早春小拱棚结球生菜，2 月下旬育苗，4 月中旬定植于露地小拱棚内。5 月中旬揭掉薄膜。6 月中旬收获，亩产 1 203千克。

（4）露地结球生菜，6 月中旬育苗，7 月中旬定植于露地，9 月中下旬收获，亩产 895 千克。

（5）大棚秋延后散叶生菜，8 月上中旬育苗，9 月上中旬大棚蔬菜收获后定植。11 月上旬收获，亩产 410 千克左右。

十、甘蓝栽培技术

（一）冬春日光温室甘蓝栽培技术

育苗

（1）播种期。日光温室秋冬茬于 9 ~ 10 月播种，冬春茬于 11 ~ 12 月播种。

（2）育苗营养土准备。营养钵育苗：营养土要求土壤疏松，通透性好，土质肥沃，含有幼苗生长过程所需的各种营养成分。配制营养土的原料是肥沃的田园土，最好是 1 ~ 2 年内没种过十字花科蔬菜的，土壤表层 10 ~ 15 厘米的熟土和充分腐熟的优质有机肥（如牛粪、鸡粪、沤制好的堆肥以及发酵过的秸秆），并补充适量的过磷酸钙、草木灰、饼肥及氮肥。

穴盘育苗：草炭 + 蛭石 + 珍珠岩 =3∶1∶1 比例进行配置。

（3）播种。普通育苗播种：育苗床选择在没种植过十字花科蔬菜，土壤疏松、富含有机质，通风透光好，地势较高的地块。做 1 米或 1. 2 米宽畦，浇底水，待水渗下后，畦面均匀撒一层 0. 3 ~ 0. 5 厘米厚过筛细土，然后将干种子均匀撒播在床面上，播种后再均匀覆盖过筛细土 0. 5 厘米厚。

营养钵育苗：把事先准备好的营养土装入营养钵内，摆放在1.2～1.5米平畦内，在播种前浇水，营养钵一定要浇透，然后播种。播种后，在种子上面覆上0.5厘米厚的细土，然后，在畦上搭上小拱棚，盖上薄膜，保持湿度和温度，待苗出土后，把小拱棚撤掉。进行正常管理。

穴盘育苗播种：选用72孔或128孔育苗盘，将配好的营养土装入苗盘穴内，轻压营养土，使穴中基质向下凹0.5～0.8厘米，每穴播1粒，上覆0.8～1厘米厚的蛭石。

播种后苗床温度控制在20～25℃，湿度80%以上。苗出齐后，白天温度18～22℃，夜间10～12℃，最低不得低于5℃。

（4）苗期管理。在两片子叶展开时及时间苗、补苗，穴盘育苗保证每穴1株，普通育苗保持苗间距1～1.5厘米。

当苗长至2～3叶时分苗，苗距8～10厘米。出现大小苗时，将小苗分在温度较高的地方（一般在温室内北侧），大苗分植在温度较低的南侧。寒冷季节分苗，最好采取暗水分苗，即在整平的分苗畦内南北向开浅沟，将幼苗按8～10厘米的株距码放好，沟内浇水，水渗下后将苗扶正将土填平；也可以开沟后先浇水，再栽苗，水渗下后填土。为促进缓苗，分苗后适当提高育苗床温度，白天控制在15～25℃，夜间不低于10℃。

缓苗后，适当降低温度，最高气温不超过20℃，夜间10℃以上。穴盘育苗在第一片真叶展开时，需抓紧将缺苗孔补齐。苗期子叶展开至二叶一心，水分含量为最大持水量的70%～75%；苗期三叶一心后，结合喷水进行2～3次叶面喷肥。三叶一心至定植，水分含量应保持在60%～65%。

定植

（1）定植前准备。定植前两周温室内每亩施用腐熟优质有机肥8～10方、磷酸二铵60千克、氯化钾25千克。深翻土地，灌足底墒。整地作畦，平畦宽100厘米，高畦畦高10～30厘米、畦面宽60～80厘米。用幅宽80～100厘米的地膜覆盖栽培。

（2）定植。定植苗龄为60天左右，叶片数5片以上。秋冬茬于11～12月，冬春茬于1～2月定植。定植前3～5天浇一次透水，切坨待栽。选晴天上午栽苗，双行定植，株行距（35～40）厘米×50厘米，每亩4 500～5 000株。定植时可先用打孔器按株距打孔后再行定植，也可用苗铲临时破膜定植。定植后立即浇水。由于此时正是严寒和初春，温度较低。为提高地温，促进缓苗，定植时最好浇暗水，具体方法如下：按行距南北向开沟，深10～15厘米，底肥沟施时应把沟开的稍深些，开沟后先施底肥，再将苗按株距码放好。注意尽量不散坨，不伤根。顺沟浇定植水，一次浇足。也可先浇水，带水栽苗，待水渗下去后，将歪苗扶正，将土覆平。

定植后管理

（1）缓苗前管理。定植后缓苗前应以增温、保温为主。前期基本不放风，夜间温度最低维持在10℃以上，白天晴天可达25℃以上。保持室内较高的温度，有利于新根的发生，促进缓苗，缓苗期一般10～15天。

定植时如果浇明水，在定植后5～7天应进行中耕，深度3～5厘米，以提高地温，增加土壤通透性，促进缓苗。注意中耕时不要损伤根系。

（2）缓苗后管理。缓苗后，幼苗开始生长，田间管理工作也应加强。选晴天的上午浇一次缓苗水。为了防止未熟抽薹，夜间温度应保持10℃以上，白天15～25℃，当室内气温达到25℃时，通过放风降温，降至20℃结束放风。为争取早收获，定植后以促为主，不用蹲苗、练苗。

中耕可疏松土壤，有利于根系生长和好气性有益微生物的活动。定植7天后，没盖地膜的，可进行第一次中耕、除草，以后视土壤情况进行第二次中耕、除草。植株长大，叶片封地，即进入莲座期，不再中耕。

（3）莲座期与结球期的管理。莲座期和结球期是两个需水需肥高峰。莲座期适时追肥是丰产的一个重要环节，追肥以氮肥为主，使外叶充分长大，为进入结球期和叶球的生长打下良好的基础。如果莲座期不满足氮肥的需要，将影响结球和叶球的充分长大。即使进入结球期后再补充足够的氮肥，也会影响叶球的充实，即直接影响叶球的产量。每次随水追施硝酸铵15千克/亩或硫酸铵20千克/亩，磷酸二氢钾0.3%叶面追肥。

莲座期温度控制在白天15～25℃，夜间10～15℃，室内空气湿度80%～90%，土壤湿度70%～80%。白天揭苫，傍晚盖苫，尽量增加光照时间，促进光合作用和光合产物的形成与积累，早日完成结球的准备阶段，进入结球期。

进入结球期，心叶内卷形成的小叶球不断增大，当小叶球长到直径4～5厘米时，即进入第二个需肥高峰（在第1个需肥高峰后的20天左右），养分的需要量急速增加，应根据底肥施用量及植株生长情况，追施1～2次肥。每次随水追施硝酸铵15千克/亩或硫酸铵20千克/亩，磷酸二氢钾0.3%叶面追肥。

结球期适宜的温度范围是15～20℃，夜间10℃左右，空气湿度为80%，土壤湿度为70%～80%。通过放风口大小与放风时间调整室内的温湿度。

（4）采收。适时采收，当叶球最外叶表面呈亮绿色，叶球内已达7～8成实，即可采收。采收时应根据下茬生产需要或间隔采收，定植下茬作物，或集中采收，净地进行再生产。

（二）春大棚甘蓝栽培技术

育苗

（1）播种期。12月播种。

（2）育苗营养土准备。

①营养钵育苗：营养土要求土壤疏松，通透性好，土质肥沃，含有幼苗生长过程所需的各种营养成分。配制营养土的原料是肥沃的田园土，最好是1～2年内没种过十字花科蔬菜的，土壤表层10～15厘米的熟土和充分腐熟的优质有机肥（牛粪、鸡粪、沤制好的堆肥以及发酵过的秸秆），并补充适量的过磷酸钙、草木灰、饼肥及氮肥。

②穴盘育苗：草炭+蛭石+珍珠岩=3∶1∶1比例进行配置。

（3）播种育苗。

①普通育苗：育苗床选择在没种植过十字花科蔬菜，土壤疏松、富含有机质，通风透光好，地势较高的地块。做1米或1.2米宽畦，浇底水，灌水深度以淹没畦面8～10厘米为宜，同时，准备好过筛的细土备用。待水渗下去后，畦面均匀撒一层0.3～0.5厘米厚过筛细土，然后将干种子均匀撒播在床面上，播种后再均匀覆盖过筛细土0.5厘米厚。在两片子叶展开时及时间苗、补苗，保持苗间距1～1.5厘米。当苗长至2～3叶时分苗，苗距8～10厘米。出现大小苗时，将小苗分在温度较高的地方（一般在温室内北侧），大苗分植在温度较低的南侧。寒冷季节分苗，最好采取暗水分苗，即在整平的分苗畦内南北向开浅沟，将幼苗按8～10厘米的株距码放好，沟内浇水，水渗下后将苗扶正将土填平；也可以开沟后先浇水，再栽苗，水渗下后填土。为促进缓苗，分苗后适当提高育苗床温度，白天控制在15～25℃，夜间不低于10℃。缓苗后，适当降低温度，最高气温不超过20℃，夜间10℃以上。注意防止幼苗徒长和苗期病害的发生，如果发生幼苗徒长或过嫩（叶色淡绿而薄）可结合轻中耕松土和适当加大通风量进行控制，白天温度不低于15℃。

②营养钵育苗：把事先准备好的营养土装入营养钵内，摆放在1.2～1.5米平畦内，在播种前浇水，营养钵一定要浇透，然后播种。播种后，在种子上面覆上0.5厘米厚的细土，然后，在畦上搭上小拱棚，盖上薄膜，保持湿度和温度，待苗出土后，把小拱棚撤掉。进行正常管理。

③穴盘育苗：选用72孔或128孔育苗盘，将配好的营养土装入苗盘穴内，轻压营养土，使穴中基质向下凹0.5～0.8厘米，每穴播1粒，上覆0.8～1厘米厚的蛭石。

播种后苗床温度控制在20～25℃，湿度80%以上。苗出齐后，白天温度20～25℃，夜间10～15℃，最低不得低于5℃。在第一片真叶展开时，抓紧将缺苗孔补齐。苗期子叶展开至二叶一心，水分含量为最大持水量的70%～75%；苗期三叶一心后，结合喷水进行

2~3 次叶面喷肥。三叶一心至定植，水分含量应保持在 60% ~ 65%。温度管理等同于普通育苗。

定植

（1）定植前准备。定植前 15~30 天盖棚暖地，棚膜选择透光、保温性能好、强度大、耐老化的优质薄膜。可在大棚周围挖防寒沟，深度以当地最大冻土层为标准，宽度为 30 厘米，沟内填锯末或柴草，上面盖土使之略高于地面。

定植前两周棚内每亩施用腐熟优质有机肥 8~10 立方米、磷酸二铵 60 千克、氯化钾 25 千克。深翻土地，灌足底墒。整地作畦，平畦宽 100 厘米，高畦畦高 10~30 厘米、畦面宽 60~80 厘米。用幅宽 80~100 厘米的地膜覆盖栽培。

（2）定植。当棚内 10 厘米地温稳定在 5℃以上，旬平均气温达 10℃以上，即可定植。华北地区在 2 月下旬至 3 月上旬定植。定植前 7~10 天炼苗。选晴天上午定植，双行定植，株行距（35~40）×50 厘米，每亩 4 500~5 000株。定植时可先用打孔器按株距打孔后再行定植，也可用苗铲临时破膜定植。定植后立即浇水，密闭大棚。

定植后管理

（1）缓苗前管理。定植后缓苗前应以增温、保温为主。棚温保持在白天 20℃以上，夜间 10℃以上，不低于 5℃。寒流天气在棚四周围盖 1 米高的草苫，可使棚内气温增高 1~2℃，无草苫也可用旧塑料膜代替或在大棚内距棚膜一定距离处挂一层薄膜或无纺布，白天拉开，夜间合拢，能使棚内气温提高 2℃以上。

（2）缓苗后管理。大棚密闭 7~10 天后，即开始缓苗后，进行通风换气，开始时通风量不宜过大，先从棚的东边开口通风，通风最好在中午进行，注意不要放底风。以后随着外界气温的升高，加大通风量，延长通风时间，使白天棚温保持在 15~20℃，夜间 10~15℃。上午棚温达 20℃以上时通风，下午棚温降到 20℃时关闭风口。当外界夜间气温达到 10℃以上时，大放风，放底风，昼夜通风。缓苗后，浇一次缓苗水，选晴天的上午进行。

中耕可疏松土壤，有利于根系生长和好气性有益微生物的活动。定植 7 天后，没盖地膜的，可进行第一次中耕、除草，以后视土壤情况进行第二次中耕、除草。植株长大，叶片封地，即进入莲座期，不再中耕。

（3）莲座期与结球期的管理。莲座期和结球期是两个需水需肥高峰。莲座期适时追肥是丰产的一个重要环节，追肥以氮肥为主，使外叶充分长大，为进入结球期和叶球的生长打下良好的基础。如果莲座期不满足氮肥的需要，将影响结球和叶球的充分长大。即使进入结球期后再补充足够的氮肥，也会影响叶球的充实，即直接影响叶球的产量。每次随水追施硝酸铵 15 千克/亩或硫酸铵 20 千克/亩，磷酸二氢钾 0.3% 叶面追肥。

莲座期温度控制在白天 15～25℃，夜间 10～15℃，室内空气湿度 80%～90%，土壤湿度 70%～80%。随着外界气温的升高，逐渐加大放风口，并延长放风时间，使棚内温湿度尽量满足植株生长要求。

进入结球期，心叶内卷形成的小叶球不断增大，当小叶球长到直径 4～5 厘米时，即进入第二个需肥高峰（大约在第一个需肥高峰后的 20 天左右），养分的需要量急速增加，应根据底肥施用量及植株生长情况，追施 1～2 次肥。每次随水追施硝酸铵 15 千克/亩或硫酸铵 20 千克/亩，磷酸二氢钾 0.3% 叶面追肥。

结球期适宜的温度范围是 15～20℃，夜间 10℃左右，空气湿度为 80%，土壤湿度为 70%～80%。通过放风口大小与放风时间调整棚内的温湿度。

（4）采收。适时采收，当叶球最外叶表面呈亮绿色，叶球内已达 7～8 成充实，即可采收。采收时应根据下茬生产需要或间隔采收，定植下茬作物，或集中采收，净地进行再生产。

（三）早春小拱棚甘蓝栽培技术

育苗

（1）播种期。12 月下旬至翌年 1 月上旬播种。

（2）育苗营养土准备。营养土要求土壤疏松，通透性好，土质肥沃，含有幼苗生长过程所需的各种营养成分。配制营养土的原料是肥沃的田园土，最好是 1～2 年内没种过十字花科蔬菜的，土壤表层 10～15 厘米的熟土和充分腐熟的优质有机肥（牛粪、鸡粪、沤制好的堆肥以及发酵过的秸秆），并补充适量的过磷酸钙、草木灰、饼肥及氮肥。

（3）播种育苗。

①普通育苗：育苗床选择在没种植过十字花科蔬菜，土壤疏松、富含有机质，通风透光好，地势较高的地块。做 1 米或 1.2 米宽畦，浇底水，灌水深度以淹没畦面 8～10 厘米为宜，同时，准备好过筛的细土备用。待水渗下去后，畦面均匀撒一层 0.3～0.5 厘米厚过筛细土，然后将干种子均匀撒播在床面上，播种后再均匀覆盖过筛细土 0.5 厘米厚。在两片子叶展开时及时间苗、补苗，保持苗间距 1～1.5 厘米。当苗长至 2～3 叶时分苗，苗距 8～10 厘米左右。出现大小苗时，将小苗分在温度较高的地方（一般在温室内北侧），大苗分植在温度较低的南侧。寒冷季节分苗，最好采取暗水分苗，即在整平的分苗畦内南北向开浅沟，将幼苗按 8～10 厘米的株距码放好，沟内浇水，水渗下后将苗扶正将土填平；也可以开沟后先浇水，再栽苗，水渗下后填土。为促进缓苗，分苗后适当提高育苗床温度，白天控制在 15～25℃，夜间不低于 10℃。缓苗后，适当降低温度，最高气温不超过 20℃，夜间 10℃ 以上。注意防止幼苗徒长和苗期病害的发生，如果发生幼苗徒长或过嫩（叶色淡绿而薄）可结合轻中耕松土和适当加大通风量进行控制，白天温度不低于 15℃。

②营养钵育苗：把事先准备好的营养土装入营养钵内，摆放在 1.2～1.5 米平畦内，在播种前浇水，营养钵一定要浇透，然后播

种。播种后，在种子上面覆上 0.5 厘米厚的细土，然后，在畦上搭上小拱棚，盖上薄膜，保持湿度和温度，待苗出土后，把小拱棚撤掉。进行正常管理。

③穴盘育苗：选用 72 孔或 128 孔育苗盘，将配好的营养土装入苗盘穴内，轻压营养土，使穴中基质向下凹 0.5～0.8 厘米，每穴播 1 粒，上覆 0.8～1 厘米厚的蛭石。

播种后苗床温度控制在 20～25℃，湿度 80% 以上。苗出齐后，白天温度 20～25℃，夜间 10～15℃，最低不得低于 5℃。在第一片真叶展开时，抓紧将缺苗孔补齐。苗期子叶展开至二叶一心，水分含量为最大持水量的 70%～75%；苗期三叶一心后，结合喷水进行 2～3 次叶面喷肥。三叶一心至定植，水分含量应保持在 60%～65%。温度管理等同于普通育苗。定植前 7～10 天炼苗。

定植

（1）定植前准备。定植前深翻土地，施足底肥，灌足底墒。做平畦，畦宽 1 米。

（2）定植。华北地区于 3 月上中旬定植。定植前 7～10 天炼苗。选晴天上午定植，双行定植，株行距 35 厘米×45 厘米，定植后支小拱棚，棚高 50 厘米，盖膜，浇水。

定植后管理

（1）缓苗前管理。定植后缓苗前应以增温、保温为主。基本不放风，棚温保持在白天 20℃以上，夜间 10℃以上，不低于 5℃。

（2）缓苗后管理。缓苗后，浇一次缓苗水，选晴天的上午进行。缓苗后，随外界气温的升高，可在拱棚顶上打圆孔通风。适时中耕、除草。

（3）莲座期与结球期的管理。莲座期和结球期是两个需水需肥高峰。莲座期适时追肥是丰产的一个重要环节，追肥以氮肥为主，使外叶充分长大，为进入结球期和叶球的生长打下良好的基础。如果莲座期不满足氮肥的需要，将影响结球和叶球的充分长大。即使进入结球期后再补充足够的氮肥，也会影响叶球的充实，即直接影响叶球的产量。每次随水追施硝酸铵 15 千克/亩或硫酸铵 20 千克/亩，磷酸二氢钾 0.3% 叶面追肥。

莲座期温度控制在白天 15～25℃，夜间 10～15℃，室内空气湿度 80%～90%，土壤湿度 70%～80%。在夜间温度达到 10℃ 以上时，可撤去薄膜，撤膜前 5 天将棚两边打开 10 厘米大量通风，以利于撤除膜后，植株能适应外界的气候条件。

进入结球期，心叶内卷形成的小叶球不断增大，当小叶球长到直径 4～5 厘米时，即进入第二个需肥高峰（大约在第 1 个需肥高峰后的 20 天左右），养分的需要量急速增加，应根据底肥施用量及植株生长情况，追施 1～2 次肥。每次随水追施硝酸铵 15 千克/亩或硫酸铵 20 千克/亩，磷酸二氢钾 0.3% 叶面追肥。

（4）采收。适时采收，当叶球最外叶表面呈亮绿色，叶球内已达 7～8 成充实，即可采收。采收时应根据下茬生产需要或间隔采收，定植下茬作物，或集中采收，净地进行再生产。

第三部分　病虫害防治

一、西葫芦病虫害防治

（一）西葫芦灰霉病

症状

灰霉病为真菌性病害，是西葫芦棚室栽培中的一种重要病害。可造成减产20%左右，严重的可达80%以上，甚至造成毁棚。主要危害花、幼果、叶、茎或较大的果实。苗期发病先为害叶片再为害茎蔓，开始时为腐烂状，后表面生出大量的灰霉。成株期发病病菌首先从凋萎的雌花开始侵入，侵染初期花瓣呈水浸状，后变软腐烂并生长出灰褐色霉层，造成花瓣腐烂、萎蔫、脱落，后病菌逐渐向幼果发展，受害部位先变软腐烂，后着生大量灰色霉层，发病组织如果落在叶片或茎蔓上，也可导致茎叶发病，叶片上形成不规则大斑，中央有褐色轮纹，湿度大时可见灰色霉层，茎蔓发病出现灰白色病斑，绕茎一周后可造成茎蔓折断。

发病规律

病菌主要以菌核或菌丝体在土壤中越冬，分生孢子在病残体上可存活4～5个月，成为初侵染源。该病在低温高湿，湿度高于94%，植株衰弱情况下，易发生。

防治方法

（1）栽培措施。清洁田园及大棚膜，及时摘除病花、病叶、病果等发病组织，并及时带出棚室深埋销毁。清洁棚膜，增加透光性，以提高植株的长势，从而增加其抗病能力。搞好棚室内的温湿度调节，利用生态条件控制病害的发生危害。推广高畦覆膜或滴灌栽培法，适时浇水，上午尽量保持较高温度，病菌在33℃不产生分生孢子，下午加大放风量，降低棚内湿度，夜晚要适当提高棚温，减少或避免叶面结露。在用2,4-D蘸花时，因其易造成伤口而利于病菌侵入，可在蘸花的同时在2,4-D中加入甲霜灵、多菌灵等杀菌剂，以控制病菌侵入。同时，在农事操作过程中，尽量避免造成伤口，减少病害的人为传播。

西葫芦灰霉病

（2）药剂防治。在药剂防治中，应尽量减少喷雾，以避免造成棚内湿度的提高，可以施用烟雾剂或粉尘剂等方法，并交替轮换使用各种药剂，以减缓病害的抗药性。棚室发病前或发病初期采用烟雾法或粉尘法，烟雾法用10%速克灵烟剂，每亩次200～250克；45%百菌清烟剂，每亩次250克，熏3～4小时。粉尘法于傍晚喷撒5%灭霉灵粉尘剂，5%百菌清粉尘剂，6.5%甲霉灵粉尘剂，每亩次1千克。每隔9～11天左右防治1次，连续或与其他防治法交替使用2～3次。棚室或露地发病初期喷药，常用农药有50%速克灵可湿性粉剂2 000倍液，50%异菌脲可湿性粉剂1 000～1 500倍液，65% 甲霜灵可湿性粉剂 1 000倍液，50% 多霉灵可湿性粉剂 800 倍液，50% 多霉清可湿性粉剂 800 倍液，40% 嘧霉胺悬浮剂 800～1 000倍，发病后用药，应适当加大用药量。为防止产生抗药性提高防效，应轮换交替或复配使用。

（二）西葫芦绵腐病

症状

主要危害果实，有时危害叶、茎及其他部位。发病果实初呈椭圆形、水浸状的暗绿色病斑。干燥条件下，病斑稍凹陷，扩展不快，仅皮下果肉变褐腐烂，表面生白霉。湿度大、气温高时，病斑迅速扩展，整个果实变褐，软腐，表面布满白色霉层，致使病瓜烂在田间。叶上先出现暗绿色，圆形或不规则形水浸状病斑，湿度大时软腐似开水煮过状。

西葫芦绵腐病

发病规律

病菌在土壤中越冬，适宜条件下直接长出芽管侵入植株。后在病残体上产生病菌，借雨水或灌溉水传播，危害果实。病菌主要分布在表土层内，雨后或湿度大，病菌迅速增加。土温低，湿度大，利于发病。

防治方法

（1）栽培措施。施用充分腐熟有机肥。采用高畦栽培，避免大水漫灌，大雨后及时排水，必要时可把瓜垫起。

（2）药剂防治。发病初期喷药，常用农药有14%络氨铜水剂300倍液，50%琥·乙膦铝可湿性粉剂500倍液。每隔10天左右防治1次，连续防治2～3次。

（三）西葫芦菌核病

症状

主要危害果实及茎蔓。发病果实时表现为残花部先呈水浸状腐烂，后长出白色菌丝，菌丝上散生鼠粪状黑色菌核。茎蔓发病，初呈水浸状，病部变褐，后也长出白色菌丝和黑色菌核，病部以上叶、茎蔓枯死。叶片被害在叶面着生淡褐色大型的病斑，严重时叶片枯死。

发病规律

病菌以菌核落在土中，或混杂在种子中越冬或越夏。混在种子中的菌核，随播种带病种子进入田间，遗留在土中的菌核遇有适宜温湿度条件即萌发产出子囊盘，放散出子囊孢子，随气流传播蔓延，侵染衰老花瓣或叶片，长出白色菌丝，开始危害柱头或幼瓜。在田间带菌雄花落在健叶或茎上经菌丝接触，易引起发病。病菌对水分要求较高，低温、湿度大或多雨的早春或晚秋有利于发病和流行。连作田块，排水不良的低洼地或偏施氮肥或霜害、冻害条件下发病重。

防治方法

（1）种子消毒。种子用50℃温水浸种10分钟，即可杀死菌核。

（2）栽培措施。最好实行水旱轮作，病田在夏季灌水浸泡半个月。收获后及时深翻。棚室上午以闷棚提温为主，下午及时放风排湿，发病后适当提高夜温以减少结露，早春日均温控制在31℃高温，相对湿度低于 65% 可减少发病。防止浇水过量，土壤湿度大时，适当延长浇水间隔期。

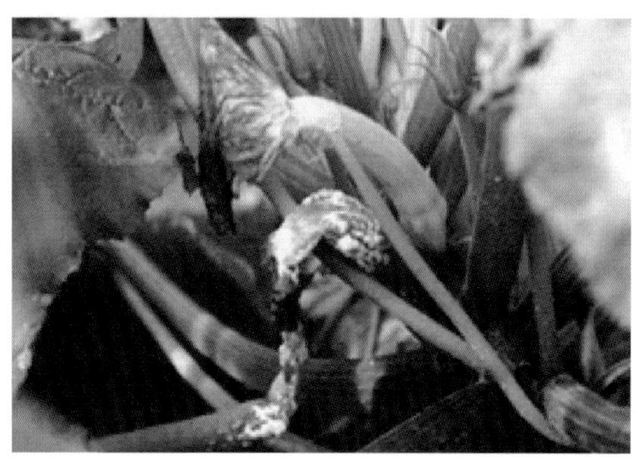

西葫芦菌核病

（3）土壤消毒。用 25% 多菌灵可湿性粉剂，每平方米 10 克，拌细干土 1 千克，撒在土表，或耙入土中，然后播种。或采用生物酿热的方法进行土壤消毒，具体做法：在 7 ~ 8 月高温季节和保护地空闲时间进行，每亩施碎稻草 500 千克、石灰 100 千克，然后深翻地 2 尺（1 尺≈0.333 米），起高垄 1 尺，地膜覆盖；最后灌水，使沟里的水呈饱和状态，再密闭大棚 15 ~ 20 天。

（4）药剂防治。出现子囊盘时，每亩每次用 10% 速克灵烟剂或 45% 百菌清烟剂 250 克熏 1 夜，每隔 8 ~ 10 天熏 1 次，或喷撒

5% 百菌清粉尘剂 1 千克；盛花期可选喷：50% 速克灵可湿性粉剂 1 500倍液，50% 异菌脲或 50% 农利灵可湿性粉剂 1 000倍液，60% 防霉宝超微粉 600 倍液，结合喷药及时清除病组织，集中销毁。

（四）西葫芦白粉病

症状

西葫芦白粉病危害叶片、叶柄和茎。病叶上有圆形小粉斑，逐渐连片布满全叶，以后粉斑老化呈灰色，并出现黑褐色小点。叶柄和茎染病后也产生白粉斑，并不断扩展连片，后期变成灰色斑，散生小黑点。注意，有的品种叶片上本身具有特殊的“银斑”，不是病，不要将其误诊为白粉病。

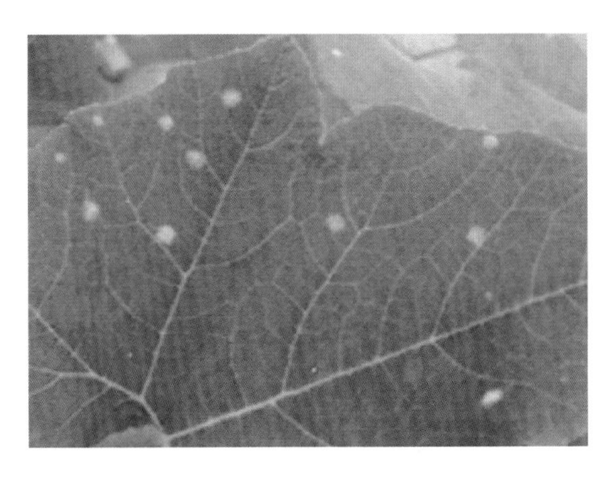

西葫芦白粉病

发病规律

病菌以闭囊壳随病残体越冬，或在保护地瓜类蔬菜上周而复始地传播侵染。通过叶片表皮侵入植株，借助气流或灌溉水传播。在高温干旱或高温高湿条件下都易发病。植株长势弱、密度大时发病重。

防治方法

选用抗病品种。加强管理，预防高温干旱环境的出现。喷施10%苯醚甲环唑水分散粒剂2 000倍液，或者喷施2%农抗120水剂200倍液。

（五）西葫芦蔓枯病

症状

西葫芦苗期发病，多在茎的下部，病部呈油浸状，后变黄褐色，稍凹陷，表皮龟裂，常分泌出黄褐色树脂状物，严重时病茎折断，导管不变色。成株发病，病茎表皮呈黄白色，枯干，潮湿时变黑褐色，后密生小黑点。叶片上病斑黄褐色，圆形，有不明显的同心轮纹，上生小黑点，病斑扩展至叶面1/3以上时叶片即干枯。

发病规律

病菌在病残体及架材上越冬和越夏，借风雨传播，引起初次侵染，以后在病斑上产生病菌继续传播蔓延，引起再侵染。种子表面也可带菌，发芽后病菌直接危害子叶。病菌发育适温为20～24℃，最适发育酸碱度为pH值5.7～6.4。高温多湿、天气闷热时，发病迅速。重茬地，低洼地雨后积水，大水勤浇，缺肥，生长衰弱的地块，发病均重。温室及塑料大棚栽培，过度密植、光照不足、通风不良时容易发病。

防治方法

（1）种子消毒。用50%的多菌灵可湿性粉剂1 000倍液浸种35分钟，也可用种子重的0.15%的50%多菌灵可湿性粉剂拌种。

（2）栽培措施。建造温室要选择地势较高，排水良好的地块，温室内加强通风透光，降低棚内湿度。底肥中增施过磷酸钙和钾肥，在结瓜以前、雨后及浇水后及时中耕，发病后适当控制浇水，降低土壤及空气湿度。在整个生长期间，要多次追肥，防止早衰。发现病株及时拔除，收获后要清洁田间，将病残体清除。

（3）药剂防治。每平方米苗床用50%多菌灵可湿性粉剂8克进行床土消毒。发病初期喷药，常用药剂有75%百菌清可湿性粉剂600倍液，47%加瑞农600～800倍液，叶蔓要喷布均匀。

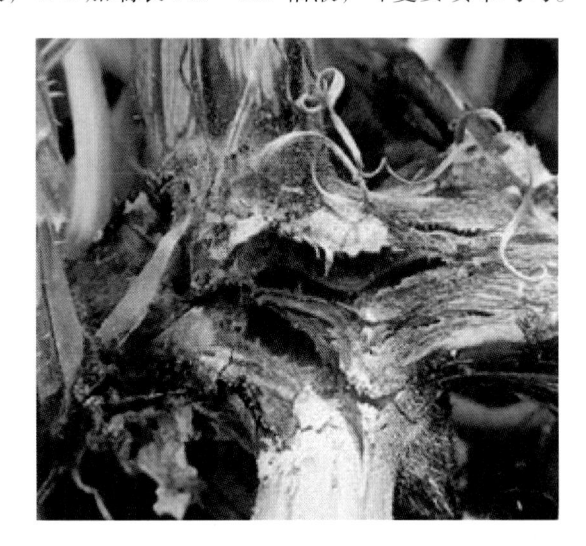

西葫芦蔓枯病

（六）西葫芦病毒病

症状

由病毒病引起的病害。所有的地上部分都可以显症。顶部叶片出现深绿色疱斑，有的叶片畸形呈鸡爪状。4～5片叶时开始发病，新叶表现明脉，有褪色斑点，继而出现花叶。不结瓜或瓜表面有环状斑或绿色斑驳，皱缩、畸形，瓜的表面出现瘤状物。如果染病的是金皮西葫芦，表面会出现绿色的斑驳和畸形。

发病规律

主要由蚜虫传播。种子和人工操作接触传播。高温、干旱、日照强、缺肥发病重。

防治方法

（1）栽培措施。选用抗病品种，如邯郸西葫芦、天津25号等品种较抗病，各地可因地制宜选用。从无病田无病瓜上采种。与非瓜类作物实行3年轮作。培育壮苗，适期早定植。施足底肥，适时追肥，加强管理，促进根系发育。及时清洁田园，铲除杂草，可减轻发病。坐瓜前采用小弓子简易覆膜栽培，可防病早熟。

（2）药剂防治。前茬收后，播种以前，用5%菌毒清300倍液，再加磷酸三钠500倍液喷洒，进行全棚消毒处理。发病初期喷药，常用农药有20%盐酸吗啉胍·铜（病毒A）可湿性粉剂500倍液，1.5%植病灵乳油500倍液，5%菌毒清300倍液，绿芬威1号600倍液。每隔10天左右防治1次，连续防治2～3次。另外，及时防治蚜虫、线虫、蚜虫迁飞期苗床应喷药，做到带药定植。防治蚜虫，常用农药有10%吡虫啉可湿性粉剂3 000倍液，20%菊·马乳油2 000倍液，20%复方浏阳霉素乳油1 000倍液等。田间可铺挂银灰膜避蚜。

（七）西葫芦冷害

症状

西葫芦受到低温的影响，通常都会产生病变。再遇到突然的强冷空气时，会产生冻害，茎叶的表现起初为水浸状，略有透明，后颜色变深绿，也可发生萎蔫。果实受到突然的强冷空气，表面发白，果实变软，失去食用价值。在受到轻微的冷害时，开始没有任何的异常，但新生出的茎叶会发生变化。有时生长点附近的节间缩短，生长点形成雌花和叶片间杂的花簇，人们称其为花打顶。由于幼瓜挤在一起，生长缓慢。且形状不正，对其商品性影响较大。

发病规律

冬季棚室内低温。在温度低于或接近0℃时即可产生严重的冻害。如果遇到连阴天夜间温度在6～7℃以下时，时间久了，即可出现上述冷害症状。

防治方法

加强棚室的温度管理，在夜温低时要设法提高夜温，前半夜气温要求达到15℃，持续4～5个小时，后半夜可保持在10℃上下即可。此外，再出现花打顶时，可将过多的幼瓜疏掉一部分，保留生长得比较周正的，令其长大。冷害过后，适当的增施肥料。促进植株的生长，弥补冷害带来的损失。

（八）瓜蚜

为害特点

以成虫及若虫在叶背和嫩茎上吸食作物汁液。瓜苗嫩叶及生长点被害后，叶片卷缩，瓜苗萎蔫，甚至枯死。老叶受害，提前枯落，缩短结瓜期，造成减产。

形态特征

无翅孤雌蚜：体长1.9毫米，宽1毫米。头骨化黑色；前胸与中胸背有断续灰黑色斑，后胸斑小；第二腹节至第六腹节均有缘斑，第七腹节、第八节背中斑呈短横带。体表有清楚网纹。缘瘤指状，前胸及第一腹节、第七腹节各有1对，小型缘瘤有时位于其他腹节。体背毛尖，头部毛10根，腹节各有中毛1对，缘毛1～2对，第八节毛长为触角第三节直径的0.45～0.69毫米。中额隆起，额瘤不显。触角1.1毫米，第三节长0.28毫米，第三腹节至第六节长度比例：100∶75∶75∶43±89，第三节有毛5根，毛长为该节直径的0.31毫米。喙超过中足基节，第四节、第五节之和长与后足第二跗节约等。有次生毛1对。第一跗节毛序3，3，2。腹管黑色长管状，为尾片的2.4倍。尾片有曲毛4～7根，一般5根；尾板有毛16～17根。7～8月间小型个体体长0.41～0.49毫米，触角第三节、第四节分节不明显，常见触角5节。有翅孤雌蚜：体长2毫米，宽0.86毫米。头、胸黑色，腹部淡色。腹部斑纹明显而多，第六腹节背中常有横带，第二节至第四节缘斑明显且大。触角第三节有小圆形次生感觉圈4～10个，一般6～7个，第四节1～2个或缺。

发生规律

华北地区年10余代，长江流域1年发生20～30代，以卵在木槿、扶桑、通泉草、蚊母草上越冬，或以成蚜、若蚜在温室内蔬菜上越冬或继续繁殖为害。早春气温达6℃以上开始孵化，孵化期可达20～30天，在越冬寄主上繁殖2～3代后，于4月底产生有翅蚜迁飞到露地蔬菜上繁殖为害。春、秋季10余天完成1代，夏季4～5天1代，每雌可产若蚜60余头。繁殖的适温为16～20℃，北方超过25℃、南方超过27℃、相对湿度达75%以上，不利于瓜蚜繁殖。北方露地以6～7月中旬虫口密度最大，为害最重，7月中旬以后，因高温高湿和降雨冲刷，不利于瓜蚜生长发育，为害程度减轻。江浙一带3月上旬12℃以上可产第一代蚜虫，之后在越冬寄主上胎生繁殖2～3代，就地产生有翅雌蚜，从4月下旬到5月上旬迁移到棉苗、黄麻、柑橘等夏寄主上为害、繁殖和扩散蔓延。在柑橘上为害是近年才发现。

防治方法

（1）黄板诱杀有翅蚜，可购买成品黄板，也可自制黄色板刷机油。

（2）释放食蚜蝇、蚜茧蜂等天敌昆虫。

（3）药剂防治，可根据不同作物选用定虫脒、吡虫啉、毒死蜱、高产氯氟氰菊酯等农药按说明用量喷雾防治。用10%吡虫啉可湿性粉剂每亩用5～16克，或用2.5%溴氰菊酯乳油1 000～1 500倍液喷雾，喷洒时应注意叶背面均匀喷洒；保护地还可选用杀蚜烟剂，每亩400～500克，分放4堆，用暗火点燃，密闭3小时。

（九）斑潜蝇

为害特点

成、幼虫均可为害。雌成虫飞翔把植物叶片刺伤，进行取食和产卵，幼虫潜入叶片和叶柄为害，产生不规则蛇形白色虫道，叶绿素被破坏，影响光合作用，受害植株叶片脱落，造成花芽、果实被灼伤，严重的造成毁苗。

形态特征

成虫小，体长1.3～2.3毫米，翅长1.3～2.3毫米，体淡灰黑色，足淡黄褐色，复眼酱红色。卵椭圆形，乳白色，大小为（0.2～0.3）毫米×（0.1～0.15）毫米。幼虫蛆形，老熟幼虫体长约3毫米。幼虫有3龄：1龄较透明，近乎无色；2～3龄为鲜黄或浅橙黄色，腹末端有一对圆锥形的后气门。蛹为围蛹，椭圆形，腹面稍扁平，大小为（1.7～2.3）毫米×（0.5～0.75）毫米，橙黄色至金黄色。

防治方法

可在幼虫2龄前喷洒1.8%阿巴丁乳油3 000～4 000倍液。或48%乐斯本乳油800～1 000倍液进行防治。目前，斑潜蝇已对阿维菌素产生较为严重的抗性，可用药剂灭蝇胺。英国RUSSELL IPM推出的专利产品FEROLITE（弗洛莱）对斑潜蝇有很好的防治效果，已经在欧洲及地中海多国得到较好应用，是绿色防控的首选。

二、黄瓜病虫害防治

（一）黄瓜霜霉病

症状

黄瓜霜霉病为真菌性病害。发生普遍，危害严重，一旦发生病情发展很快，俗称“跑马干”，如不及时防治，将给黄瓜生产造成毁灭性的损失。轻者减产10%～20%，重者减产30%～50%，甚至绝收。

主要危害叶片。苗期发病初呈褪绿色黄斑，后变黄干枯，湿度大时病叶背面出现紫黑色霉层。成株期叶片发病开始时产生水浸状多角形斑点，早晨尤为明显，后叶正面多角形黄色病斑，在潮湿条件下叶片背面病斑上长有紫黑色霉层。有时叶片未变黄即可长出霉层。

发病规律

周年种植黄瓜地区，病原菌在病叶上越冬或越夏。北方冬季不种黄瓜地区，则靠季风从邻近地区将孢子囊吹去。孢子囊在温度15～20℃、空气相对湿度高于83%时才大量产生，且湿度越高产孢越多。叶面有水滴或水膜，持续2小时孢子囊就可萌发和侵入。叶面没有水滴或水膜，孢子囊不能萌发和侵入，病害就不会发生。温度低于15℃或高于28℃，不利于病害的发生。苗期和成株期均可发病。

防治方法

（1）栽培措施。选用抗病良种，并用50～55℃水浸种10～15分钟；采用无菌沙土或沙壤土育苗，培育无病壮苗；与南瓜进行嫁接换根栽培，增强抗病性。

（2）药剂防治。发病初期或发病前，每亩每次用66.5%霜霉威盐酸盐水剂（普力克、霜灵、普生、灭菌灵、疫霜净、农佳乐、宝力克、霜疫克星）65～108.5克，加水75千克，稀释成600～1 000倍液；用40%霜霉威盐酸盐水剂108.3～180.5克，加水75千克，稀释成400～700倍液，每隔7～10天喷药1次，共喷3次；用72%霜脲氰·代森锰锌可湿性粉剂（克露、霜疫清、克霜清、仙露、凯克灵、克抗灵、赛露、疫菌净、威克、霜克）133～166克，加水100千克，稀释成600～750倍液叶面喷雾，间隔7天喷1次药，喷雾4～6次；或60%灭克·锰锌可湿性粉剂500～1 000倍液喷雾。5%霜脲氰·代森锰锌粉剂1 000～1 200克喷粉，连续喷粉3次以上，每次间隔7天。

18%百菌清·霜脲氰悬浮剂能有效防治黄瓜霜霉病的发生，且对黄瓜安全。大田使用时，每亩用170～190毫升于黄瓜发病初期喷雾防治为宜，并应视病害发展情况，连续施药多次，施药间隔以7～10天为宜。

20%三乙膦酸铝复合水剂（有效成分三乙膦酸铝、霜霉威盐酸盐）100～200倍液，在大棚黄瓜霜霉病发病前喷药，间隔7天喷施 1 次，连续 4 次，可有效地控制该病扩展。

69% 烯酰吗啉 · 代森锰锌可湿性粉剂（旺克）每亩用 120 ~ 150 克，于移栽后 25 天，黄瓜初花期发病时施第 1 次药，间隔 7 天施第 2 次药。

72% 霜脲氰 · 代森锰锌可湿性粉剂、69% 烯酰吗啉 · 代森锰锌可湿性粉剂各 600 倍防治黄瓜霜霉病效果较好，自发病初期起每隔 7 天对植株均匀喷雾，连续施药 3 次可使黄瓜霜霉病的发病高峰期推迟，且两药对作物安全，可在生产中推广使用。

黄瓜霜霉病

（二）黄瓜白粉病

症状

黄瓜白粉病是黄瓜重要的病害之一，为真菌性病害，发生普遍，危害重。叶片发病重，叶柄、茎次之，果实受害少。苗期发病可以从子叶开始，病斑近圆形，表面为白色的粉状物。真叶发病出现白色近圆形小粉斑，向四周扩展成边缘不明显的连片白粉，严重时整叶布满白粉。发病后期，白色霉斑因菌丝老熟变为灰色，病叶黄枯。有时病斑上长出成堆的黄褐色小粒点，后变黑，为病菌的有性阶段。叶柄及茎部也可以发病，严重时白粉可将茎包围住。有时在黄瓜的萼片上见到稀疏的白粉。

发病规律

病菌随病残体在土中或棚室作物上越冬，为初侵染源。病菌借气流或雨水传播，在田间进行多次再侵染。发病适温 15 ~30℃，相对湿度 80% ~95%。低湿仍可侵染，高湿发病更快。雨后干燥，或少雨，但田间湿度大，白粉病流行的速度加快，尤其当高温干旱与高温高湿交替出现、又有大量白粉菌源时很易流行。

黄瓜白粉病

防治方法

（1）栽培措施。选用耐病品种。

（2）药剂防治。在发病初期喷第一次药，每亩每次用 30% 氟菌唑（特富灵）可湿性粉剂 13.3 ~20 克，加水 70 千克，稀释成 3 500 ~5 000倍液，茎叶喷雾，间隔 10 天后喷第二次药，共喷 2 次。使用生物药剂，常用有 2% 农抗 120 水剂 200 倍液，2% 武夷菌素水剂 200 倍液，隔 6 ~7 天喷洒 1 次。常用农药还有 45% 百菌清烟剂 250 克/亩。12.5% 腈菌唑乳油 2 000倍液、62.25% 腈菌唑·代森锰锌（仙生）可湿性粉剂 600 倍液、10% 苯醚甲环唑（世高）水分散粒剂 2 000倍液、、40% 氟硅唑（福星）乳油 8 000倍液，40% 多·硫悬浮剂 500 ~600 倍液，50% 硫黄悬浮剂 250 ~300 倍液。保护地在定植前几天采用硫黄熏烟消毒。15% 三唑酮可湿性粉剂 1 500倍液。易产生要害，用时要格外小心。

（三）黄瓜细菌性角斑病

症状

黄瓜角斑病属细菌性病害，主要为害叶片，也可侵染茎、叶柄、卷须、果实等。叶片受害，先是叶片上出现水浸状的小病斑，病斑扩大后因受叶脉限制而呈多角形，黄褐色，带油光，叶背面无黑霉层，后期病斑中央组织干枯脱落形成穿孔。果实和茎上病斑初期呈水浸状，湿度大时可见乳白色菌脓。果实上病斑可向内扩展，沿维管束的果肉逐渐变色，果实软腐有异味。卷须受害，病部严重时腐烂折断。而霜霉病为害，受害叶片湿度大时，叶背面可见到黑色霉层，病斑不穿孔，无菌脓，发病后期变成黄褐色，空气干燥时迅速干枯，并向上卷。

发病规律

病菌在种子内或随病残体存留在土壤中越冬，成为翌年初侵染源。病菌侵染黄瓜后，在适宜条件下发病并产生菌脓。菌脓随雨水、灌溉水及大棚膜水珠下落、结露和叶缘吐水滴落，飞溅蔓延，进行多次重复再侵染。病菌从气孔、水孔及自然伤口侵入。角斑病在 10～30℃均可发生，适宜温度为 24～28℃，大棚高湿有利于发病。另外，低洼地、重茬地发病也重。昼夜温差大，结露重且持续时间长，发病重。苗期至成株期均可受害。

防治方法

（1）种子处理。用 70℃恒温干热灭菌 72 小时；或 50℃温水浸种 20 分钟，捞出晾干后催芽播种。用次氯酸钙 300 倍液浸种 30～60 分钟，100 万单位硫酸链霉素 500 倍液浸种 2 小时，冲洗干净后催芽播种。

（2）栽培措施。与非瓜类作物实行 2 年以上轮作，选用耐病品种。从无病瓜上选留种，无病土育苗。施足基肥，生长期及收获后清除病叶，及时深埋。

（3）药剂防治。每亩每次用 72% 霜脲氰 · 代森锰锌可湿性粉剂 133 ~ 166 克，加水 100 千克，稀释成 600 ~ 750 倍液，叶面喷雾，每隔 7 天喷 1 次药，共喷 4 ~ 6 次。常用农药还有农用链霉素 250 毫克/千克液，新植霉素 200 毫克/千克液，14% 络氨铜水剂 300 倍液，保护地每亩每次喷撒 10% 乙滴粉尘剂或 5% 百菌清或 10% 酯铜粉尘剂 1 千克。

在发病初期用 23% 氢铜 · 霜脲可湿性粉剂（快杀尽）500 ~ 900 倍液，每 7 天喷施 1 次，连续 3 次，对防治黄瓜细菌性角斑病具有很好的效果，防效达 65% ~78%，基本能控制发病。

在日光温室中用 3% 克菌康可湿性粉剂 800 ~ 1 000倍液、农用链霉素 120 万个单位 5 000倍液、61. 4% 可杀得干悬浮剂 1 000倍液喷雾，有较好的防效。

黄瓜细菌性角斑病

（四）黄瓜枯萎病

症状

黄瓜枯萎病又称萎蔫病、死秧病，由真菌引起的病害，是瓜类蔬菜的重要病害，发生普遍，感病率高，毁灭性强。发病严重的地块减产 30% ~50%，重者绝收。

苗期和成株期均能发病。典型症状是萎蔫。幼苗期感病，茎基部变褐缢缩，严重时倒伏死亡；成株期发病最初在茎的一侧坏死，有时茎基部纵裂，潮湿时病部呈水浸状腐烂，并长出白色、粉色霉状物，感病初期，植株中午萎蔫，早、晚、夜间恢复正常，反复几日后整株死亡。将病株茎蔓、根横劈，可见维管束变褐，这是鉴别枯萎病的感观依据之一。

发病规律

病菌在种子中和土壤中越冬，成为初侵染源。播种带菌的种子，苗期即发病。病菌从根部伤口或根毛顶端细胞间侵入，后进入维管束，发育繁殖堵塞导管。病菌产生毒素，引起植株中毒，失去输导作用，引起萎蔫。土温在 8～34℃时病菌均可生长。当土温在 24～28℃、土壤含水量大、空气相对湿度高，发病最快。土温低，潜育期长。秧苗老化，连作地，有机肥不腐熟，土壤过分干旱或排水不良，土壤偏酸，是发病的主要条件。

防治方法

防治黄瓜枯萎病，应以抗病品种为主，合理轮作倒茬，清除病株残体，培育无病壮苗，并辅之以药物防治。

（1）种子处理。用 55℃的温水浸种 10 分钟，或用 70℃的恒温处理 72 小时。用有效成分 0.1% 的 60% 防霉宝（多菌灵盐酸盐）超微粉加 0.1% 平平加浸种 60 分钟，捞出后冲净、催芽。或用 50% 多菌灵 500 倍液浸种 1 小时。

（2）栽培措施。病原菌能在土壤和病残体上越冬，并存活 5～6 年，因此应与禾本科作物轮作。育苗时，苗床土应进行硝化处理，或换上无菌新土，培育无病壮苗。利用南瓜作砧木进行嫁接防病。施用充分腐熟肥料。浇水做到小水勤浇，避免大水漫灌，适当多中耕，提高土壤透气性，使根系茁壮，增强抗病力，但要减少伤口。结瓜期应分期施肥，切忌用未腐熟的人粪尿追肥。

结瓜前小水浇灌，结瓜后适当增加浇水次数和浇水量，切忌大水漫灌。夏季中午前后不要浇水，以防止土温骤然下降而诱发病害的发生。

黄瓜枯萎病

选用抗病品种是防治黄瓜枯萎病的有效措施。目前，较抗病的品种有长春密刺、津研七号、早丰等。黄瓜生长期间，若发现病株应立即拔掉烧毁，对病株附近的健康植株用50%代森铵400倍液，进行灌根保护，不要施用带病菌的有机肥。

（3）药剂防治。用30%霉灵（土菌消、土菌克、明奎灵）水剂加水稀释600～800倍液，在播种时喷淋1次，播种后10～15天再喷淋1次，本田灌根2次，在移栽时灌根1次，15天后再灌根1次，每次每株灌药液200毫升。发病后用50%甲福可湿性粉剂2 000倍液灌根2次。每平方米苗床用50%多菌灵可湿性粉剂8克处理畦面，进行苗床消毒；每亩用50%多菌灵可湿性粉剂4千克，混入细干土拌匀后施于定植穴内。常用农药还有3.2%恶甲水剂300倍液，50%多菌灵可湿性粉剂500倍液，50%苯菌灵可湿性粉剂1 500倍液，50%甲基托布津可湿性粉剂400倍液，60%琥·乙膦铝可湿性粉剂350倍液，50%甲霜灵800倍液灌根或喷雾。每隔10天后再防治1次，连续2~3次。

（五）黄瓜蔓枯病

症状

黄瓜蔓枯病又称蔓割病，为真菌性病害。各地均有发病。能造成20%~30%的减产。主要危害黄瓜叶片和茎蔓，有时也危害叶柄。叶片上病斑近圆形，有的自叶缘向内呈“V”字形，直径10~35毫米，少数更大，淡褐色至黄褐色，后期病斑易破碎，病斑上生许多黑色小点，轮纹不明显。茎蔓及茎基上病斑呈黄白色菱形，干枯。潮湿时变黑褐色，溢出琥珀色的树脂胶状物。干燥时病斑红褐色，干缩纵裂，表面有大量小黑点。严重时造成烂蔓植株死亡。

发病规律

病菌随病残体在土中，或附在种子、架杆、棚架上越冬。通过风雨及灌溉水传播，从气孔和水孔或伤口侵入。平均气温18~25℃，相对湿度高于85%时，易发病。田间高温多雨发病重。保护地适温高湿，通风不良利于发病。连作地、平畦栽培、排水不良、密度过大、光照不足、植株生长衰弱，发病重。

防治方法

（1）种子消毒。用55℃恒温水浸种15分钟，捞出后放入冷水中冷却后播种。

（2）栽培措施。实行2~3年轮作，最好实行水旱轮作。从无病株上选留种子。及时清除病株，深埋或烧毁。深耕，施足充分的腐熟有机肥，浇足底水。增施磷钾肥，提高抗病力。选用抗病品种。地膜覆盖，高畦栽培，膜下浇水，降低田间湿度，注意放风。

（3）药剂防治。发病初期喷药，常用农药有40%氟硅唑乳油8 000倍液（福星），75%百菌清可湿性粉剂600倍液，50%混杀硫悬浮剂500～600倍液。每隔3～4天后再防1次。

黄瓜蔓枯病

（六）黄瓜黑星病

症状

黄瓜黑星病为真菌性病害，保护地、露地黄瓜均较普遍发生，以保护地发生较重，严重时全株枯死，以致毁产。幼苗发病时真子叶上出现黄白色近圆形病斑，后叶片干枯。成株叶片发病，初期为出现污绿色近圆形小斑点，后扩大霰成圆形黄白色的大斑，易穿孔边缘略皱不整齐，有黄色晕圈。叶脉发病变黑褐色，叶片皱缩畸形，潮湿时病部有霉层。嫩茎发病时，初期出现水浸状褪绿，后变为暗绿色长条形病斑，凹陷龟裂，有琥珀色胶状物，湿度大时长出灰黑色霉层。卷须发病时变褐腐烂。就是病害得到控制，在茎上也留下许多疮痂状斑点。生长点发病时 2 ~ 3 天后烂掉形成秃桩。叶柄和瓜蔓发病时，病部中间凹陷，形成疮痂状，表面生灰黑色霉层。瓜条发病时，初期流胶，表面出现一些胶珠形成暗绿色凹陷斑，表面有灰黑色霉层，病部呈疮痂状，形成畸形瓜。

黄瓜黑星病

发病规律

病菌在病残体上越冬，种子可带菌，成为初侵染源。病菌从气孔和伤口侵入。病菌借风、雨水和灌溉水传播。当棚室内最低温度超过 10℃，相对湿度高于 90%，棚顶及植株叶面有结露，是发病和流行的重要条件。露地栽培，遇降雨量大，次数多，田间湿度大及连续冷凉条件，发病重。

防治方法

（1）种子处理。用55～60℃恒温浸种15分钟。用50%多菌灵可湿性粉剂500倍液浸种20分钟后冲净再催芽，或用0.3%的50%多菌灵可湿性粉剂拌种。

（2）栽培措施。加强检疫，严防该病传播蔓延。轮作倒茬。选用抗病品种，如：中农13号、津春1号。用无病种子。用新土育苗。地膜覆盖栽培。定植后至结瓜期控制浇水十分重要。保护地栽培尽可能采用生态防治，尤其要注意温湿度管理，采用放风排湿，控制灌水等措施降低棚内湿度，减少叶面结露，白天控温28～30℃，夜间15℃，相对湿度低于90%。利用嫁接育苗也可防病。

（3）药剂防治。育苗时床土要用药剂消毒。在发病前或发病初期开始喷药，每亩每次用40%乳油75～125克，加水75千克，稀释成600～1 000倍液，以后间隔7天喷1次药，连续喷药4～5次。保护地栽培在定植前10天，每55立方米空间用硫黄粉0.13千克，锯末0.25千克混合后分放数处，点燃后密闭棚室熏1夜，杀死棚室中病菌。发病初期每亩每次喷撒10%多百粉尘剂或5%防黑星粉尘剂1千克，或点燃45%百菌清烟剂200克，连续防治3～4次。常用农药还有50%多菌灵可湿性粉剂800倍液加70%代森锰锌可湿性粉剂800倍液，75%百菌清可湿性粉剂600倍液，50%苯菌灵可湿性粉剂1 500倍液，每隔7～10天防治1次，连续防治3～4次。也可以用20%腈菌唑·福美双可湿性粉剂以每亩用药100～130克，或12.5%腈菌唑乳油24毫升对水喷雾防治。

（七）黄瓜灰霉病

症状

黄瓜灰霉病为真菌性病害，是近年来随着保护地发展危害日趋严重的一种病害。目前，保护地黄瓜70%～80%的种植面积都有发生，发病地轻者减产10%，一般减产20%～30%，严重时植株下部腐烂使蔓折断，整株死亡。

黄瓜灰霉病

主要危害花、幼瓜、叶片、茎蔓有时可危害幼苗。病菌多从开败的雌花侵入，引起花瓣腐烂，长出淡灰褐色的霉层，幼瓜脐部呈水浸状，迅速变软，萎缩，腐烂，严重时病部可覆盖整个幼瓜，表面密生霉层。较大的瓜被害时，病部生出白色霉层，后很快变为淡灰或灰褐色霉层，瓜条变软，萎缩腐烂。叶片发病可以有几种情况。多由病花或病卷须落在叶面引起发病，同时，当病花接触叶片时，也可使叶片发病，此外，有时也可以直接从叶缘侵入，形成边缘明显，近圆形或不规则形大型病斑。干旱时灰霉稀疏，潮湿时表面有灰褐色霉层。叶片发病最后可扩展到全叶，使其枯死。幼苗及幼茎发病，引起茎节腐烂，严重时造成蔓折断，植株枯死。

发病规律

病菌随病残体在土壤中越冬。病菌随气流、雨水及农事操作进行传播蔓延。结瓜期是该病侵染和烂瓜的高峰期。温度18～23℃，相对湿度90%以上，连阴天多，光照不足，易发病。棚内湿度大，结露持续时间长，放风不及时，发病重，易流行。

防治方法

（1）栽培措施。生长前期及发病后，适当控制浇水，适时晚放风，提高棚温至33℃则不产孢，降低湿度，减少棚顶及叶面结露和叶缘吐水。加强棚室管理。出现病花病瓜时及时摘除，带出田外深埋。棚室要通风透光，降低湿度，注意保温增温，防止冷空气侵袭。

（2）药剂防治。在黄瓜始花末期、发病初期开始喷药，每亩每次用65%甲硫·霉威可湿性粉剂80～125克，加水75千克，成为600～1 000倍液喷雾，连续喷药3次，每次间隔10天；或用2亿活孢子/克木霉菌（特立克）可湿性粉剂125～250克，加水75千克，稀释成300～600倍液在发病前开始喷药，以后隔7天再喷1次药；或用50%乙烯菌核利（农利灵）干悬浮剂75～100克，加水100千克，稀释成1 000～1 300倍液，间隔7～10天喷1次药，共喷药3～4次。棚室中每亩每次10%速克灵烟剂200～250克，或用45%百菌清烟剂250克，熏3～4小时；或于傍晚喷撒5%灭霉灵粉尘剂，5%百菌清粉尘剂，6.5%甲霉灵粉尘剂，每亩每次1千克，每隔9～11天左右防治1次，连续或与其他防治法交替使用2～3次。常用农药还有50%速克灵可湿性粉剂2 000倍液，50%异菌脲可湿性粉剂1 000～1 500倍液，65%甲霉灵可湿性粉剂1 000倍液，50%多霉灵可湿性粉剂800倍液，50%多霉清可湿性粉剂800倍液，50%得益可湿性粉剂600倍液。

（八）黄瓜菌核病

症状

黄瓜菌核病为真菌性病害。黄瓜全生育期均能发生，是保护地，特别是日光温室黄瓜生产中为害比较严重的病害之一。

主要为害果实、茎蔓及叶片。在近地面的茎蔓发病时出现淡绿色水浸状小斑点，后变为淡褐色病斑，高湿条件下病茎软腐，长出白色棉毛状菌丝。病茎髓部遭破坏腐烂中空，或纵裂干枯。叶柄、叶、幼果染病初呈水浸状并迅速软腐，后长出大量白色菌丝，菌丝密集形成黑色鼠粪状菌核。有时瓜条上的病斑可以蔓延到茎上，引起茎蔓的枯死。瓜条染病多在残花部，先呈水浸状腐烂，并长出白色菌丝，后菌丝纠结成黑色菌核。发生严重时可造成满架的病瓜，产量损失严重。黄瓜的叶片受害往往是由接触病花而引起，有时病菌也可以从叶缘侵入。引起发白的大型病斑。

发病规律

菌核遗留在土中，或混杂在种子中越冬或越夏。混在种子中的菌核，随播种带病种子进入田间，或遗留在土中的菌核遇有适宜温湿度条件即萌发产出子囊盘，散出子囊孢子随气流传播蔓延，侵染衰老花瓣或叶片，长出白色菌丝，开始为害柱头或幼瓜。在田间带菌雄花落在健叶或茎上经菌丝接触，易引起发病。南方2～4月及11～12月适其发病，北方3～5月发生多。相对湿度高于85%，温度在15～20℃利于发病。

防治方法

以生态防治为主，辅之以药剂防治，可以控制该病流行。

（1）种子消毒。用50℃温水浸种10分钟，即可杀死菌核。播前用10%盐水漂种2～3次，汰除菌核。

（2）栽培措施。实行轮作，最好是水旱轮作，或夏季把病田灌水浸泡半个月。收获后及时深翻土地20厘米，将菌核埋入深层，抑制子囊盘出土。塑料棚采用紫外线塑料膜，可抑制子囊盘及子囊孢子形成。高畦覆膜栽培可以抑制子囊孢出土。降低田间湿度，提高温度。棚室上午以闷棚提温为主，下午及时放风排湿，发病后可适当提高夜温以减少结露，早春日均温控制在29℃高温，相对湿度低于65%，防止浇水过量。

（3）药剂防治。棚室或露地出现子囊盘时，每亩每次用10%速克灵烟剂或45%百菌清烟剂250克熏1夜，隔8～10天1次；或喷撒5%百菌清粉尘剂1千克。于盛花期喷雾防治，常用农药还有50%速克灵可湿性粉剂1 500倍液，50%农利灵可湿性粉剂1 000倍液，60%防霉宝超微粉600倍液，50%扑海因可湿性粉剂1 500倍液加70%甲基硫菌灵可湿性粉剂1 000倍液，每亩喷对好的药液60升，每隔8～9天防治1次，连续防治3～4次。用6.5%万霉灵粉尘剂防止黄瓜菌核病，防效在95%以上。方法是用粉尘施药法，在黄瓜盛花期和满架期，用6.5%万霉灵粉尘剂，各施1次药，共施两次，每亩每次施药1千克，也可与5%霜克粉尘剂混合施用。

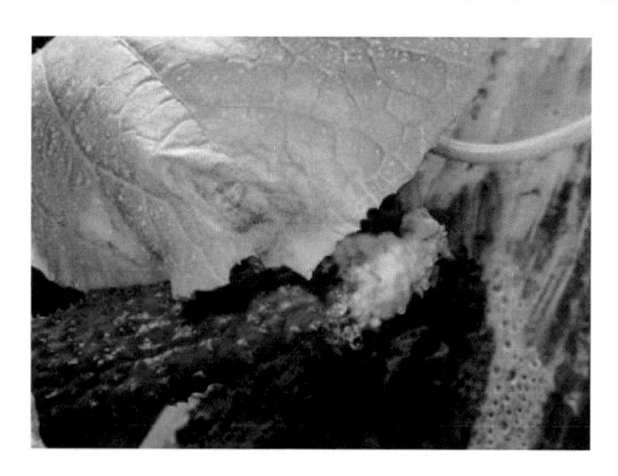

黄瓜菌核病

（九）黄瓜炭疽病

症状

炭疽病是瓜类蔬菜的重要病害，由真菌引起。保护地栽培的黄瓜发病重。主要危害叶片和果实。幼苗期发病在子叶边缘处生半圆形病斑，呈褐色至红褐色，稍凹陷。茎蔓基部黑褐色缢缩，幼苗倒折。成株病叶上出现黄褐色、圆形、背面水浸状小斑点，逐渐扩大成近圆形红褐色病斑，中央颜色淡，边缘有黄色晕圈，后期病斑上有橙红色胶状物，高湿时叶背呈水浸状，干枯后呈条状开裂穿孔。严重时造成大量叶片产生枯斑。茎和叶柄上病斑长圆形，稍凹陷，初水浸状，淡黄色逐渐变成灰白色至深褐色，潮湿时表面生红褐色的黏稠物。病斑扩展至茎或叶柄一周，可导致整个叶片和全株死亡。瓜条发病出现暗褐色凹陷病斑，长圆形，稍凹陷，并溢出粉红色胶状物，后期开裂。

黄瓜炭疽病

发病规律

病菌在病株残体上、种子上或田间越冬，或在温室大棚中的棚架上越冬。越冬病菌是初侵染源之一，带病种子可以直接引起病害发生，病斑上的红色黏稠物是分生孢子，是重复侵染菌源。病菌主要靠气流、水流传播。高温高湿是发病和流行的主要条件。相对湿度80%～90%，温度在10～30℃，均可发病，但湿度在95%以上，温度在24℃左右时危害最重。管理粗放，连茬、偏施氮肥，排水及通风不良，瓜秧衰弱，均利于发病。幼苗至成株均可染病，大棚栽培重发期在初瓜期至盛瓜期。

防治方法

（1）种子处理。用50～51℃温水浸种20分钟；或用冰醋酸100倍液浸30分钟，清水冲洗干净后催芽。

（2）栽培措施。实行3年以上轮作；选用抗病品种；采用无病种子；用无病土育苗。地膜覆盖，可减少病菌传播机会；增施磷钾肥。棚室要进行通风排湿，使棚内湿度保持在70%以下，减少叶面结露和吐水。采收在露水落干后进行，减少人为传播蔓延。

（3）药剂防治。发病初期开始喷药，每亩每次用40%多·福·溴菌可湿性粉剂（多丰农、炭疽清、农增丰）400～600倍液进行喷雾，以后每隔7天喷药1次，连续喷药3～4次，对炭疽病防治效果较好；或用50%咪鲜胺（施保克、扑霉灵、施保功）可湿性粉剂1 000～2 000倍液，每隔7天喷药1次。棚室栽培每亩每次用45%百菌清烟剂250克烟熏，每隔9～11天熏1次，也可以在傍晚喷撒6.5%甲霉灵超细粉尘剂，或用5%百菌清粉尘剂，或用8%克炭疽粉尘剂，每亩次1千克。常用农药还有50%甲基托布津可湿性粉剂700倍液加75%百菌清可湿性粉剂700倍液，36%甲基硫菌灵悬浮剂500倍液，50%苯菌灵可湿性粉剂1 500倍液，80%多菌灵可湿性粉剂600倍液，50%混杀硫悬浮剂500倍液，80%炭疽福美可湿性粉剂800倍液，25%炭特灵可湿性粉剂500倍液，2%抗霉菌素水剂200倍液，2%武夷菌素水剂200倍液。每隔7～

10 天防治 1 次，连续防治 2 ~ 3 次。

（十）黄瓜疫病

症状

该病是由真菌引起的。苗期至成株期均可发病，保护地栽培主要危害茎基部、叶及果实，发病部位初呈暗绿色，水浸状以后呈现萎蔫缢缩。幼苗发病多始于嫩尖，初呈暗绿色水浸状萎蔫，干枯呈秃尖状的无头苗，不倒伏，有时也危害茎基造成死苗。成株茎基部或嫩茎节部发病出现暗绿色水浸状斑，后变软，显著缢缩，病部以上叶片萎蔫或全株枯死；同株上往往有几处节部受害，维管束不变色。叶片发病出现小圆形或不规则形水浸状病斑，扩大呈圆形，暗绿色，边缘不明显，干燥时呈青白色易破裂，潮湿时病叶腐烂，扩展到叶柄时叶片下垂。瓜条发病，开始初为水浸状暗绿色，逐渐萎缩凹陷，潮湿时表面长出稀疏白霉，迅速腐烂，发出腥臭气味。

发病规律

病菌随病残体在土壤或粪肥中越冬，当条件适宜时借风雨和灌溉水传播蔓延。田间进行多次再侵染，使病害迅速扩散。发病适宜温度为 28 ~ 30℃。在适宜温度内，土壤水分是发病的关键因素。多雨时，特别是旬降雨量超过 100 毫米以上，有大暴雨，病害蔓延快，危害重。连作地，地势低洼，排水不良，浇水过多的黏土地，施入带菌有机肥的地块，易发病。

防治方法

（1）种子消毒。用 55℃恒温水浸种 15 分钟，捞出后立即放入冷水中冷却。用 72.2% 普力克水剂 800 倍液，或用 25% 甲霜灵可湿性粉剂 800 倍液，25% 瑞毒霉 600 倍液浸种 30 分钟，后洗净催芽。

（2）栽培措施。实行 3 年以上的轮作。选用耐疫病品种。利用嫁接方法防病。施足腐熟的有机肥作底肥，平施磷钾肥。深耕，高畦栽培，避免积水。覆盖地膜，膜下浇水，降低温度。苗期控制浇水，结瓜后做到见湿见干，发现疫病后浇水减到最低量，控制病情扩展。但进入结瓜盛期要及时供给所需水量，严禁雨前浇水。发现中心病株，拔除深埋。

黄瓜疫病

（3）药剂防治。每平方米苗床用 25% 甲霜灵可湿性粉剂 8 克与适量土拌匀撒在苗床上，大棚于定植前用 25% 甲霜灵可湿性粉剂 750 倍液喷淋地面。发病前喷药，尤其雨季到来之前先喷 1 次预防，雨后发现中心病株及时拔除后，立即喷洒，可用杜邦克露、69% 安克锰锌、60% 甲霜锰锌、58% 雷多米尔等 500 ~ 1 500 倍灌根防治。每隔 7 ~ 10 天防治 1 次，病情严重时可缩短至 5 天，连续防治 3 ~ 4 次。

（十一）黄瓜病毒病

症状

苗期发病时子叶变黄枯萎，幼叶现浓绿与淡绿相间花叶状。成株发病新叶呈黄绿相间状花叶，病叶小略皱缩，严重时叶片反卷，病株下部叶片逐渐黄枯。发病重的节间短缩、簇生小叶、不结瓜，致使萎缩枯死。瓜条发病现浅绿及浓绿色花斑，有的也产生瘤状物，果面凹凸不平或畸形，有时引起果实成为畸形瓜，影响商品价值。

发病规律

病原病毒为黄瓜花叶病毒（CMV）、甜瓜花叶病毒（MMV）、烟草花叶病毒（TMV），瓜绿斑花叶病毒（GMMV）。黄瓜种子不带毒，主要在多每年发生宿根植物上越冬，蚜虫开始活动或迁飞，成为传播该病主要媒介。发病适宜温度 20℃，气温高于 25℃ 多表现隐症。瓜绿斑花叶病毒（GMMV）经摩擦，土壤传播，体外存活期数月至 1 年。该病毒很容易通过手、刀子、衣物及病株污染的地块及病毒汁液借风雨或农事操作传毒，进行多次再侵染，田间遇有暴风雨，造成植株互相碰撞，枝叶摩擦或锄地时造成的伤根都是侵染的重要途径，田间或棚室高温发病重。

防治方法

（1）种子处理。在常发病地区或田块，要对种子进行消毒。种子经 70℃ 处理 72 小时可杀死毒源，也可用 10% 磷酸三钠浸种 20 分钟后，用清水冲洗 2～3 次后晾干备用或催芽播种。

（2）栽培措施。选用耐病品种。培育壮苗，适期定植，一般当地晚霜过后，即应定植，保护地可适当提早。配方施肥，加强管理。及时防治蚜虫。农事操作应小心从事，及时拔除病株，采种要注意清洁，防止种子带毒。打杈、绑蔓、授粉、采收等农事操作注意减少植株碰撞，中耕时减少伤根，浇水要适时适量，防止土壤过干。

（3）药剂防治。发病初期喷药，常用农药有5%菌毒清可湿性粉剂300倍液，0.5%抗毒剂1号水剂250～300倍液，20%毒克星（盐酸吗啉胍·铜）可湿性粉剂500倍液。

黄瓜病毒病

（十二）黄瓜根结线虫病

症状

主要发生在根部，苗期即可发病，被害株表现的生长缓慢，拔下病株可见到根部有许多的结瘤。侧根或须根上，须根或侧根染病后产生瘤状大小不等的根结。解剖根结，病部组织里有很多细小的乳白色线虫埋于其内。根结之上一般可长出细弱的新根，致寄主再度染病，形成根结。地上部表现症状因发病的轻重程度不同而异，轻病株症状不明显，重病株生育不良，叶片中午萎蔫或逐渐黄枯，植株矮小，影响结实，发病严重时，较抗病的植株明显矮化，严重时全田枯死。

发病规律

该虫多在土壤5～30厘米处生存，常以卵或2龄幼虫随病残体遗留在土壤中越冬，病土、病苗及灌溉水是主要传播途径。一般可存活1～3年，翌春条件适宜时，由埋藏在寄主根内的雌虫，产出单细胞的卵，卵产下经几小时形成一龄幼虫，脱皮后孵出二龄幼虫，离开卵块的二龄幼虫在土壤中移动寻找根尖，由根冠上方侵入定居在生长锥内，其分泌物刺激导管细胞膨胀，使根形成巨型细胞或虫瘿，或称根结。田间土壤湿度是影响孵化和繁殖的重要条件。

黄瓜根结线虫病

防治方法

（1）水淹法。有条件地区对地表10厘米，或更深土层淤灌几个月，可在多种蔬菜上起到防止根结线虫侵染，繁殖和增长的作用，根结线虫虽然未死，但不能侵染。

（2）在根结线虫发生严重田块，实行与石刁柏（芦笋）2年或5年轮作，可收到理想效果。此外，芹菜、黄瓜、番茄是高感菜类，大葱、韭菜、辣椒是抗耐病菜类，病田种植抗耐病蔬菜可减少损失，降低土壤中线虫量，减轻下茬受害。

（3）提倡施用有机活性肥或生物有机复合肥，合理轮作。

（4）选用无病土育苗。根结线虫多分布在3～9厘米表土层，深翻可减少为害。

（5）重病地块收获后应彻底清除病根残体，深翻土壤30～50厘米，在春末夏初进行日光高温消毒灭虫。即在前茬拉秧后，分别施生石灰100千克（用石灰氮30～60千克效果更好）和碎稻草4.5～7.5吨/公顷，翻耕混匀后挖沟起垄或作畦，灌满水后盖好地膜并压实，再密闭棚室10～15天，可将土中线虫及病菌、杂草等全部杀灭。处理后注意增施生物菌肥。

（6）提倡用1.8%爱福丁乳油每平方米用量1毫升处理土壤。也可用10%噻唑膦（福气多）颗粒剂，亩用量156克撒施。

（7）保护地重病田，定植时，穴施10%力满库颗粒剂，每亩5千克。生长期间发生线虫，应加强田间管理，彻底处理病残体，集中烧毁或深埋。与此同时，合理施肥或灌水以增强寄主抵抗力。必要时浇灌50%辛硫磷乳油1 000倍液。5%好年冬（丁硫克百威）乳油1 000倍液灌根。

（十三）黄瓜靶斑病

症状

主要为害叶片。病斑初呈淡褐色后变为绿褐色，略呈圆形，直径6～12毫米。多数病斑的扩展受叶脉限制，呈不规则形或多角形，有的病斑中部呈灰白色至灰褐色，上生灰黑色霉状物即病菌的分生孢子梗和分生孢子。严重时，病斑融合，叶片枯死。

发病规律

以分生孢子丛或菌丝体遗留在土中的病残体上越冬，菌丝或孢子在病残体上可存活6个月。病菌借气流或雨水飞溅传播。病菌侵入后潜育期一般6～7天，高湿或通风透气不良等条件下易发病，25～27℃，饱和湿度，昼夜温差大等条件下发病重。该病导致落叶率低于5%时，病情扩展慢，持续约2周，而以后一周内发展快，落叶率可由5%发展到90%。

防治方法

（1）加强管理。彻底清除病残株，减少初侵染源。搞好棚内温湿度管理，注意放风排湿，改善通风透气性能。

（2）药剂防治。发病初期喷洒50%多菌灵可湿性粉剂500倍液，或用75%百菌清可湿性粉剂700倍液，或用50%苯菌灵可湿性粉剂1 500～1 600倍液。保护地栽培时可选用45%百菌清烟剂熏烟，用量为每亩每次250克；或喷撒5%百菌清粉尘剂，每亩1千克，隔7～9天1次，连续防治2～3次。

黄瓜靶斑病

（十四）黄瓜美洲斑潜蝇

为害特点

成、幼虫均可为害，雌成虫把植物叶片刺伤，进行取食和产卵，幼虫潜入叶片和叶柄为害，产生不规则蛇形白色虫道，叶绿素被破坏，影响光合作用，受害重的叶片脱落，造成花芽、果实被灼伤，严重的造成毁苗。美洲斑潜蝇发生初期虫道呈不规则线状伸展，虫道终端常明显变宽别于番茄斑潜蝇。

形态特征

成虫小，体长1.3～2.3毫米，浅灰黑色，胸背板亮黑色，小盾片黄色，体腹面黄色，雌虫体比雄虫大。卵米色，半透明，大小（0.2～0.3）毫米×（0.1～0.15）毫米，幼虫蛆状，初无色，后变为浅橙黄色至橙黄色，长3毫米，后气门突呈圆锥状突起，顶端三分叉，各具1开口；蛹椭圆形，橙黄色，腹面稍扁平，大小（1.7～2.3）毫米×（0.5～0.75）毫米。美洲斑潜蝇形态与番茄斑潜蝇极相似，美洲斑潜蝇成虫胸背板亮黑色，外顶鬃常着生在黑色区上，内顶鬃着生在黄色区或黑色区上，蛹后气门三孔。而番茄斑潜蝇成虫内、外顶鬃均着生在黑色区，蛹后气门7～12孔。

黄瓜美洲斑潜蝇为害

发生规律

成虫以产卵器刺伤叶片把卵产在部分伤孔表皮下，卵经2～5天孵化，幼虫期4～7天，末龄幼虫咬破叶表皮在叶外或土表下化蛹，蛹经7～14天羽化为成虫，每世代夏季2～4周，冬季6～8周。

防治方法

（1）严格检疫，防止该虫扩大蔓延。

（2）各地要指派专家重点调查和普查，严禁从疫区引进蔬菜和花卉，以防传入。

（3）农业防治。一是在美洲斑潜蝇为害重的地区，要考虑蔬菜布局，把斑潜蝇嗜好的瓜类、茄果类、豆类与其不为害的作物进行套种；二是瓜类、茄果类、豆类与其不为害的作物进行轮作；三是适当疏植，增加田间通透性；四是及时清洁田园，把被斑潜蝇为害作物的残体集中深埋、沤肥或烧毁。

（4）采用灭蝇纸诱杀成虫，在成虫始盛期至盛末期，每亩设置15个诱杀点，每个点放置1张诱蝇纸诱杀成虫，3～4天更换一次。

（5）科学用药。在受害作物某叶片有幼虫5头时，掌握在幼虫2龄前（虫道很小时），喷洒20%阿维·杀单（斑潜净）微乳油

1 500倍或1.8%爱福丁乳油3 000～4 000倍液、48%乐斯本乳油1 000倍液、1.5%阿维·乳油2 000倍液、1.8%虫螨克乳油2 500倍液、40%绿菜宝乳油1 000倍液、20%康福多浓可溶剂3 500倍液、18%害通杀2 500倍液、44%速凯2 000倍液、5%抑太保乳油2 000倍液、5%卡死克乳油2 000倍液。防治时间掌握在成虫羽化高峰的8:00～12:00时效果好。

（十五）温室白粉虱

为害特点

成虫和若虫吸食寄主植物的汁液，致叶片褪绿、变黄、萎蔫，甚至全株枯死。同时，分泌大量蜜露诱发煤污病，影响叶片光合作用，污染叶片和果实，严重时使蔬菜失去商品价值。此外，还传播多种病害。

形态特征

成虫体长1～1.5毫米，淡黄色。翅面覆盖白色蜡粉，停息时双翅在体背合成屋脊状。翅端半圆形，遮住整个腹部。翅脉简单，沿翅外缘有一排小颗粒。卵长约0.2毫米，侧面观长椭圆形，基部有卵柄，柄长0.02毫米，从叶背气孔插入植物组织中。初产时淡绿色，后渐变褐色，孵化前呈黑色，表面有蜡粉。一龄若虫体长约0.29毫米，长椭圆形，二龄约0.37毫米，三龄约0.51毫米，淡绿色或黄绿色，足和触角退化，紧贴在叶片上营固着生活。四龄若虫又称伪蛹，体长0.7～0.8毫米，椭圆形，初期体扁平，逐渐加厚呈蛋糕状，中央略平，黄褐色，体背有长短不齐的蜡丝，体侧有刺。

发生规律

温室白粉虱在北方温室内繁殖为害，无滞育和休眠现象。繁殖适温为18℃～21℃，发育历期：18℃ 31.5天，24℃ 24.7天，27℃ 22.8天。各虫态发育历期：24℃卵期7天，一龄5天，二龄2天，三龄3天，伪蛹8天。在温室生产条件下约1个月完成一代。成虫羽化后 1～3 天交配产卵。平均每雌产卵 142.5 粒。也可行孤雌生殖，其后代为雄性。成虫有趋嫩性，在寄主植物打顶以前，成虫随植株生长不断追逐顶部嫩叶产卵。因此，各虫态在作物上自上而下的分布为：成虫、新产绿卵、变黑卵、初龄若虫、老龄若虫、伪蛹、新羽化成虫。卵以卵柄从气孔插入叶片组织中，与寄主植物保持水分平衡，不易脱落。若虫孵化后 3 天内在叶背可做短距离游走，当口器插入叶组织后开始营固着生活。据观察，温室白粉虱可通过风口近距离随季节气温变化往返迁移。冬季在温室作物上繁殖为害，春季通过温室通风或菜苗进入露地，深秋少量成虫经风口飞回温室。种群数量由春到秋持续发展，夏季高温多雨抑制作用不明显，秋季达数量高峰。冬季温室持续生产瓜果类喜温蔬菜，春末夏初即形成为害高峰。由于北方温室和露地蔬菜生产紧密衔接和相互交替，白粉虱周年发生，种群数量呈指数增长，清除虫源和培育无虫苗非常重要。成虫对黄色有强烈趋性，可据此进行诱集防治。主要天敌近 20 种。

草蛉类（Chrysopidae）为最主要捕食性天敌，其次是微小花蝽（*Orius minutus*）和东亚小花蝽（*O. sauturi*）。寄生性天敌主要有中桨角蚜小蜂（*Eretmocerus mundus*）和丽蚜小蜂（*Encarsia formosa*）。主要寄生菌为玫瑰色拟青霉（*Paecilomyces fumosoroseusvar*. beijingensis）和蜡蚧轮枝菌（*Verticillium lecanii*）。

防治方法

（1）实行非喜食寄主蔬菜轮作，避免适生寄主瓜类、豆类、茄果类蔬菜混栽套种。收获后彻底清理田间杂草和植株残体，妥善处理或高温发酵沤肥，减少田间虫源。

（2）培育无虫苗，把育苗和温室生产分开。育苗和移栽前彻底熏杀残余虫口，风口用防虫网隔离，控制外来虫源。

（3）采用挂黄板诱杀或架黄盆诱杀。在白粉虱发生初期，将黄板套上塑料膜外涂机油或黏虫胶，挂在棚室内诱杀成虫，并定期更换塑料膜和涂黏虫胶。也可用黄盆盛清水，内放一定量洗衣粉，支放在田间，高度略低于植株生长点，诱杀成虫。注意定期清除表面漂浮的成虫和换水。

（4）药剂防治。由于白粉虱世代重叠，各种虫态同时存在，目前尚无兼杀所有虫态的药剂。一种药剂防治需连续几次，并根据各虫态垂直分布规律重点针对相应虫态，以确保防治效果。可选用25%扑虱灵可湿性粉剂1 000～1 500倍液、2.5%天王星乳油2 000～3 000倍液、20%康福多浓可溶剂2 000～3 000倍液、25%阿克泰水分散粒剂3 000～5 000倍液、5%农梦特乳油1 000～2 000倍液、25%优佳安可湿性粉剂800～1 000倍液、10%氯氰菊酯乳油2 500～3 000倍液、3%莫比朗乳油1 000～2 000倍液、40.7%乐斯本乳油800～1 000倍液喷雾。虫情严重时可选用2.5%天王星乳油4 000倍液与25%扑虱灵可湿性粉剂1 500倍液混用。保护地内可选用22%敌敌畏烟剂7.5千克/公顷熏烟防治。也可采用常温烟雾机施药防治。此虫对药剂易产生抗性，生产防治需注意轮换交替用药。

（5）生物防治。保护地内白粉虱成虫低于每百株50头时释放丽蚜小蜂（*Encarsiaformosa*）“黑蛹”300～500头，10天左右放1次，连续放蜂3～4次，可有效控制白粉虱种群增长，寄生率可达75%以上。放蜂期间可施用25%灭螨锰可湿性粉剂1 000倍液，防治白粉虱的成虫、若虫和卵，而影响丽蚜小蜂的生长繁殖。

（十六）西花蓟马

为害特点

西花蓟马的成虫和若虫均以锉吸式口器刺吸为害植物叶片、花、芽及果的汁液，造成被害叶正面呈现黄白色斑点，严重的叶片甚至黄化、干枯，在叶背面留下黑色虫粪，为害花器后使花器呈白斑，为害幼嫩果实后留下白色晕斑。

发生规律

在北京年发生16～17代，但在温室内周年发生为害。在温暖地区能以成虫和若虫在许多作物和杂草上越冬，在相对较冷的地区则在耐寒作物如苜蓿和冬小麦越冬，在寒冷季节也能在枯枝落叶和土壤中存活。

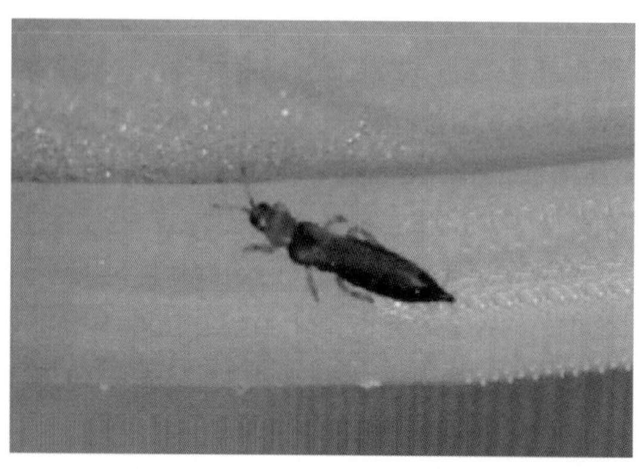

黄瓜西花蓟马

防治方法

该虫在我国北京、浙江和云南等省市局部发生，应加强检疫防止其扩散。已发生地区应采取以下措施控制危害：

（1）种植前彻底清除田间植株残体，翻地浇水，减少田间虫源。采用地膜覆盖栽培，阻止部分蓟马入土化蛹。

（2）苗期播种后立即在棚中悬挂蓝色或黄色黏虫板监控和诱杀成虫：育苗温室黄板悬挂密度为每 5 ~ 10 平方米挂一块，悬挂的位置和高度在苗畦的上方 20 ~ 30 厘米处；在生产棚中悬挂密度为每

20～30平方米挂一块，悬挂的位置和高度在植株上方20～30厘米处。注意随着植株生长要不断提升黄板高度始终保持在20～30厘米的高度；时刻监视黄板的黏着性能，一旦黏性减弱需立即更换新黄板。

（3）在蓟马种群低密度下释放小花蝽 *Orius*. sp. 和 *Amblyseiuscucumeris* 有一定的防治作用，但需要持续多次释放。

（4）在成虫、若虫发生期喷洒2.5%菜喜悬浮液1 500～2 000倍，或1.8%阿维菌素乳油2 000～3 000倍液，或用20%康福多浓可溶剂2 000倍液，或用25%阿克泰水分散粒剂3 000～4 000倍液、20%复方浏阳霉素乳油1 000倍液等，隔7～10天1次，连续防治2～3次。采收前7～14天停止用药。

三、西瓜病虫害防治

（一）西瓜猝倒病

症状

发病初期在幼苗近地面处的茎基部或根茎部，生出黄色至黄褐色水渍状缢缩病斑，致幼苗猝倒，一拔即断。该病在育苗时或直播地块发展很快，一经染病，叶片尚未凋萎，幼苗即猝倒死亡，湿度大时，在病部或其周围的土壤表面生出一层白色棉絮状白霉。

发病规律

病菌在12～18厘米表土层越冬，并在土中长期存活。遇有适宜条件萌发产生饱子囊，以游动饱子侵染瓜苗引起腐霉猝倒病。病菌借灌溉水或雨水溅射传播蔓延。该病多发生在土壤潮湿和连阴雨多的地方，与其他根腐病共同为害西瓜生长。

防治方法

（1）农业措施。对苗期病害严重的地区，采用统一育苗、统一供苗的方法。育苗时要严格选择营养土，选用无病新土、塘土或稻田土，不要用带菌的旧苗床上、菜园土或庭院里的土育苗。加强苗床管理，避免低温、高湿条件出现。

（2）药剂防治。直播时可用20%甲基立枯磷乳油1 000倍液或50%拌种双粉剂300克掺细干土100千克制成药土撒在种子上覆盖一层，然后再覆土。苗床发病时，可喷洒80%绿亨2号可湿性粉剂800倍液，或用72.2%普力克水剂400倍液，或用58%甲霜灵·锰锌可湿性粉剂800倍液，或用72%克露可湿性粉剂600倍液。对上述杀菌剂产生抗药性的地区，可改用69%安克锰锌可湿性粉剂或水分散粒剂1 000倍液，也可用15%恶霉灵水剂450倍液，每平方米苗床用药3升。

（二）西瓜细菌性果腐病

症状

西瓜整个生长期均可受害，引起子叶、真叶和果实发病。幼苗期，子叶下侧最初出现水浸状褪绿斑点，子叶张开时，病斑变为暗棕色，沿主脉发展成黑褐色坏死斑。幼小真叶上的病斑初期较小，暗棕色，周围有黄色晕圈，通常沿叶脉发展。西瓜生长中期，叶片病斑暗棕色，略呈多角形，田间湿度大时，病叶基部沿叶脉处可见水浸状斑点。

果实受害，最初在果面上出现水浸状小斑点，以后扩大为边缘不规则的深绿色水浸状大斑。病斑多发生在果实的阳面，严重时果皮龟裂，常溢出黏稠、透明的琥珀色菌脓，果实很快腐烂。根部、瓜蔓和叶柄一般不受害。

发病规律

病菌主要在种子和土壤表面的病残体上越冬。在温暖地区，田间自生瓜苗也可成为病菌的宿主。带菌种子是病害远距离传播的主要途径，带菌种子萌发后，病菌侵染幼苗的子叶及真叶，完成初侵染。病叶上产生的菌脓，借风雨、昆虫和农事操作传播，引起再侵染。田间病残体翻入深土壤中分解腐烂以后，病菌随之死亡。

高温、高湿有利于发病，特别在炎热季节，又伴有暴风雨时，病害的发生随之加重。

防治方法

（1）农业防治

①加强植物检疫，防止带菌种子传入非疫区。

②发病地块，与禾本科作物进行轮作，不能连续种植西瓜。

③种子消毒，用 50～54℃ 温水浸种 20 分钟后，晾干播种，或用每升含 200 毫克的新植霉素或硫酸链霉素药液浸种 2 小时后，晾干播种。

④对表皮发病轻微且已成熟的西瓜，及时采收，减少损失。贮运期出现病瓜，及时挑出。

（2）药剂防治。发病初期，用每升含 200 毫克新植霉素或硫酸链霉素药液喷雾，对果实的向阳面要重点喷药。

（三）西瓜病毒病

症状

主要表现为花叶型、畸形、环斑、黄化、矮化等症状。以花叶为例，植株从顶部叶片开始出现浓、淡相间的绿色斑驳，病叶细窄、皱缩，植株矮小、萎缩，花器发育不良，不易坐瓜，即使结瓜，瓜也很小。

发病规律

带毒种子及染病植株是初侵染源。蚜虫（瓜蚜、桃蚜）是主要传播媒介，人工整枝打杈等农事活动也会传毒。高温、干旱、阳光强烈的气候条件下易发病。缺肥、生长势弱的瓜田发病重。

防治方法

（1）种子消毒。播种前用 10% 磷酸三钠溶液浸种 20 分钟，然后催芽、播种。

（2）农业措施。施足基肥，合理追肥，增施钾肥，及时浇水防止干旱，合理整枝，提高植株抗病力。注意铲除瓜田内及周围杂草，及时拔除病株。在进行整枝、授粉等田间操作时，要注意尽量减少对植株的损伤。打杈选晴天，在阳光下进行，使伤口尽快干缩。

西瓜病毒病

（3）消灭蚜虫。用菊酯类农药消灭蚜虫。

（4）药剂防治。发病初期，开始喷20%病毒A可湿性粉剂500倍液，或用1.5%植病灵1 000倍液，或用抗毒剂1号300倍液，或用NS－83增抗剂100倍液等，每10天喷1次，连喷3～4次。

（四）西瓜枯萎病

症状

幼苗发病时呈立枯状。定植后，下部叶片枯萎，接着整株叶片全部枯死。茎基部缢缩，出现褐色病斑，有时病部流出琥珀色胶状物，其上生有白色霉层和淡红色黏质物（分生孢子）。茎的维管束褐变，有时出现纵向裂痕。根部褐变，与茎部一同腐烂。

发病规律

病菌从根顶端附近的细胞间隙侵入，边增殖边到达中心柱产生毒素，堵塞导管，破坏根组织，阻碍水分通过。连续降雨后，天气晴朗，气温迅速上升时，发病迅速。

防治方法

（1）农业措施。避免连作，改善排水。酸性土壤要多施石灰。发病地块的茎叶要同覆盖用秸秆一同烧毁。利用葫芦和南瓜砧木嫁接栽培，可以彻底防治枯萎病。

（2）种子消毒。采用无病种子，从无病果中采种。如种子有带菌可能，应用60%防霉宝（多菌灵盐酸盐）超微粉加“平平加”渗透剂1 000倍液浸种1～2小时，或50%多菌灵500倍液浸种1小时，然后用清水冲净，再催芽、播种。

（3）土壤消毒。用新土进行护根育苗，如用旧床土育苗要经消毒，每平方米苗床用50%多菌灵8克。定植前要对栽培田进行土壤消毒，每亩用50%多菌灵3千克，混入细土，撒入定植穴内。保护地栽培时，可在夏季休闲期每亩用稻草或麦草1 000千克，切段撒到地面，再施石灰氮或石灰100千克，然后翻耕、灌水、铺膜、封棚，闷15～20天，使地表温度达70℃，10厘米地温达60℃，可有效地杀灭枯萎病菌及线虫。

（4）药剂防治。发病初期用25. 9%抗枯宁500倍液，或用浓度为100毫克/升的农抗120溶液，或用0. 3%硫酸铜溶液，或用50%福美双500倍液加96%硫酸铜1 000倍液，或用10%双效灵200～300倍液，或用20%甲基立枯磷乳油1 000倍液等药剂灌根，每株0. 25千克灌根，5～7天1次，连灌2～3次。用“瑞代合剂”（1份瑞毒霉，2份代森锰锌拌匀）140倍液，于傍晚喷雾，有预防和治疗作用。用70%敌克松10克，加面粉20克，对水调成糊状，涂抹病茎，可防止病茎开裂。也可用饼肥100千克/亩腐熟后穴施。

（五）西瓜炭疽病

症状

叶片上出现圆形或长椭圆形暗褐色病斑，不久后其中心部位微有凹陷、灰褐变，形成同心轮纹，病斑部位干燥破裂。茎上形成暗褐色凹陷的圆形或长椭圆形小病斑，中心部呈灰褐色而干枯，湿度大时，病斑上出现粉红色黏状物。果实上首先出现油渍状污点，逐渐扩大后变为暗褐色，生成轮纹并凹陷，湿度加大时，病斑上出现淡红色黏状物，干燥后病斑上出现裂痕。

发病规律

病斑上的分生孢子借雨水飞散，形成再侵染源。湿度适宜时，可在 24 小时内萌发出芽管，48 小时内形成附着器，72 小时内刺穿表皮侵入植株体。菌丝在组织内部蔓延形成病斑，并在其病斑上形成分生孢子，向其他植株传播病菌。病原菌主要以菌丝形态附着，偶尔也以分生孢子形态附在残留于土壤中的病株茎叶上越冬，翌年形成初侵染源。降雨多、气温较低年份发病增多。

防治方法

（1）农业措施。避免连作，选择光线充足、通风良好、便于排水的地块栽培。湿地等应改善排水条件。施足钾肥，加强肥水管理。利用秸秆覆盖，防止病原菌与土粒一同飞溅。病果和病叶等，应及时剔除深埋或烧毁。

（2）药剂防治。可用 50% 甲基托布津可湿性粉剂 700 倍液加 75% 百菌清可湿性粉剂 700 倍液，或用 50% 苯菌特可湿性粉剂 1 500 倍液，或用 80% 炭疽福美可湿性粉剂 800 倍液，或用 65% 代森锌可湿性粉剂 600 倍液，或用 2% 农抗 120 水剂 200 倍液或 2% 农抗 BO－10 水剂 200 倍液，或用 50% 多菌灵 500 倍液，或用 50% 混杀硫 500 倍液，或用 50% 克菌丹（又名开普顿、Orthoc）可湿性粉剂 400 倍液，或用 77% 可杀得 600 倍液喷雾，7～10 天喷 1 次，连喷 2～3 次。

（六）西瓜白粉病

症状

叶片表面甚至背面出现白色粉斑，逐渐连片。

发病规律

病菌在地上越冬，成为翌年的初侵染来源。病菌借气流传播到寄主叶片上进行侵染。分生孢子的寿命短，在26℃条件下只能存活9小时，30℃以上或-1℃以下很快失去活力。

防治方法

（1）农业措施。避免过量施用氮肥，增施磷钾肥；实行轮作，加强管理，清除病残组织。

（2）设施消毒。种植前，按每100立方米空间用硫黄粉250克、锯末500克，或45%百菌清烟剂250克的用量，分放几处点燃，密闭棚室，熏蒸1夜，以杀灭整个设施内的病菌。

（3）药剂防治。发病期间，用50%多菌灵可湿性粉剂800倍液，或用75%百菌清可湿性粉剂600~800倍液，或用25%的三唑酮可湿性粉剂2 000倍液，或用30%特富灵可湿性粉剂1 500倍液，或用70%甲基托布津可湿性粉剂1 000倍液，或用50%硫黄胶悬剂300倍液，或用20%抗霉菌素200倍液，或用12.5%速保利2 000倍液，或用20%敌硫酮800倍液，或用40%多硫悬浮剂500倍液喷雾防治。

（七）西瓜疫病

症状

疫病一般侵害瓜根颈部，还可侵害叶、蔓和果实。根颈部发病初期产生暗绿色水渍状病斑，病斑迅速发展环绕茎基呈软腐状、缢缩、全株萎蔫枯死，叶片呈青枯状，维管束不变色。有时在主根中下部发病，产生类似症状，病部软腐，地上部青枯。叶部发病时产生暗绿色水渍状斑点，并迅速扩大为近圆或不规则大型黄褐色病斑，湿度大时呈全叶腐烂，干后病叶呈淡褐色极易破碎。茎部被害时呈水渍状暗绿色纺锤形凹陷，病部以上枯死。果实受害表现为水渍状暗绿色圆形凹陷，迅速蔓延至整个果面，果实软腐，病斑表面长出一层稀疏的白色霉状物。

发病规律

病原菌以菌丝或卵孢子随病残体在土壤中或粪肥里越冬，翌年产生分生孢子，借气流、雨水或灌溉水传播。种子虽可带菌，但带菌率不高。湿度大时，病斑上产生孢子囊及游动孢子进行再侵染。发病温限 5～37℃，最适 20～30℃，雨季及高温高湿发病迅速，排水不良，栽植过密，茎叶茂密或通风不良发病重。

防治方法

（1）要实行 5 年以上的轮作制度，减少土壤中残留的病原菌。

（2）应选择排水通畅的地块栽培，或采取短畦、沟浇等栽培措施，切忌漫大水，降低土壤含水量。

（3）勤中耕，及时整枝打杈，防止叶蔓生长过密，通风不良。有条件的地区可采取铺草栽培或全覆盖栽培。

（4）在发病前开始喷药防治，每 5 到 7 天喷药 1 次，连续 2 到 3 次，遇雨时雨后补喷。常用药剂有 80% 代森锌可湿粉剂 600～800 倍液、75% 百菌清可湿粉剂 500～700 倍液、50% 克菌丹可湿粉剂 400～500 倍液、40% 乙膦铝可湿粉剂 300 倍液、58% 瑞毒锰锌可湿粉剂 500 倍液等。

（八）西瓜立枯病

症状

此病在低温潮湿的环境易发生，常在春季与猝倒病相伴发生，通常不像猝倒病那样普遍。初发病时在苗茎基部出现椭圆形褐色病斑，叶子白天萎蔫，晚上恢复，以后病斑渐凹陷，发展到绕茎 1 周时病部缢缩干枯，但病株不易倒伏，呈立枯状。

发病规律

在西瓜苗期有发生，病菌在 15℃左右的温度环境中繁殖较快，30℃以上繁殖受到抑制。土壤温度 10℃左右不利瓜苗生长，而此菌能活动，故易发病。一般在 3 月下旬、4 月上旬，连日阴雨并有寒流，发病较多。

防治方法

（1）农业措施。选用无病的新土育苗，加强苗床管理，避免低温、高湿的环境条件出现。

（2）药剂防治。苗床覆土，用50%多菌灵可湿性粉剂0.5千克加细土100千克，或用40%五氯硝基苯可湿性粉剂300克加细土100千克制成药土，播种后覆盖1厘米厚。发病时可喷64%杀毒矾可湿性粉剂500倍液，或喷25%瑞毒霉可湿性粉剂800倍液。

（九）西瓜根结线虫病

症状

根结线虫病为西瓜上的重要病害，为害严重。发病轻时，地上部无明显症状。发病重时，地上部表现生长不良、矮小、黄化、萎蔫，似缺肥水或枯萎病症状，结瓜小而少，且多为畸形。拔起植株，细观根部，可见有许多葫芦状根结，以侧根和须根上最多，一般呈球状，绿豆或黄豆粒大小。

发病规律

根结线虫以卵、幼虫在土壤、寄主、病残体上越冬，主要借病土、病苗、病残体、肥料、灌溉水、农具和杂草等途径传播。当地温度达28℃左右时，越冬卵在根结中孵化为幼虫，一龄幼虫留在卵内，二龄幼虫钻出卵外进入土壤，侵染幼嫩的新根，并刺激寄主细胞膨大形成根结。

防治方法

（1）农业措施。重病田改种葱、蒜、韭菜等抗病蔬菜或种植受害轻的速生蔬菜，减少土壤线虫量，减轻病害的发生。最好实行水旱轮作，要求轮作2年以上。水淹杀虫，重病田灌水10～15厘米深，保持1～3个月，使线虫缺氧窒息而死。最好改种一季水稻，既杀死线虫，又不造成田地荒芜。高温杀虫，收获后深翻土壤，灌水后，利用7～8月高温，用塑料膜平铺地面压实，保持10～15天，使土壤5厘米深处的地温白天达60～70℃，可有效地杀灭各种虫态的线虫。加强栽培管理，增施有机肥，及时防除田间杂草。收获后彻底清洁田园，将病残体带出田外集中烧毁，压低虫源基数，减轻病害的发生。

（2）药剂防治。定植前，每亩用 3% 米乐尔颗粒剂 4～6 千克拌细干土 50 千克进行撒施，沟施或穴施。在发病初期，用 1.8% 虫螨克 1 000倍液灌根，每株灌对好的药液 0.5 千克，间隔 10～15 天再灌根 1 次，能有效地控制根结线虫病的发生为害。

（十）蝼蛄

为害特点

蝼蛄主要生活在土中，以成虫、若虫为害作物。蝼蛄能在表土中来回跑动，喜食刚萌芽的种子及幼根和嫩茎，同时，造成地表隧道纵横。隧道通过处，种子不易发芽，或发芽后因落干而死亡。

发生规律

单刺蝼蛄 3 年完成一代，以成虫和若虫在冻土层以下越冬，春天、夏初产卵孵化，当年以 8～9 龄若虫越冬，第二年以 12～13 龄若虫越冬，第三年秋羽化为成虫，第四年交配产卵。东方蝼蛄一年完成一代，以成虫或若虫越冬。

蝼蛄不管成虫还是若虫都在夜间为害，以 21:00～23:00 取食活动最盛。尤喜欢在轻度盐碱地活动并产卵。1～2 龄群集，3 龄以后分散。对灯光，黑光灯有较强趋光性。对有香味的、发酵的豆饼，麦麸，煮至半熟的马粪等有趋性。喜居在 pH 值 7.5 左右的河岸旁和菜园地等潮湿的环境里，10～20 厘米土壤湿度在 20% 以上时，活动最盛，低于 15% 则活动减少。

防治方法

（1）用 50% 锌硫磷乳油，按西瓜种子重量的 0.1%～0.2% 拌种，或用 40% 甲基异硫磷乳油，按种子重量的 0.1%～0.12% 拌种或用瓜类种衣剂拌种。

（2）用灯光、黑光灯等诱杀或诱捕。

（3）毒饵诱杀。先将麦麸，豆饼等炒香，按饵料重量的 0.5%～1% 的比例加入 90% 的敌百虫晶体制成饵料，敌百虫晶体先用水溶化，再和麦麸、豆饼等拌匀，于傍晚前后撒在瓜地或苗床里，每亩撒 2 千克。

(十一) 瓜 – 棉蚜

为害特点

以成虫及若虫群集在瓜的嫩叶背面和嫩茎上吸食汁液。瓜苗嫩叶及生长点被害后，叶片卷缩，瓜苗萎蔫，甚至枯死。老叶受害不卷曲，但提前枯落，造成减产。蚜虫还传播病毒病，引起西瓜病毒病的大量发生。

瓜 – 棉虫

发生规律

瓜蚜每年可发生 20 余代，主要以卵越冬。在适宜的温、湿度条件下，瓜蚜每 5 ~6 天就可完成一代。每只雌蚜一生能繁殖 50 余头若蚜，繁殖速度非常快。

瓜蚜的发生与温、湿度密切相关。16 ~22℃是瓜蚜的繁殖适温。温度在 25℃以上，相对湿度超过 75% 时，对其生殖不利。因此，干旱天气有利于蚜虫的发生。雨水可冲刷蚜虫，降低虫口密度。

防治方法

（1）消灭虫源。早春铲除西瓜地杂草进行销毁，以减少蚜虫数量。瓜田最好不与棉花等寄主作物田相邻，以减少虫源。结合间苗和定苗，将有蚜苗拔除，并带出田外埋掉或沤肥。保护地里冬季继续繁殖的蚜虫，很容易被消灭。方法是：温室瓜菜上的蚜虫，每亩用 50 ~100 毫升敌敌畏乳油熏烟，密闭 3 小时，连续熏 2 ~3 次，可全歼温室内的蚜虫。

（2）保护天敌。棉蚜的天敌很多，在北方主要有七星瓢虫、草蛉、食蚜蝇、异色瓢虫、龟纹瓢虫等。天敌盛发期在瓜田少施或不施化学农药，利于发挥天敌的自然控制作用。

（3）黄色板诱蚜，利用棉蚜的趋黄性，把黄色板放在瓜田内可诱到有翅蚜。

（4）药剂防治。药剂防治应抓住有利时机，春天越冬卵孵化后，繁殖 2 ~3 代才产生有翅迁飞蚜，在此之前应喷药灭蚜。幼苗期用 40% 乐果乳油 1 200倍液喷雾，成株用 800 ~1 000倍液喷雾。还可用 2. 5% 溴氰菊酯 3 000倍液喷雾。喷药时，叶片正反面均要喷，而以叶背面和幼嫩部分为重点。

四、番茄病虫害防治

（一）番茄叶霉病

症状

番茄叶霉病又称黑霉病，俗称黑毛。该病由真菌引起，是番茄保护地栽培的重要病害，露地栽培也有发生，北方重于南方。一般减产幅度在20%～30%。

病菌以危害叶片为主。叶片发病时初呈椭圆形或不规则形淡黄色斑，后在病斑扩大，病部背面长出灰白色、灰紫色至黑褐色的绒状霉层，严重时布满整个叶面。条件适宜时，叶片正面也会长出霉层。发病多从老叶开始，渐向新叶发展。发病严重时，叶片上卷，植株呈黄褐色而干枯。也能危害嫩茎和果柄，并可延及花部，引起花器凋萎或幼果脱落。果实自蒂部向四面扩展，产生近圆形硬化凹陷斑，上长灰紫色至黑褐色霉层。

发病规律

病菌在病残体或种子上越冬，借气流传播，进行初侵染和再侵染。播种带病种子能引起幼苗发病。病菌发育温度9～34℃，最适20～25℃。当气温22℃左右，相对湿度高于90%时利于发病。该病从开始发病到流行成灾，一般需半个月左右。相对湿度低于80%，不利于病菌侵染和病斑扩展。连阴雨天气，大棚通风不良，棚内湿度大或光照弱，叶霉病扩展迅速。温室、大棚番茄病株上的病菌可直接传播到露地番茄上。

防治方法

（1）选用抗病品种。如中杂9号、硬粉4号等。

（2）种子处理。播种前用52℃温水浸种30分钟。

（3）栽培措施。从无病植株上选择留种；与瓜类和豆类蔬菜实行3年以上轮作；适当稀植，控制浇水，加强通风，增施磷钾肥，增强植株抗病力；发病后摘除病叶深埋；棚内短期增温至 30～36℃，对病菌有明显抑制作用。

（4）药剂防治。定植番茄前每立方米温室大棚用硫黄粉 5 克、锯末粉 10 克混合后分装几处，点火后密闭烟熏一夜。在温室、大棚中每亩每次用 6.5% 甲硫·霉威粉尘剂 800～1 000克直接喷粉，使叶正反面和茎枝前后均匀受药。发病后可用药有：50% 多菌灵可湿性粉剂 800 倍液，75% 百菌清可湿性粉剂 600 倍液，50% 速克灵 1 000～2 000倍液，50% 扑海因可湿性粉剂 500 倍液，50% 乙基托布津可湿性粉剂 500～600 倍液，50% 甲福可湿性粉剂 400～600 倍液。

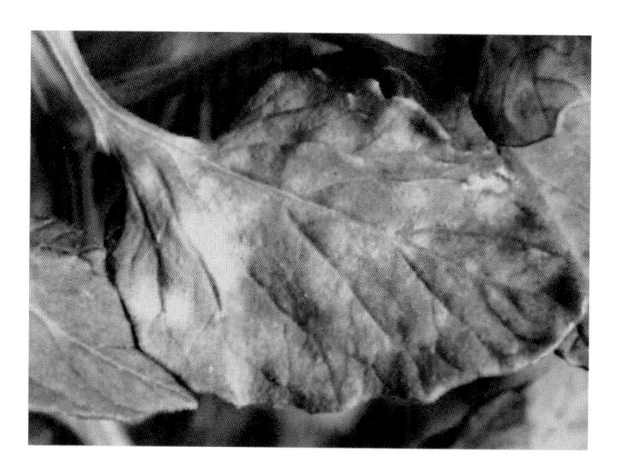

番茄叶霉病

（二）番茄早疫病

症状

又称轮纹病、夏疫病，为真菌性病害，常引起落叶、落果，尤其大棚、温室中发病严重。番茄苗期、成株期都可感病，危害叶、茎、花、果等部位，以叶片和茎叶分枝处最易感病。病害一般从下部叶片开始发病，逐渐向上扩展。幼苗期茎基部发病，严重时病斑绕茎1 周，引起腐烂，幼苗枯倒。成株被害，初始叶片上可见到深褐色小点，扩大发展为圆形或椭圆形灰褐色病斑，有深褐色的同心轮纹，外缘有黄色或黄绿色晕环，湿度大时病斑上生有灰黑色霉状物。茎、叶柄、果柄上病斑长圆形，植株易从病处折断。茎基部病斑绕茎一周时，植株死亡。花器黑褐色干腐状。青果发病多在花萼处或脐部形成黑褐色近圆凹陷病斑，后期从果蒂裂缝处或果柄处发病，在果蒂附近形成圆形或椭圆形暗褐色病斑，病斑凹陷，也具同心轮纹，斑面着生黑色霉层，病果易开裂，提早变红。

番茄早疫病

发病规律

病菌在病残体上或种子上越冬，成为翌年初侵染源。病菌萌发后从气孔或伤口侵入，也可从表皮直接侵入。病菌靠气流、灌水和农事操作传播，进行再侵染。湿度 80% 以上，温度 20～25℃ 最易发病。春季保护地栽培，塑料薄膜上常结有小水珠，并落在叶片上，形成一层水膜，利于病害发生。

防治方法

（1）栽培措施。闷棚时间不宜过长。防止棚内湿度过大，温度过高。施足基肥，适时追肥。大面积实行 3 年以上轮作。合理密植。

（2）药剂防治。发病前或发病初期，每亩每次喷施用 50%

多·霉威可湿性粉剂（多霉灵、多霉清、冠菌克、灰霉净、万霉敌等）600~800倍液，每间隔7天喷1次药，共喷3次。或用5%百菌清粉剂1千克，隔9天喷撒1次，连续防治3~4次；或用45%百菌清烟剂或10%速克灵烟剂烟熏。70%代森锰锌可湿性粉剂400倍液，80%新万生可湿性粉剂500~600倍液，75%百菌清可湿性粉剂600倍液，58%瑞毒锰锌可湿性粉剂700倍液喷施。

（三）番茄晚疫病

症状

番茄晚疫病由真菌引起，是北方保护地的重要病害。主要危害叶片、茎和果实，叶片和青果发病重。幼苗发病初呈水浸状暗绿色，病斑由叶片向主茎蔓延，使茎变细并呈黑褐色，引起全株萎蔫或折倒，湿度大时病部表面产生白霉。叶片多从植株下部开始发病，初为褪绿色不完整形病斑，扩大后转为褐色，湿潮时病斑叶背病健部交界处生出白霉，叶柄发病和叶片相近，潮湿时，表面也会长出白霉。茎上病斑呈黑褐色，环抱茎后可呈腐败状，失水后缢缩，并使受害部分萎蔫，而下部往往长出不定根。青果发病在近果柄处产生油浸状暗绿色云纹状不规则病斑，后变成暗褐色至棕褐色，或稍凹陷，边缘明显，果实坚硬，湿度大时病部有少量白霉，能造成大量烂果、死株。

发病规律

病菌主要在保护地栽培的番茄及马铃薯块茎中越冬，有时可落入土中的病残体上越冬。病菌借气流或雨水传播，从气孔或表皮直接侵入，在田间形成中心病株，进行多次重复侵染，引起该病流行。尤其中心病株出现后，伴随雨季到来，病势扩展迅速。当白天气温24℃以下，夜间10℃以上，相对湿度75%~100%，持续时间长，易发病。地势低洼、排水不良，易发病。

防治方法

（1）栽培措施。

（2）防止棚室高湿条件出现。选用抗病品种。与非茄科作物实行3年以上轮作，合理密植。采用配方施肥技术。加强田间管理，及时打杈，清除病残株。

（3）药剂防治。于发病初期开始，每亩用72%霜脲氰·代森锰锌可湿性粉剂（克露）400～600倍液，以后间隔7天喷1次，连续喷药3次。其他可施用农药还有72.2%普力克水剂800倍液，69%安克锰锌可湿性粉剂900倍液，70%乙膦·锰锌可湿性粉剂500倍液，58%甲霜灵·锰锌可湿性粉剂500倍液，40%甲霜铜700～800倍液，每隔7～10天喷施1次，连续防治4～5次。棚室栽培出现中心病株后，每亩施用45%百菌清烟剂200～250克熏治或喷撒50%百菌清粉尘剂1千克。

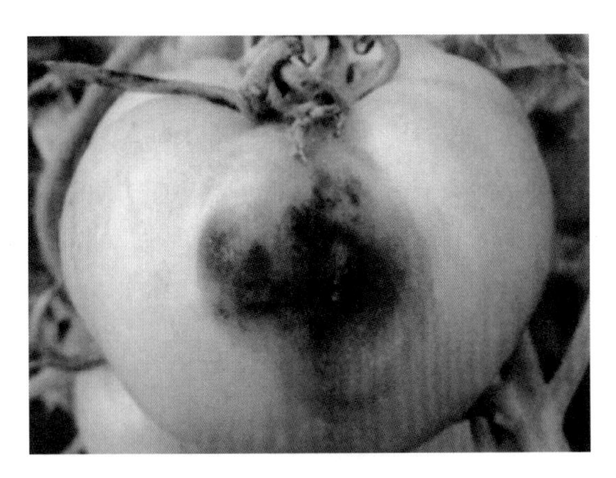

番茄晚疫病

（四）番茄褐色根腐病

症状

又称木栓根。该病是由真菌引起的，危害茎基部或根部。发病初期侧根和细根变为褐色，大量脱落或腐烂。发病后期主根也变褐，表面产生黑色小粒点或裂缝。表皮木栓化，严重的病根肿胀或变粗，随根部病情扩展，茎基部变成黑褐色或腐烂，致使植株地上部生长不良，下部叶片变黄干枯，发病前或发病初期病株中午萎蔫，早、晚能复原，当病情发展到一定程度时不再复原，引起全株枯死。

发病规律

病菌随病根在土壤中越冬，借雨水或灌溉水传播，从根部或茎基部伤口侵入。当土温低于20℃，且持续时间较长时，易发病。土壤黏重、重茬地、地下害虫严重的地块，发病重。

防治方法

（1）种子处理。用0.1%硫酸铜浸种5分钟，洗净后催芽播种。

（2）栽培措施。与非茄科蔬菜进行3年以上轮作；选择无病地育苗；采取高畦栽培，定植时要少伤根，施用充分腐熟的有机肥；雨后及时排水，严禁大水漫灌。收获后及时清除病残枝落叶。

（3）药剂防治。每平方米床面用50%多菌灵可湿性粉剂8~10克，加土4~5千克拌匀，先将1/3药土撒在畦面上，然后播种，再把其余药土覆在种子上。发病前或发病初期用10%双效灵水剂，12.5%增效多菌灵可溶剂200倍液灌根。每隔7~10天灌根1次，连续灌2~3次。

番茄褐色根腐病

(五) 番茄灰霉病

症状

由真菌引起的。从苗期即可发生，主要发生在花期和结果期，可危害花、果实、叶片和茎。叶片发病从叶尖开始，出现水浸状浅褐色病斑，病斑呈“V”字形，有轮纹，由外向内发展，潮湿时病部长出灰霉，边缘不规则，干燥时病斑呈灰白色。果实发病主要在青果期至成熟期，先侵染残留的柱头或花瓣，后向果面和果梗发展，染病的果皮变成灰白色、水浸状、软腐，中晚期病部长出灰色绒毛状霉层，后期有时在病部产生黑褐色鼠粪状菌核。在气温较高的条件下，病菌还可以在果实的表面形成环形的斑点（俗称“鬼斑。）花萼发病变为暗褐色，随后干枯。茎发病可由植株基部或整植留下的伤口入侵，因其组织的崩塌，茎折倒，上部植株枯死。幼苗发病时叶片和叶柄上产生水浸状腐烂，之后干枯，表面产生灰霉，严重时可扩展到幼茎，使幼茎产生灰黑色病斑，腐烂折断。

番茄灰霉病

发病规律

病菌在土壤中或病残体上越冬。病菌随气流、露滴及雨水或农事传播，病菌从伤口、衰老器官或枯死的组织侵入。病菌发育适温为18～23℃，相对湿度90%以上。花期是侵染的高峰期，果实膨大期是发病盛期。

防治方法

（1）栽培措施。用新土育苗，与非茄科作物进行轮作。保护地栽培稀植，防止湿度过高。发病后及时摘除病枝、病叶和病果，集中深埋或烧毁。

（2）药剂防治。

①发病初期开始喷药。保护地栽培，每亩每次用6.5%甲硫·霉威粉剂喷粉，在早晨和傍晚喷施较好，间隔7天喷1次，共喷3次以上。还可以用速克灵、百菌清烟剂熏治。

②用旧苗床育苗要消毒，每亩撒施50%福美双粉剂1～1.5千克。定植前用50%速克灵可湿性粉剂1 500倍液淋苗。

③在番茄蘸花保果时，可在每千克2,4-D或防落素溶液中加甲霉灵0.5克或50%福美双1～1.5克喷花，防止花期和结果期发病。常用药还有速克灵、特克多等。

（六）番茄疮痂病

症状

该病为细菌性病害。危害叶、茎、果。近地面老叶先发病，先出现水浸状暗绿色斑点，扩大后形成近圆形或不定型的褐色病斑，病斑边缘明显，四周具黄色环形窄晕环。病茎先出现水浸状暗绿色至黄褐色不规则形病斑，病部稍隆起，裂开后呈疮痂状。发病果实危害着色前的幼果和青果，先出现病斑圆形，四周具较窄隆起的白色小点，后中间凹陷呈暗褐色或黑褐色隆起环斑，呈疮痂状是该病重要特征。

发病规律

病菌随病残体在地表或附在种子表面越冬，条件适宜通过风雨或昆虫传播，从伤口或气孔侵入。高温、高湿、阴雨天气是发病重要条件。伤口多，管理粗放，植株衰弱，发病重。

防治方法

（1）种子处理。用55℃温水浸种10分钟后，移入冷水中冷却后催芽。

（2）栽培措施。采用无病种子，重病田实行2～3年轮作，及时整枝打杈。

（3）药剂防治。发病初期喷药，常用农药有47%加瑞农可湿性粉剂600倍液，50%琥胶肥酸铜可湿性粉剂400～500倍液，77%可杀得可湿性微粒粉剂400～500倍液，25%络氨铜水剂500倍液，硫酸链霉素或新植霉素4 000～5 000倍液。每隔7～10天防治1次，连续防治1～2次。

番茄疮痂病

（七）番茄枯萎病

症状

多在开花结果期开始发病。发病初期，仅植株下部叶片变黄，后呈褐色萎蔫干枯，但不脱落。病症有时仅出现在茎的一边，或一片叶一边发黄，而另一边正常。剖视茎、叶柄及果柄，可见其维管束均呈褐色。潮湿环境下，病株茎基部产生粉红色霉。病程进展较慢，一般 15 ~ 30 天才枯死。无乳白色黏液流出，有别于青枯病。

番茄枯萎病

发病规律

病菌可在病残体和种子上越冬，或在土壤中营腐生生活。病菌从根部或茎部伤口侵入，在维管束内蔓延，并产生有毒物质，引起叶片发黄。播带病种子，也可引起幼苗发病。土壤温度为28℃，最适合本病发生。土壤湿度过低或过高，不适宜植株生长，有利发病。透水性能差的田块发病重。土壤线虫为害番茄根部造成伤口，易引起并发病。

防治方法

(1) 种子处理。用 0.1% 硫酸铜浸种 5 分钟，洗净后催芽播种。

(2) 栽培措施。实行 3 年以上轮作，施用充分腐熟的有机肥，配方施肥，适当增施钾肥，选用耐病品种；采用新土育苗。

(3) 药剂防治。每平方米床面用 50% 多菌灵可湿性粉剂 8 ~ 10 克，加土 4 ~ 5 千克拌匀，先将 1/3 药土撒在畦面上，播种后再把其余药土覆在种子上。在田间初见病株时，用 50% 多菌灵 1 000倍液，或用 10% 双效灵乳剂 400 倍液灌根，隔 10 天左右灌 1 次，连续灌 3 ~4 次。

（八）番茄茎基腐病

症状

仅危害茎基部。发病初期茎基部皮层逐渐变为淡褐色至黑褐色，绕茎基部一圈后病部失水干缩，叶片变黄，萎蔫。后期叶片变为黄褐色，枯死。根部和根系不腐烂。纵剖病茎基部，可见木质部变为暗褐色。苗期危害番茄引起立枯病。

发病规律

病菌借水流及农具传播。阴雨天气、土壤湿度大、通风透光条件差，茎基有损伤，易发病。多在进入结果期时发病。

防治方法

（1）栽培措施。采用高畦双行种植，雨后及时排水，及时清除病株。

（2）药剂防治。育苗时进行土壤消毒，每平方米苗床可用40% 五氯硝基苯粉剂与 50% 福美双可湿性粉剂按 1：1 混合，每 8 克药剂加营养土 4 千克拌匀成药土，播前一次浇透底水，待水渗下后，取 1/3 药土撒在畦面上，把催好芽的种子播上，再把余下的 2/3 药土覆盖在上面。幼苗发病时用 75% 百菌清可湿性粉剂 600 倍液，或用 50% 福美双可湿性粉剂 500 倍液喷雾。定植后至成株期发病，用 40% 拌种双可湿性粉剂 600 倍液，每平方米表土施药 9 克，与土拌匀后施于病株基部，覆盖病部。也可喷 75% 百菌清可湿性粉剂 600 倍液，40% 拌种双粉剂 800 倍液。

（九）番茄灰叶斑病

症状

又称匍柄霉斑点病，主要危害叶片，很少危害茎，不危害果实。发病初期叶面生椭圆形或不正圆形的暗褐色小斑点，呈水浸状，并沿叶脉向四周扩大，发展为椭圆形或不规则形病斑。病斑中部渐褪色为灰白至灰褐色。病斑稍凹陷，小而多，直径 2 ~4 毫米，极薄，后期易破裂、穿孔或脱落。茎上病斑为暗褐色小斑点。

发病规律

病菌可在土壤中病残体或种子上越冬。当温度和湿度适宜时进行初侵染，病菌通过风雨传播，进行再侵染。温暖潮湿、阴雨天及结露持续时间长是发病的重要条件。土壤肥力低，植株生长衰弱时，发病重。苗期和成株期均可发病。

防治方法

（1）栽培措施。选用抗病品种，增施有机肥及磷钾肥，收获后及时清除病残体，集中烧毁。

（2）药剂防治。棚室栽培在发病初期，喷撒 5% 加瑞农粉尘剂，或用 7% 防霉灵粉尘，或用 5% 灭霉灵粉尘剂，用量为每亩每次 1 千克。也可以每亩用 15% 克菌灵烟霉剂（速克灵 + 百菌清）200 克熏治。露地栽培在发病初期喷洒农药，常用农药有 75% 百菌清可湿性粉剂 600 倍液，40% 克菌丹可湿性粉剂 500 倍液，77% 可杀得可湿性粉剂 400 ~500 倍液，50% 混杀硫悬浮剂 500 倍液。每隔 10 天左右防治 1 次，连续防治 2 ~3 次。

（十）番茄灰斑病

症状

危害番茄叶片、茎和果实。发病初期叶片上出现褐色小点，逐渐扩展为近圆形的大病斑，病斑上的轮纹不明显。发病后期病斑迅速扩大至叶片的 1/3 ~3/4，轮纹不明显。病斑上着生小黑点，呈轮纹状排列，边缘暗色，易破裂或脱落。茎部发病多始于中上部的枝杈处，初为暗绿色水浸状，后变黄褐或灰褐色不规则形斑，病部粗糙，边缘褐色，也有小黑点，轮纹不明显，易折断或半边枯死。严重的茎髓部腐烂、中空或仅残留维管束组织。果实染病，病斑生在果皮上，网形，初褐色，后期中央灰色，边缘暗紫色，直径 5 ~20 毫米，微具轮纹，上亦生有小黑点。发病果实蒂部附近呈水浸状黄褐色凹陷斑，并产出深褐色轮状排列小点，后果实腐烂。

发病规律

病菌以分生孢子器随病残体在土中越冬，翌春条件适宜时，病菌从分生孢子器中涌出分生孢子，借风雨传播进行初侵染。发病后，又产生分生孢子器，涌出的分生孢子借气流或雨水传播，进行多次重复侵染。棚室保护地气温高于20℃易发病，棚内高湿持续时间长或湿气滞留闷热发病重。

防治方法

（1）栽培措施。及时清除病果及病残体，集中烧毁、深埋，减少初侵染源。与非茄科作物实行2年以上轮作。

（2）药剂防治。发病初期开始喷药，每亩每次用50%乙烯菌核利干悬浮剂（农利灵）75～100克，加水100千克稀释成1 000～1 300倍液，进行茎叶喷雾，每间隔7～10天喷1次药，共喷药3～4次。常用药还有75%百菌清可湿性粉剂500倍液，50%苯菌灵可湿性粉剂1 500倍液，50%多菌灵可湿性粉剂500～600倍液，36%甲基硫菌灵悬浮剂500倍液。每隔7～10天防治1次，连续防治2～3次。

番茄灰斑病

（十一）番茄黄萎病

症状

番茄生长中后期发病，先是下侧脉间出现黄色斑驳，渐向上发展。剖开病株茎部，导管变褐色，别于枯萎病。病重株结果小或不能结果。

多发生于番茄生长中后期，最初下部叶片萎蔫、上卷，叶缘及叶脉间的叶肉组织黄褐色，上部幼叶以小叶脉为中心变黄，形成明显的楔形黄斑，以后逐渐扩大到整个叶片，最后病叶变褐枯死，但叶柄的绿色仍可保持较长的时间。发病重的结果小或不能结果。剖开病株茎部，导管变褐色，但没有枯萎病病株导管变色向上延伸的那么长，根部导管变色不明显。

发病规律

病菌随病残体在土壤中越冬，可在土壤中长期存活。病菌借风、雨、流水或人畜及农具传到无病田。气温低，定植时根部伤口愈合慢，利于病菌从伤口侵入。地势低洼，施用未腐熟的有机肥，灌水不当及连作地发病重。

防治方法

（1）种子处理。播种前种子用50%多菌灵可湿性粉剂浸种1小时，移入冷水中冷却后催芽播种。也可以在播种前进行温汤浸种。

（2）栽培措施。选用抗病品种。与非茄科作物实行4年以上轮作，如与葱蒜类轮作效果较好，水旱轮作更理想。

（3）药剂防治。苗期或定植前期喷50%多菌灵可湿性粉剂600~700倍液。定植田每亩用50%多菌灵2千克进行土壤消毒。发病初期喷10%治萎灵水剂300倍液，每隔10~15天喷1次，连喷2次。或浇灌50%苯菌灵可湿性粉剂1 000倍液，50%琥胶肥酸铜可湿性粉剂350倍液，12.5%增效多菌灵200~300倍液。

（十二）番茄红粉病

症状

番茄红粉病生产上主要危害果实。刚着色的果实或成熟果实均可发病，发病初期果实端部出现褐色水浸状斑，后变褐色至深褐色，不凹陷，湿度大时病部先生白色致密的霉层，不久其上长满一层浅粉红色绒状霉，即病原菌的分生孢子梗和分生孢子。病果最后腐烂落地或干缩为僵果挂在枝条上。

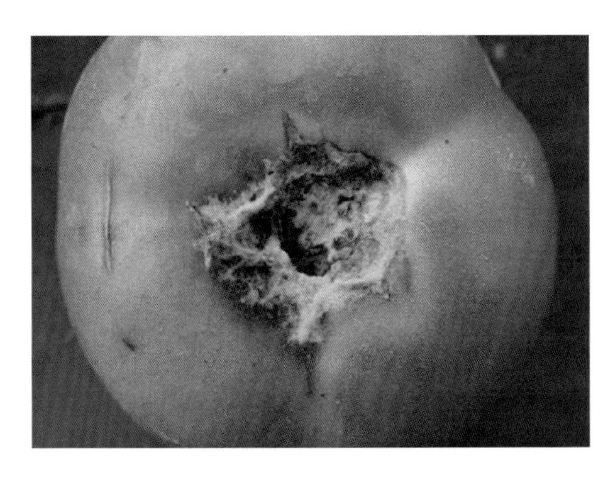

番茄红粉病

发病规律

病菌以菌丝体随病残体留在土壤中越冬，翌春条件适宜时产生分生孢子，传播到番茄果实上，由伤口侵入，发病后，病部又产生大量分生孢子，借风雨或灌溉水传播蔓延进行再侵染。病菌发育适温25～30℃，相对湿度高于85%利于发病。生产上灌水过多、湿度过大、放风不及时易发病，番茄栽植过密、偏施氮肥、发病重。

防治方法

（1）栽培措施。合理密植，避免植株过密，及时整枝、打杈，中后期适时摘去下部老叶，以增加通透性。棚室要加强放风排湿，使相对湿度低于85%，可有效地控制红粉病的发生和蔓延。在病果尚未长出粉红色霉层之前摘除病果，装入塑料袋内，携出棚外，集中烧毁或深埋。

（2）药剂防治。发病初期喷洒 80% 炭疽福美可湿性粉剂 800 倍液，或用 50% 苯菌灵可湿性粉剂 1 500倍液。采收前 3 天停止用药。

（十三）番茄黑点根腐病

症状

无土或有土栽培均见发病，主要危害主根和支根，根变褐腐烂，皮层被破坏，病根上生黑色小粒点，即病菌小菌核。此病常与褐色根腐病混合发生，混合为害。根呈黑褐色，致地上部下位叶先变黄早落，严重时枯死。

番茄黑点根腐病

发病规律

病菌在病部越冬，成为翌年初侵染源，生长期产生分生孢子在田间或无土栽培时借培养液循环传播，扩大为害。

防治方法

（1）无土栽培要及时更换营养液。

（2）棚室或露地栽培时，施用酵素菌沤制的堆肥或绿丰生物肥

50～80 千克/亩，穴施，减少化肥施用量，可减轻发病。

（3）田间栽培番茄要实行 2～3 年以上轮作，避免连作，以免菌源积累。

（十四）番茄根结线虫病

症状

在苗期番茄即可发病，发病时地上部症状不明显，但植株生长迟缓，拔出幼苗，可见到根部发育不良，很多成为瘤状。成株期发病，植株由下往上枯黄，长势渐弱，结果少而小，重病株矮小。干旱时中午萎蔫或提早枯死。症状主要发生在根部的侧根或须根上。挖出根部可见病部产生肥肿畸形瘤状结，解剖根结在显微镜下可看到有很小的乳白色线虫生于其内。一般在根结之上可生出细弱新根，再度染病，则形成根结状肿瘤。

番茄根结线虫病

发病规律

根结线虫常以 2 龄幼虫或卵随病残体遗留土壤中越冬，可以存活 1～3 年。翌年条件适宜，越冬卵孵化为幼虫，继续发育并侵入寄主，刺激根部细胞增生，形成根结或瘤。线虫发育至 4 龄时交尾产卵，雄虫离开寄主进入土中，不久即死亡。卵在根结里孵化发育，2 龄后离开卵壳，进人土中进行再侵染或越冬。

侵染源主要是病土、病苗及灌溉水。土温 25～30℃，土壤持水量 40% 左右，病原线虫发育快；10℃ 以下幼虫停止活动，55℃ 经 10 分钟死亡。地势高燥、土壤质地疏松、盐分低的条件适宜线虫活动，有利发病，连作地发病重。

防治方法

（1）种植抗病品种。目前，已有高抗线虫的品种可以选用。如仙客 1 号、2 号，2170 等。

（2）提倡施用有机活性肥或生物有机复合肥，合理轮作。

（3）选用无病土育苗。根结线虫多分布在 3～9 厘米表土层，深翻可减少为害。

（4）重病地块收获后应彻底清除病根残体，深翻土壤 30～50 厘米，在春末夏初进行日光高温消毒灭虫。即在前茬拉秧后，分别施生石灰 100 千克（用石灰氮 30～60 千克效果更好）和碎稻草 4.5～7.5 吨/公顷，翻耕混匀后挖沟起垄或作畦，灌满水后盖好地膜并压实，再密闭棚室 10～15 天，可将土中线虫及病菌、杂草等全部杀灭。处理后注意增施生物菌肥。

（5）番茄生长期间发生线虫，应加强田间管理，彻底处理病残体，集中烧毁或深埋。与此同时，合理施肥或灌水以增强寄主抵抗力。必要时浇灌 50% 辛硫磷乳油 1 000倍液。5% 好年冬（丁硫克百威）乳油 1 000倍液灌根。

（6）提倡用 1.8% 爱福丁乳油每平方米用量 1 毫升处理土壤，防治番茄根结线虫效果与棉隆（必速灭）相近，且对番茄生长有促进作用。也可用 10% 噻唑膦（福气多）颗粒剂，亩用量 156 克撒施。

（十五）番茄白粉病

症状

白粉病危害番茄叶片、叶柄、茎及果实。初在叶面现褪绿色小点，扩大后呈不规则粉斑，上生白色粉状物，即菌丝和分生孢子梗及分生孢子。初霉层较稀疏，渐稠密后呈毡状，病斑扩大连片或覆满整个叶。有的病斑发生于叶背，则病部正面现黄绿色边缘不明显斑块，后叶片变褐枯死。其他部位染病，病部表面也产生白粉状霉斑。

番茄白粉病

发病规律

在我国北方，病菌主要在冬作番茄上越冬，此外也可以闭囊壳随病残体于地面上越冬，翌春条件适宜时，闭囊壳内散出的子囊孢子，随气流传播蔓延，以后又在病部产出分生孢子，成熟的分生孢子脱落后通过气流进行再侵染。南方番茄常年种植区，病菌无明显越冬现象，分生孢子不断产生，辗转为害。番茄粉孢分生孢子萌发适温 20～25℃，鞑靼内丝白粉菌分生孢子萌发适温为 15～30℃。近年南北方此病均有蔓延之势，尤以温室、大棚发生较多。露地多发生于 6～7 月或 9～10 月，温室或塑料大棚则多见于 3～6 月，或 10～11 月。

白粉菌在雨量偏少年份发病重，相对湿度低至 25% 仍能萌发，相对湿度 45%～75% 扩展迅速，相对湿度高于 95% 受抑制。

防治方法

（1）选育抗白粉病品种，加强棚室温湿度管理。

（2）采收后及时清除病残体，减少越冬菌源。

（3）发病初期，棚室可选用粉尘法或烟雾法。于傍晚喷撒10%多百粉尘剂，每亩1千克，或施用45%百菌清烟剂，每亩250克，用暗火点燃熏一夜。

（4）露地或棚室可选用30%特富灵可湿性粉剂1 500~2 000倍液、50%硫黄悬浮剂200~300倍液，或用50%嗪胺灵乳油500~600倍液、2%武夷菌素水剂或2%农抗120水剂150倍液、15%三唑酮（粉锈宁）可湿性粉剂1 500倍液、25%丙环唑（敌力脱）乳油3 000倍液、隔7~15天1次，连续防治2~3次。

（十六）番茄猝倒病

症状

俗称小脚瘟，为真菌性病害，是番茄苗期常见的病害。该病常因植株生育年龄和发育阶段不同症状略有变化。生产上把番茄播在带菌的土壤中，种子因受猝倒病菌侵染而不能萌发，变软呈糊状，后变为褐色或皱缩，最后解体。发芽后的种子受害，最初侵染点表现为水浸状褐变，扩展后受害细胞崩溃，不久就死去，上述两种侵染都发生在出土前，称作出苗前猝倒或烂种，病害发生只能从缺苗上判断是猝倒。出土幼苗的猝倒病发生在根部或土面上幼苗茎基部，呈水渍状变褐，病部缢缩并失去支撑能力，幼苗猝倒在地面上，并很快地萎蔫，称作出土后的猝倒病。该菌在番茄的结果期可引起绵腐病。

发病规律

病菌在土壤中越冬，或在土中的病残组织和腐殖质上营腐生生活。病菌借雨水或土壤中水分的流动传播。病菌生长适温为15~16℃。在幼苗第1片真叶出现前后最易感病。苗床土壤湿度大、温度低、幼苗生长不良及春季寒冷多雨时，发病往往严重。

防治方法

（1）栽培防病措施。苗床应选在地势高、排水良好的地方。选用无病新土或风化的河泥作床土。有机肥要充分腐熟。播种要均匀，不宜过密。播种后盖土要浅，以利出苗。浇水量不宜过多，并注意通风透气，以控制苗床温湿度。在严冬和早春，必须做好保温工作，防止冷风和低温，避免幼苗受冻。病初要早分苗和间苗，培育壮苗，提高幼苗抗病能力。

番茄猝倒病

（2）药剂防治。猝倒病重发区，每平方米苗床用40%五氯硝基苯9～10克，加细土4.5千克拌匀，播前一次浇透底水，待水渗下后，取1/3药土撒在畦面上，把催好芽的种子播上，再把余下的2/3药土覆盖在上面，即下垫上覆使种子夹在药土中间。发病初期用72%克露可湿性粉剂600倍液，69%安克锰锌可湿性粉剂800倍液，每隔7～10天用1次，视病情程度防治1～2次。

（十七）番茄炭疽病

症状

该病是由真菌引起的。只危害果实，尤其是成熟果实。病部初生水浸状透明小斑点，扩大后呈黑色，略凹陷，有同心轮纹；其上密生黑色小点，并分泌淡红色黏质物，后引起果实腐烂或脱落。在条件合适时，可在贮藏期蔓延。

发病规律

病菌随病残体遗留在土壤中越冬，也可以潜伏在种子上，种子发芽后直接侵害子叶，使幼苗发病。病菌借风雨传播。发病最适温度为24℃左右，空气相对湿度97%以上。低温多雨的年份病害严重，烂果多，气温30℃以上的干旱天气停止扩展。重茬地，地势低洼，排水不良，氮肥过多，植株郁蔽或通风不良，植株生长势弱的地块发病重。

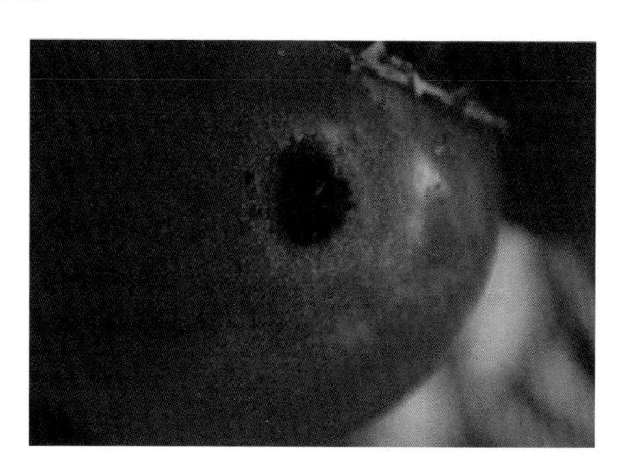

番茄炭疽病

防治方法

（1）种子处理。用52℃温水浸种30分钟。

（2）栽培措施。与非茄果类蔬菜实行3年以上轮作。施用充分腐熟有机肥。采用高畦或起垄栽培。及时清除病残果，带出田外集中处理。保护地要避免高温高湿条件出现。

（3）药剂防治。绿果期开始喷药，常用农药有70%代森锰锌可湿性粉剂400倍液，50%异菌·福（利得）可湿性粉剂500倍液，36%甲基硫菌灵悬浮液500倍液，50%多菌灵可湿性粉剂600倍液，80%炭疽福美可湿性粉剂800倍液。轮换使用药剂有利提高防效。每隔7天左右喷施1次，连续喷施3～4次。

(十八) 番茄细菌性髓部坏死病

症状

该病为细菌性病害。全株发病，受害株一般在番茄结果期表现症状，一穗果坐好至绿果期开始显症。发病初期植株上中部叶片萎蔫，部分复叶的少数小叶边缘褪绿。茎部生出凸起的不定根，后在长出不定根的上方或下方出现褐色至黑褐色斑块，长 5～10cm，病部表皮质硬。纵剖病茎，可见髓部已变成褐色或黑褐色，茎表皮褐变处的髓部先坏死或干缩中空，有时维管束也变褐，并逐渐向上向下扩展。染病株从萎蔫到全株枯死，病程约 20 天。分杈处及花器和果穗受害状与茎部相似。果实染病，从果柄开始变褐，造成全果变褐腐烂，果皮质硬，挂在枝上。湿度大时，从病茎伤口或叶柄离层及不定根处溢出黄褐色菌脓，有别于番茄溃疡病。

番茄细菌性髓部坏死病

发病规律

病原细菌随病残体在土壤中越冬。翌年借雨水或灌溉水及农事操作传播，主要从整枝打杈伤口处侵入。4～7 月遇高温多雨，田间病害发展很快，条件适宜时易大面积流行。病菌喜温暖潮湿的条件，在夜温较低、高湿的条件下易发生，尤其是降雨易诱发该病，连作、排水不良、湿气滞留、氮肥过量等条件下发病重。

防治方法

（1）栽培措施。施用充分腐熟的有机肥，避免氮肥施用过多及高湿条件出现。高畦地膜覆盖栽培。雨后及时排水，防止田间积水，发病后及时摘除病部，收获后清洁田园，深翻土壤。

（2）药剂防治。发病初期及时喷药，常用农药有 77% 可杀得可湿性粉剂 400～500 倍液，14% 络氨铜水剂 300 倍液，50% 琥胶肥酸铜可湿性粉剂 500 倍液。每隔 10 天左右防治 1 次，防治 1～2 次。采收前 3 天停止用药。

（十九）烟粉虱

为害特点

成、若虫刺吸植物汁液，受害叶褪绿萎蔫或枯死。

形态特征

成虫体长 1 毫米，白色，翅透明具白色细小粉状物。蛹长 0.55～0.77 毫米，宽 0.36～0.53 毫米。背刚毛较少 4 对，背蜡孔少。头部边缘圆形，且较深弯。胸部气门褶不明显，背中央具疣突 2～5 个。侧背腹部具乳头状凸起 8 个。侧背区微皱不宽，尾脊变化明显，瓶形孔大小（0.05～0.09）毫米 ×（0.03～0.04）毫米，唇舌末端大小（0.02～0.05）毫米 ×（0.02～0.03）毫米。盖瓣近圆形。尾沟 0.03～0.06 毫米。

发生规律

在温暖地区，过冬在杂草和花卉上；冷凉地区，在温室作物、杂草上过冬。春季和夏季迁移至经济作物，当温度上升时虫口数量迅速增加，一般在夏末爆发成灾。成虫喜在作物幼嫩部位产卵，但随着作物的生长，若虫在下部叶片发生多，在氮肥施用量高，水分少的敏感作物上排泄很多的蜜露，造成烟霉病的发生严重，当受害植株萎蔫时，成虫大量迁出。田间雌雄比为 2：1，每雌产卵平均 160 粒左右，最高可达 500 粒以上。成虫的寿命一般两星期，与其他粉虱相比，若虫对植物的取食频率和消化时间短。

烟粉虱

防治方法

（1）培育无虫苗。育苗时要把苗床和生产温室分开，育苗前先彻底消毒，幼苗上有虫时在定植前清理干净，做到用做定植的菜苗无虫。

（2）用丽蚜小蜂防治烟粉虱，当每株番茄有粉虱 0.5 ~1 头时，每株放蜂 3 ~5 头，10 天放 1 次，连续放蜂 3 ~4 次，可基本控制其为害。

（3）注意安排茬口，合理布局。在温室、大棚内黄瓜、番茄、茄子、辣椒、菜豆等不要混栽，有条件的可与芹菜、韭菜、蒜、蒜黄等间套种，以防粉虱传播蔓延。

（4）早期用药。在粉虱零星发生时开始喷洒20%扑虱灵可湿性粉剂1 500倍液或25%灭螨猛乳油1 000倍液、2.5%天王星乳油3 000～4 000倍液、2.5%功夫菊酯乳油2 000～3 000倍液、20%灭扫利乳油2 000倍液，10%吡虫啉可湿性粉剂1 500倍液，隔10天左右1次，连续防治2～3次。采收前7天停止用药。

（5）棚室内发生粉虱可用背负式机动发烟器施放烟剂，采用此法要严格掌握用药量，以免产生药害。

（6）对来自热带及非洲各岛屿及印度的木薯插条，必须进行灭虫处理，以防该虫传播蔓延。

（二十）番茄斑潜蝇

为害特点

幼虫孵化后潜食叶肉，呈曲折蜿蜒的食痕，苗期2～7叶受害多，严重的潜痕密布，致叶片发黄、枯焦或脱落。虫道的终端不明显变宽，是该虫与线斑潜蝇、南美斑潜蝇、美洲斑潜蝇相区别的一个特征。

形态特征

成虫翅长约2毫米，除复眼、单眼三角区、后头及胸、腹背面大体黑色，其余部分和小盾板基本黄色；成虫内、外顶鬃均着生在黄色区，蛹后气门7～12孔；卵米色，稍透明，大小（0.2～0.3）毫米×（0.1～0.15）毫米；幼虫蛆状，初孵无色，渐变黄橙色，老熟时长约3毫米；蛹卵形，腹面稍平，橙黄色，大小（1.7～2.3）毫米×（0.5～0.75）毫米。

发生规律

番茄斑潜蝇在中国台湾全年均发生，台湾风山年发生25～26

代，在甘蓝上主要有两次发生高峰期，一次在3～6月，4月达到高峰；第二次高峰在10～12月，10月进入高峰，种群密度上半年高于下半年，7～9月雨季发生少；4月和10月均温25～27℃，降雨少适其发生。经试验15℃成虫寿命10～14天，卵期13天左右，幼虫期9天左右，蛹期20天左；30℃成虫寿命5天，卵期4天，幼虫期5天左右，蛹期9天左右。咬破表皮在叶外或土表下化蛹，25℃条件下产卵量约183粒。在甘蓝上卵多产在真叶上，基部叶片上最多，偏喜成熟的叶片，由下向上，较有规律，少部分产在子叶上。该虫在田间分布属扩散型，发生高峰期，全田被害。天敌有蛹寄生蜂 *Halticoptera circulus*（Walker）和 *Opius phaseoli* Fischei 等。

防治方法

（1）加强检疫，疫区蔬菜、花卉严禁外调、外运。

（2）生物防治，释放姬小蜂、反颚茧蜂等，这两种寄生蜂对斑潜蝇寄生率较高。

（3）黄板诱集。

（4）施用昆虫生长调节剂类，昆虫生长调节剂5%抑太保2 000倍液或5%卡死克乳油2 000倍液。

（5）施用20%阿维·杀单（斑潜净）微乳剂1 500倍液或5%锐劲特悬浮剂，每亩50～100毫升或40%七星宝乳油600～800倍液，在发生高峰期5～7天喷1次，连续防治2～3次。掌握在发生高峰期5～7天喷1次，连续2～3次。采收前7天停止用药。

五、辣椒病虫害防治

（一）辣椒青枯病

症状

辣椒青枯病又称细菌性枯萎病。该病为细菌性病害。发病株顶部叶片萎蔫下垂，随后下部叶片凋萎。发病初期植株中午萎蔫，早晚能恢复，后枯死。拔出植株可发现多数须根坏死，茎基部产生不定根，维管束变褐。严重时横切面保湿后可见乳白色黏液溢出，有异味。

发病规律

病菌随病残体在土壤中越冬，借雨水、灌溉水传播。多从植株的根部或茎部的皮孔或伤口侵入，前期处于潜伏状态，挂果后遇有适宜条件病菌在植株体内繁殖，破坏细胞组织，致使茎叶变褐萎蔫。当土壤温度达到20～25℃，气温30～35℃，田间易出现发病高峰，尤其大雨或连阴雨后骤晴，气温急剧升高，水分蒸腾量大，易促成病害流行。连作重茬地，缺钾肥，低洼地，酸性土壤，利于发病。

辣椒青枯病

防治方法

（1）栽培措施。实行轮作，最好是水旱轮作。清除病残体，结合整地每亩撒施50～100千克石灰，使土壤呈微碱性，增施草木灰或钾肥也有良好效果。有机肥要充分发酵消毒。适当控制浇水，严禁大水漫灌，高温季节应在清晨或傍晚浇水。适期播种，培育壮苗、无病苗。植株生长早期应进行深中耕，其后宜浅耕，至生长旺盛后则停止中耕，以免损伤根系，利于病菌侵染。嫁接防病，可用抗病的辣椒做砧木，进行嫁接。

（2）药剂防治。发病期要预防性喷药，常用农药有14%络氨铜水剂300倍液，77%可杀得可湿性微粒粉剂500倍液，72%农用硫酸链霉素可溶性粉剂4 000倍，每隔7～10天喷1次，连续防治3～4次。也可用50%敌枯双可湿性粉剂800～1 000倍液灌根，每隔10～15天灌根1次，连续灌2～3次。

（二）辣椒早疫病

症状

该病是由真菌引起的。发病时叶片上出现圆形或长圆形病斑，黑褐色，具同心轮纹。潮湿条件下病斑上生出黑色霉层。

发病规律

病菌在病残体或种子上越冬，通过气孔、皮孔或表皮直接侵入，形成初侵染。病部又产生出病菌通过气流、雨水传播，进行多次重复侵染。早春定植时昼夜温差大，白天20～25℃，夜间12～15℃，相对湿度高达80%以上，易结露，利于发病和蔓延。

防治方法

（1）栽培措施。重病区尽量与非茄科蔬菜实行轮作。高垄栽培，施足底肥，辣椒生长期增施底肥。棚室栽培宜采用滴灌或暗灌。调整好棚内温湿度，尤其是定植初期，闷棚时间不宜过长，防止棚内湿度过大温度过高。发病早期及时拔除病株或摘除病叶。

（2）药剂防治。幼苗期喷药，带药定植。药剂防治宜早，药剂要喷在叶背。棚室栽培发病初期每亩每次喷洒75%百菌清粉尘剂1千克，每隔9天喷撒1次，连续防治3～4次；或每亩每次施用45%百菌清烟剂或10%速克灵烟剂200～250克。露地栽培在发病前开始喷药，常用农药有50%利得（异菌·福）可湿性粉剂800倍液，50%多菌灵可湿性粉剂500倍液，50%扑海因可湿性粉剂1 000倍液，5%速克灵可湿性粉剂1 000倍液，75%百菌清可湿性粉剂600倍液，50%多·硫悬浮液500倍液，58%甲霜灵·锰锌可湿性粉剂500倍液，64%杀毒矾可湿性粉剂500倍液。每隔7～10

天喷1次，连续喷3～4次。

（三）辣椒病毒病

症状

辣椒病毒病是辣椒的最主要病害之一，对辣椒的为害极大。发病严重时，减产明显甚至绝收。辣椒病毒病常见有花叶、黄化、坏死和畸形4种症状。

（1）花叶有轻型和重型之分，轻型花叶病叶先表现明脉轻微褪绿，出现浓淡绿相间的斑驳；重型花叶除出现褪绿斑驳外，叶面凹凸不平，叶脉皱缩畸形，形成线形叶，生长缓慢，果实变小，表面生黄绿相间的花纹，或斑点，严重矮化。

（2）黄化型病叶明显变黄。

（3）坏死型病株部分组织变褐坏死，表现为条斑、顶枯、坏死斑驳及环斑等。

（4）畸形型病株变形，如叶片变成线状，即蕨叶、植株矮小、分枝极多，呈丛枝状。

发病规律

病毒可在其他寄主上越冬，种子也可带毒。病毒传播主要可分为虫传和接触传染两大类。定植晚、连作地、低洼地及缺肥地易引起该病流行。露地栽培于5月中旬至下旬开始发生，6～7月盛发，8月高温干旱后，病情加重。从苗期至成株期均可被侵染危害。温度33℃以上，湿度60%以下，强光照和多雾的条件下发病较重。

防治方法

（1）种子处理。用0.1%高锰酸钾液或10%磷酸三钠液浸种15～20分钟，捞出后用清水冲洗干净，催芽播种。

（2）栽培措施。选用抗病品种。用无病土育苗。移苗时用0.1%高锰酸钾液或10%磷酸三钠液洗手消毒，工具最好也要消毒。与非茄科蔬菜实行轮作。做好肥水管理。从苗期起就要及时、连续

辣椒病毒病

防蚜。

（3）药剂防治。发病初期喷药，常用农药有0.1%高锰酸钾溶液，0.1%～0.2%硫酸锌溶液，7.5%克毒灵水剂600倍液，1.5%植病灵乳油500倍液，5%菌克毒克水剂300倍液。每隔3～5天使用1次，防治3～5次。

（四）辣椒猝倒病

症状

辣椒猝倒病俗称小脚瘟，为真菌性病害，苗期常见病害。多发生在育苗床上。发病初期幼苗茎基或茎中部呈水浸状淡黄色污斑，表皮极易破烂，很快缢缩成线状并猝倒。倒地后贴近地面的幼苗在短期内仍为绿色，潮湿时病部密生白色棉毛状霉。严重时引起幼苗床成片的枯死。

发病规律

病菌在土壤中越冬，或在土中的病残组织和腐殖质上营腐生生活。病菌借雨水或土壤中水分的流动传播。病菌生长适温为15～16℃。在幼苗第一片真叶出现前后最易感病。苗床土壤湿度大、温度低、幼苗生长不良及春季寒冷多雨时，发病往往严重。

辣椒猝倒病

防治方法

（1）栽培措施。苗床应选在地势高、排水良好的地方。选用无病新土或风化的河泥作床土。有机肥要充分腐熟。播种要均匀，不宜过密。播种后盖土要浅，以利出苗。浇水量不宜过多，并注意通风透气，以控制苗床温湿度。在严冬和早春，必须做好保温工作，防止冷风和低温，以免幼苗受冻。病初要早分苗和间苗，培育壮苗，提高幼苗抗病能力。

（2）药剂防治。猝倒病重发区，可选用基质育苗，或利用大田土育苗，发病初期用72%克露可湿性粉剂600倍液、69%安克锰锌可湿性粉剂800倍液、75%百菌清可湿性粉剂600倍液或64%杀毒矾可湿性粉剂500倍液喷淋，每隔7～10天用1次，视病情程度防治1～2次。

（五）辣椒疮痂病

症状

该病为细菌性病害，发生日趋严重，病田发病率为20%左右，严重时达80%，特别是在6月的暴雨过后发病更为严重，病死株占50%以上。危害叶片，茎蔓、果实、果柄也可受害。

育苗后期幼苗长出3～4片真叶时开始发病，下部叶片出现银白色水浸状的小病斑，后变为暗色凹陷病斑，如防治不及时会引起落叶，重病株下部叶片全落光，只留下苗尖。成株期在开花盛期发病，叶片上形成很多水浸状圆形或不规则形病斑，病斑深褐色渐变为黄褐色，边缘色深，中部颜色较淡，有时有轮纹。在连续晴好的天气中形成的病斑边缘有隆起呈疮痂状，病斑直径0.2～1.2毫米。危害果实时，在果面上也可形成一些溃疡斑。在阴雨天气或是暴雨过后，叶片上的病斑少而大。受害叶片边缘叶尖常变深褐色，不久脱落。枝杆受害病斑为不规则形条斑。

发病规律

病菌在种子、病残体上越冬，成为初侵染源。在高温多雨的6～7月，尤其在暴风雨过后，伤口增加，有利于细菌的传播和侵染，是发病的高峰期。品种间抗病性差异大，以甜椒和粗牛角形的辣椒发病最重。氮肥用量过多，磷钾肥不足，加重发病。

防治方法

（1）种子处理。用清水浸种10～12小时后，再用0.1%硫酸铜溶液浸 5 分钟，捞出拌少量草木灰或石灰后播种。或用 0.1% 高锰酸钾或用 20% 细菌灵进行浸种 5 分钟。也可以采取温汤浸种方法。

辣椒疮痂病

（2）栽培措施。实行 2～3 年轮作，选用抗病品种，选用无病种子，及时清洁田园，控制田间小气候，采取深沟窄畦栽培，控制氮肥用量，增施磷钾肥。

（3）药剂防治。发病初期喷药，常用农药有 72% 农用硫酸链霉素可溶性粉剂 4 000 倍液，47% 加瑞农可湿性粉剂 600 倍液，60% 琥·乙膦铝可湿性粉剂 500 倍液，新植霉素 4 000～5 000倍液，14% 络氨铜水剂 300 倍液。每隔 7～10 天防治 1 次，共防 2～3 次。

（六）辣椒白星病

症状

辣椒白星病又称斑点病。危害叶片。发病初期叶片出现圆形或近圆形的小斑点，病斑边缘为深褐色，稍隆起，中央白色或灰白色，病斑上散生黑色小粒点。病斑中间有时脱落形成穿孔，发病严重造成落叶。

辣椒白星病

发病规律

病菌在病残体、种子上或遗留在土壤中越冬，条件适宜时病菌借风雨传播蔓延形成初侵染和再侵染。高温、高湿条件下易发病。苗期、成株期均可发病。

防治方法

（1）栽培措施。隔年轮作。采收后及时清除病残叶，集中烧毁。

（2）药剂防治。发病初期喷药，常用农药有 50% 琥珀酸铜（DT）可湿性粉剂 500 倍液，14% 络氨铜水剂 300 倍液，77% 可杀得可湿性微粒粉剂 500 倍液，50% 多菌灵可湿性粉剂 500 倍液。70% 代森锰锌可湿性粉剂 600 倍液。每隔 10 天左右喷 1 次，连续防治 2 ~3 次。

（七）辣椒白粉病

症状

该病是由真菌引起的。危害叶片。开始在叶片正面出现淡黄色斑，边缘不明显，有时两面组织出现坏死斑点，病斑背面长生有白色粉状物。严重时病斑布满全叶，满田都是黄叶、枯叶或落叶，而且果实变小。

辣椒白粉病

发病规律

病菌随病残体在地表或在保护地中越冬，借气流传播，从气孔侵入，进行多次侵染。

防治方法

防治辣椒白粉病一定要早。最好在每年将要发病的时候，就隔几天用一次药。如果在田间出现了病叶，这时候防治就必须使用有内吸性的药，而且还要使用多次。即使是这样，防治了一段时间后，下面黄叶还不见少，只是将新生的叶片保住了。常用的保护剂有50%硫悬浮剂500倍液，75%百菌清可湿性粉剂500倍液，70%代森锰锌可湿性粉剂400倍液，80%大生可湿性粉剂500倍液。常用内吸杀菌剂有15%粉锈宁乳油1 000倍液，40%福星乳油8 000～10 000倍液，10%醚菌酯水分散性颗粒剂2 000～3 000倍液，25%晴菌唑乳油500～600倍液。复配剂有40%多硫悬浮剂400～500倍液。农业抗生素有2%武夷菌素水剂150倍液。保护地可用烟剂或粉尘剂。发病前可使用保护性杀菌剂和烟剂；发病后使用内吸杀菌剂，在使用内吸剂的时候要注意病菌的抗药性。在使用多菌灵及甲基托布津效果不好的地方，可换用粉锈宁或福星，粉锈宁及福星效果不好的地方，可用世高和晴菌唑。

（八）辣椒褐腐病

症状

辣椒褐腐病又称笄霉病。主要为害花器和果实。花器染病后变褐腐烂，脱落或掉在枝上。果实染病，变褐软腐，果梗呈灰白色或褐色，病组织逐渐失水干枯，湿度大时病部密生白色至灰白色茸毛状物，顶生黑色大头针状球状体，即病菌孢囊梗和孢子囊。

发病规律

病原菌随病残体或留在土壤中越冬，借风雨或昆虫传播。病原菌腐生性强，只能从伤口侵入生活力衰弱的花和果实。

防治方法

（1）栽培措施。栽培选择地势高燥地块，施用充分腐熟的有机肥。注意通风，雨后及时排水，严禁大水漫灌。及时摘除残花病果。

（2）药剂防治。开花至幼果期喷药，常用农药有50%苯菌灵可湿性粉剂1 500倍液，75%百菌清可湿性粉剂600倍液，58%甲霜灵锰锌可湿性粉剂500倍液。每隔10天左右喷1次，防治2～

3 次。

（九）辣椒芽枝霉果腐病

症状

主要在保护地内发生，有日益加重趋势。该病只危害果实，发病初期果面产生褐色水浸状小斑点，而后病斑逐渐进扩大，呈湿状。病斑圆形或近圆形，大小 10 ~ 30 毫米，甚至更大，淡褐色。湿度大时病部密生白色绒丝状霉层，后变为黑色。病果最后干缩腐烂。

发病规律

病菌以菌丝体随病残体在土壤中越冬。田间发病后，病部产生的分生孢子借气流传播，农事操作也可传播。病菌对环境条件要求不严，发病适温 20 ~ 24℃，要求 85% 以上相对湿度，喜弱光。果实近成熟时易发病。

防治方法

1. 栽培措施。培育无病壮苗，适时定植。加强肥水管理，施足粪肥，及时追肥，控制灌水，加强通风，降低湿度。棚室使用无滴膜，提高透光率。果实成熟时提早采收。发现病果及时摘除并带出田外。

2. 药剂防治。发病初期及时进行药剂防治，可用 80% 新万生 200 倍液、47% 加瑞农 800 倍液，70% 甲基托布津 800 倍液，50% 多霉灵 1 000倍液，2% 武夷霉素 200 倍液喷雾，每隔 7 天左右喷药 1 次，连续防治 2 ~ 3 次。

（十）辣椒白绢病

症状

茎基部和根部被害，初期表现为水浸状褐色斑，然后扩展至绕茎一周，生出白色绢状菌丝体，集结成束向茎上呈辐射状延伸，顶端整齐，病健部分界明显，病部以上叶片迅速萎蔫，叶色变黄，最后根茎部褐腐，全株枯死。后期在根茎部生出先白色、后茶褐色菜籽状小菌核，高湿时病根部产生稀疏白色菌丝体，扩展到根际土表，也可产生褐色小菌核。

发病规律

病菌以菌核或菌丝体随病残体在土中越冬，或菌核混在种子上越冬。翌年，由越冬病菌长出的菌丝成为初侵染源，从根茎部直接侵入或从伤口侵入。发病的根茎部产生的菌丝会蔓延至邻近植株，也可借助雨水、农事操作传播蔓延。病菌生长温度为 8～40℃，适温 28～32℃，最佳空气相对湿度为 100%。在 6～7 月高温多雨天气，或时晴时雨天气，发病严重。气温降低，发病减少。酸性土壤，连作地，种植密度高时，发病重。

防治方法

（1）农业措施。与十字花科或禾本科作物轮作 3～4 年。定植地深翻土壤，南方酸性土壤可施石灰 100～150 千克，翻入土中。施用腐熟有机肥，适当追施硝酸铵。及时拔除病株，集中深埋或烧毁，并向病穴内撒施石灰粉。

（2）药剂防治。应在发病初期施药。25% 三唑酮可湿性粉剂拌细土（1：200），撒施于茎基部；或用 25% 三唑酮可湿性粉剂 2 000倍液喷雾或灌根；还可用 20% 利克菌（甲基立枯磷）乳油 1 000倍液喷雾或灌根。每隔 10～15 天 1 次，连续防治 2 次。

（十一）辣椒日灼病

症状

又称日烧病，是由阳光直接照射引起的一种生理性病害。辣椒果实向阳面褪绿变硬，病部表皮变白，失水变薄易破。病部易引发炭疽病或被一些腐生菌腐生，并长黑霉或腐烂。

发病规律

该病为生理性病害。由于太阳直射，使表皮细胞灼伤而引起。在天气干热、土壤缺水，或忽雨忽晴、多雾等条件下容易发病。

防治方法

地膜覆盖栽培，适时灌水。选用抗日灼品种。双株合理密植，使叶片互相遮阴。避免早期落叶。用遮阳网覆盖。

辣椒日灼病

（十二）辣椒僵果

症状

辣椒僵果又称石果、单性果或雌性果。早期呈小柿饼状，后期果实呈草莓形。皮厚肉硬，色泽光亮，柄长，果内无籽或少籽，无辣味，果实不膨大，环境适宜后僵果也不再发育。

发病规律

春季栽培时，僵果主要发生在花芽分化期，即播种后 35 天左右。植株受干旱、病害、温度不适等因素（13℃以下或 35℃以上）影响，雌蕊由于营养供应失衡而形成短柱头花，花粉不能正常生长和散发，雌蕊不能正常授粉受精，而长成单性果。这种果实由于缺乏生长刺激素，影响对锌、硼、钾等促进果实膨大的元素的吸收，故果实不膨大，久而久之就形成僵果。露地栽培的辣椒在 7 月中下旬，越冬辣椒在 12 月至翌年 4 月均易产生僵果。

防治方法

（1）选用冬性强的品种，如羊角王、太原22号、湘研15号等。播种前，种子要用高锰酸钾1 000倍液浸种，杀灭病菌。

（2）定植。越冬辣椒定植时，应使营养钵土坨与地面持平，然后覆土3～5厘米厚。

（3）环境调控。在花芽分化期，要防止干旱。其他时间控水促根，以防止形成不正常花器。在花芽分化期和授粉受精期，保护地白天温度严格控制在23～30℃，夜间为15～18℃，地温为17～26℃，土壤含水量相当于最大持水量的55%。

（4）分苗。在2～4片真叶时分苗，谨防分苗过迟损伤根系，从而影响花芽分化时的养分供应，形成瘦小花和不完全花。分苗时用硫酸锌700～1 000倍液浇根，以增加根系长度，促进根系生长，提高吸收和抗逆能力。

（十三）烟青虫

为害特点

以幼虫蛀食蕾、花、果为主，也食害嫩茎、叶和芽，在辣椒田内，幼虫取食嫩叶，3～4龄才蛀入果实，可转果为害。果实被蛀引起腐烂和落果。

形态特征

成虫体色较黄，前翅上各线较清晰，后翅棕黑色宽带中段内侧有一棕黑线、中段外侧有弯曲内凹。卵稍扁。幼虫两根前胸侧毛的连线不与前胸气门下端相连，体表小刺较短。蛹体前段显得粗短，气门小而低，很少凸起。

发生规律

华北、华东地区每年发生2代，以蛹在土中越冬。发生时间较棉铃虫稍迟。卵散产，前期多产在中上部叶片正背面的叶脉处，后期产在萼片和果上。成虫可在番茄上产卵，存活幼虫极少，主要寄主是青椒。幼虫白天潜伏，夜间活动为害。发育历期，卵3～4天，幼虫11～25天，蛹10～17天，成虫5～7天。

烟青虫及为害状

防治方法

（1）栽培措施。发生严重的菜区实行冬耕冬灌，以消灭越冬蛹。烟青虫的卵主产于番茄的顶尖至第四层复叶之间，结合整枝，及时打顶和打杈，可有效地减少卵量。在6月中、下旬2代发生盛期，适时去除番茄植株下部的老叶。在菜田种植玉米诱集带，能减少番茄田烟青虫的产卵量。田间用杨树枝把诱蛾，杨树枝把以新枯萎的、有清香气味的效果最好。

（2）物理防治。田地装置黑光灯可消灭大量成虫。

（3）药剂防治。在第2代烟青虫卵高峰后3～4天及6～8天，连续2次喷洒细菌杀虫剂（B. t. 乳剂、HD-1等苏云金芽孢杆菌制剂）或棉铃虫核型多角体病毒，可使幼虫大量染病死亡。抓住孵化盛期至2龄盛期，即幼虫尚未蛀入果内的时期施药，每亩用5%氯氰菊酯乳油50～60毫升或10%氯氰菊酯乳油30～75毫升对水20～40升喷雾，有效期5～10天，每代施药1～2次。孵化盛期，每亩用10%高效氯氰菊酯乳油30～50毫升对水50～60升喷雾。用5%顺式氯氰菊酯乳油25～40毫升或10%乳油5～15毫升对水20～50升喷雾。常用农药还有21%灭杀毙乳油1 500～3 000倍液，25%氧乐氰乳油 1 000～3 000倍液、40% 灭抗灵乳油 1 500～2 000倍液。注意交替轮换用药。

（十四）双线盗毒蛾

为害特点

幼虫食害叶、豆荚、果实，严重时叶片仅剩网状叶脉，豆荚和果实呈缺刻或孔洞，影响产量和质量。

形态特征

雄成蛾体长 9～12 毫米，翅展 20～26 毫米；雌蛾体长 17～19 毫米，翅展 26～38 毫米。头部和颈板橙黄色，胸部浅黄棕色，腹部褐黄色，肛毛簇橙黄色，前翅赤褐色微带紫色闪光，内线和外线黄色，前缘、外缘和缘毛柠檬黄色，外缘和缘毛黄色部分被赤褐色部分分隔成三段；后翅浅黄色，体下淡黄色。卵黄色，半球形，每块有卵 6～25 粒。末龄幼虫体长 17～25 毫米，头淡褐，胸部、腹部暗棕色；前胸、中胸及第 3～7 和第 9 腹节的背线为黄色，其中间纵贯红线，后胸红色；前胸侧瘤红色，第 1、第 2、第 8 腹节背面具绒球状短毛簇黑色，余污黑色至浅褐色。后胸背板还有一对红色毛突，体上毛瘤上有黑长毛。蛹褐色，藏在棕色薄茧里。

发生规律

南方各省市均有发生，福建省年生 3～4 代，以幼虫在寄主叶片间越冬；广州市年生 10 多代，无越冬现象，傍晚或夜间羽化，成虫夜出，白天栖息在叶背，6～7 月发生数量多，雌成蛾产卵在叶背，卵半球形黄色呈块状，上盖黄色茸毛，每雌可产卵 40～84 粒，卵期 5～10 天，初孵幼虫有群集性，食叶下表皮和叶肉，3 龄后分散为害豇豆荚或瓜果成孔洞，幼虫期 15～20 天，末龄幼虫吐丝结茧黏附在残株落叶上化蛹，蛹期 5～10 天。幼虫天敌有姬蜂和小茧蜂。

防治方法

（1）栽培措施。及时清除田间残株落叶，集中深埋或烧毁。合理密植，使田间通风透光，可减少为害。

（2）药剂防治。掌握在幼虫3龄前喷药，药剂可选用25%灭幼脲3号悬浮剂500~600倍液，50%杀螟松乳油1 000倍液，20%细菌杀虫剂1 000倍液，2.5%速灭杀丁乳油2 000~3 000倍液，10%多来宝悬浮剂1 000倍液，50%辛硫磷乳油1 000倍液，10%吡虫啉可湿性粉剂1 500倍液，20%灭多威乳油1 500~2 000倍液。采收前7天停止用药。

双线盗毒蛾

六、茄子病虫害防治

（一）茄子黄萎病

症状

茄子黄萎病又称半边疯、黑心病。分布广泛，发病率为50%~70%，减产20%~30%，重病地发病率可达90%以上，减产40%。

在定植后不久即可发病，但大量发生是在门茄坐住后，盛果期进入发病高峰。初在病株中下部个别叶片上发生，病叶叶脉间出现不整齐形的病斑，病部明显的变黄、枯死，或叶缘萎黄上卷，逐渐向上发展，往往先在部分枝条上发现，使半边枝叶变黄枯死，后逐渐扩展到全株。严重时叶片脱落，变成光秆。剥开根或茎皮层，可见维管束变成褐色。果实僵化不长。严重时全株枯死。

茄子黄萎病（叶缘萎黄上卷）

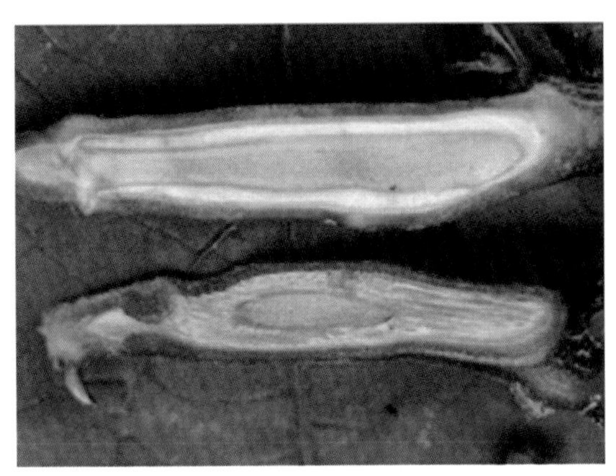

茄子黄萎病（维管束褐变）

茄子黄萎病

发病规律

病原菌随病株残体在土中越冬，可存活 6～8 年。病原菌从根部伤口或直接从幼根的表皮侵入引起发病。种子也可带菌。病原菌在田间靠风、雨、灌溉水、农具及农事操作等传播。温度是影响发病的主要因素。气温 20～25℃，潮湿多雨时发病重。气温 28℃以上病害受到抑制。从定植到开花期，日平均气温低于 15℃的日数越多，发病越早越重。地势低洼，土质黏重，多年连作，定植伤根，冷水浇灌，均会加重发病。

防治方法

茄子黄萎病是一种比较难防治的病害，应采取农业防治为主，药剂防治为辅的综合防治措施。

（1）种子处理。带菌种子坚决淘汰。播种前用 50% 多菌灵可湿性粉剂 500 倍液浸种 1～2 小时，然后催芽播种。

（2）栽培措施。与葱、蒜等非茄科作物实行轮作，有条件的地方可实行水旱轮作，如实行大棚茄子（冬、春）—单季晚稻的栽培方式。一般早熟、耐低温的品种抗黄萎病能力强。用托鲁巴姆、毛粉 802 等材料作砧木，进行嫁接换根，防病效果较好。

（3）药剂防治。床整平后，每平方米用 50% 多菌灵可湿性粉剂 5 克，拌细土撒施于畦面，再播种。定植后用 50% 多菌灵 500～1 000倍液灌根，每株约 250 毫升，连灌 2 次。发病初期用 70% 黄萎绝可湿性粉剂 600～700 倍液灌根，每株灌 100 克，5～7 天灌 1 次，连灌 2～3 次，病株可迅速恢复健康生长。发病初期还可以选用 86.2% 铜大师可湿性粉剂 1 500～2 000倍液，50% 多菌灵 500 倍液，75% 治霉灵可湿性粉剂 500 倍液等进行灌根，每株灌药液 0.5 千克，10 天左右灌 1 次，连灌 2～3 次。

（二）茄子枯萎病

症状

病株叶片自下向上逐渐变黄枯萎，病症多表现在一、二层分枝上，有时同一叶片仅半边变黄，另一半健全如常。病茎维管束变褐色。该病易与黄萎病混淆。

发病规律

病原菌随病残体或种子上越冬，可营腐生生活。病原菌从幼根或伤口侵入植株，进入维管束，堵塞导管，并产生有毒物质，引起叶片黄枯而死。病原菌通过水流或灌溉水传播蔓延。土温28℃左右，土壤潮湿，连作地，移栽或中耕时伤根多，植株生长势弱，发病重。

防治方法

（1）种子处理。用0.1%硫酸铜浸种5分钟消毒，洗净后催芽播种。

（2）栽培措施。实行3年以上轮作；选用抗病品种；采用新土育苗或床土消毒；施用充分腐熟的有机肥，适当增施钾肥。

（3）药剂防治。播种时，用50%多菌灵可湿性粉剂1∶200拌土制成药土，下铺上盖。发病初期喷药，常用农药有50%多菌灵可湿性粉剂500倍液，36%甲基硫菌灵悬浮剂500倍液。

茄子枯萎病

（三）茄子绵疫病

症状

茄子绵疫病又称茄子掉蛋、烂果病，全国各地发生普遍，是一种危害极大的真菌性病害，多发生在8～9月高温多雨时期，常造成茄果大量腐烂。主要侵害果实和幼苗。

近地面果实先发病。病初产生圆形褐色病斑，并逐渐扩大，且稍凹陷，果实内部变黑腐烂。在天气潮湿时，病部长出茂密的白色棉毛。叶片发病多从叶尖或叶的边缘开始，病斑初呈暗绿色，后变为褐色不规则形病斑，潮湿时病部也生稀疏白霉。嫩枝发病初呈水浸状，后变褐缢缩以致折断，其上部枝叶萎蔫枯死。根及茎基部被侵染，初病部发黑，后变为淡褐色，腐烂，并引起植株上部枯死。幼苗感病则发生猝倒。

发病规律

病原菌在病残体上越冬，也可营腐生生活。病原菌借雨水飞溅传播到靠近地面的茄果上引起发病。茄子盛果期的高温多雨有利于发病。若雨季早，降雨多，尤其是连阴雨，天气闷热，则发病早且重。地势低洼、土壤黏重、雨后田间易积水或者过度密植、通风不良，也易引起发病。果皮厚的品种较抗病，长茄系品种较圆茄系品种易感病。

防治方法

（1）栽培措施。与非茄果类、非瓜类蔬菜轮作，条件许可时，将茄子与辣椒、番茄等茄科之外的蔬菜轮作 3 年以上，重病地块轮作的间隔时间还应更长一些。选择容易排水的地块种植，冬季深翻土地，多施有机肥和磷钾肥；采用高垄栽培，南北行向，做到易排易灌。选择抗病品种在一些地区露地栽培的中晚熟品种，植株高大，如果密植田间通风透光不良，病害严重。因此，中晚熟品种种植密度每亩不超过 1 000 株，有的甚至可以在 700 株左右，并在宽垄稀植的基础上间作矮生菜豆、矮生豇豆、日本夏阳白菜等矮生作物，经济效益很好。雨后排水；施足底肥，及时追肥，增施磷、钾肥，避免偏施氮肥；合理密植，及时打去脚叶使田间通风；清理烂果和病叶，收获后收集病株残体烧毁或深埋。

（2）药剂防治。

①穴施或沟施：在茄苗定植时，用 75% 敌克松可湿性粉 1：100 配成药土，每亩穴施或沟施药土 75 ~ 100 千克。

②灌根：发病前用25%甲霜灵可湿性粉500倍液，或80%三乙磷酸铝600倍液灌根，每株灌药液150毫升，视天气每10天灌根防治1次。

③喷药：发病初期及时喷药保护，常用农药有80%喷克可湿性粉剂600倍液，72%杜邦克露可湿性粉剂800倍液，69%安克锰锌可湿性粉剂900倍液，75%百菌清可湿性粉剂500～600倍液，70%乙膦·锰锌可湿性粉剂500倍液，58%甲霜灵·锰锌400～500倍液，72.2%普力克水剂700～800倍液。每隔7天左右喷1次，连续2～3次。

④浸果：此法费工多，但效果很好。最好在雨过天晴后实施，用70%代森锰锌可湿性粉600倍液加25%雷多米尔可湿性粉800倍液配成混合液，将所有茄果涂或浸一遍。

（四）茄子猝倒病

症状

茄子猝倒病是茄子苗期的重要病害，早春育苗时常因发病猖獗，发生造成全床毁种。茄子猝倒病主要发生在育苗前期，种子发芽后及出土前后均可染病。出土前染病造成烂种或烂芽；出土后3片真叶前染病主要发生在茄苗茎基部，初现水浸状黄褐色病斑，后迅速扩展，病部缢缩成线状，往往在子叶尚未凋萎时，幼苗便折倒贴伏在地面上，故称猝倒病。苗床上猝倒病多零星发病，形成发病区以后迅速向四周扩展，形成一片一片的猝倒，生产上头一天还长的挺好，翌晨揭膜一看出现一片片倒折苗，湿度大时，在病苗表面或附近土表长出一层白色菌丝，致病苗腐烂后干枯。

发病规律

该病原菌腐生性很强，可在土壤中长期存活，在病株残体上及土壤中越冬。条件适宜萌发侵染幼年、苗引起猝倒，病菌靠灌水或雨水冲溅传播。低温、高湿，土壤中含有机质多，施用未腐熟的粪肥等均有利于发病。苗床通风不良，光照不足，湿度偏大，不利于幼苗根系的生长和发育，易诱导猝倒病发生。

防治方法

（1）栽培措施。苗床应选在地势高、排水良好的地方。选用无病新土或风化的河泥作床土。有机肥要充分腐熟。播种要均匀，不宜过密。播种后盖土要浅，以利出苗。浇水量不宜过多，并注意通风透气，以控制苗床温湿度。在严冬和早春，必须做好保温工作，防止冷风和低温，以免幼苗受冻。病初要早分苗和间苗，培育壮苗，提高幼苗抗病能力。

（2）药剂防治。猝倒病重发区，采用基质育苗或大田不带菌新土育苗，发病初期用72%克露可湿性粉剂600倍液，69%安克锰锌可湿性粉剂800倍液，75%百菌清可湿性粉剂600倍液，64%杀毒矾可湿性粉剂500倍液。每隔7～10天用1次，视病情程度防治1～2次。

（五）茄子黑斑病

症状

该病是由真菌引起的。主要危害叶片和果实。茄子生长后期易发病。发病叶片上出现不规则形或近圆形病斑，多在侧脉间，病斑上有轮纹，直径3～10毫米，后期病斑表面有黑色霉层明显，引起叶片枯死。病果有圆形或不规则形黑斑，直径15毫米以上，稍凹陷，果肉稍变褐，呈干腐状，后期发病多。

发病规律

病原菌在病残体或种子上越冬。在育苗期始见，成株期也可发病。

防治方法

（1）种子处理。种子进行温汤浸种消毒。

（2）栽培措施。清除病残体，实行3年以上轮作。

（3）药剂防治。发病初期喷药，常用农药有80%喷克可湿性粉剂600倍液，50%加瑞农可湿性粉剂500倍液，50%多菌灵可湿性粉剂500倍液，每隔7～10天喷1次，连续防治2～3次。

茄子黑斑病

（六）茄子根结线虫病

症状

根结线虫病主要发生于茄子根部，尤以支根受害多。根上形成很多近球形瘤状物，似念珠状相互连接，初表面白色，后变褐色或黑色，地上部表现萎缩或黄化，天气干燥时易萎蔫或枯萎。

发病规律

病原线虫以成虫或卵在病组织里，或以幼虫在土壤中越冬。病土和病肥是发病主要来源。翌年，越冬的幼虫或越冬卵孵化出幼虫，由根部侵入，引致田间初侵染，后循环往复，不断地进行再侵染。茄根结线虫在全国发生较普遍，以沙土或沙壤土居多。受害寄主除茄子外，黄瓜、甜瓜、南瓜、番茄、胡萝卜等也易感染。该线虫发育适温25～30℃，幼虫遇10℃低温即失去生活能力，48～60℃经5分钟致死，在土中存活1年，2年即全部死亡。

防治方法

（1）栽培措施。与非寄主作物实行2～3年的轮作；选用无病土育苗。根结线虫多分布在3～9厘米表土层，深翻可减少为害。

茄子生长期间发生线虫，应加强田间管理，彻底处理病残体，集中烧毁或深埋。与此同时，合理施肥或灌水以增强寄主抵抗力。

（2）药剂防治。在播种或定植时，每平方米施用1.8%爱福丁1毫升，使用时将先将药剂用少量水稀释喷在地面上，立即翻入土中。

（七）茄子病毒病

症状

常见有4种症状。

（1）花叶型。表现为整株发病，叶片黄绿相间，形成斑驳花叶，严重时植株矮化。

（2）斑驳型。沿叶脉两侧出现黄色的斑驳。

（3）坏死斑点型。表现为部分叶片有局部侵染性紫褐色坏死斑，直径0.5~1毫米，有时呈轮点状坏死，叶面皱缩。

（4）大型轮点型。表现为叶片产生由黄色小点组成的轮状斑点。

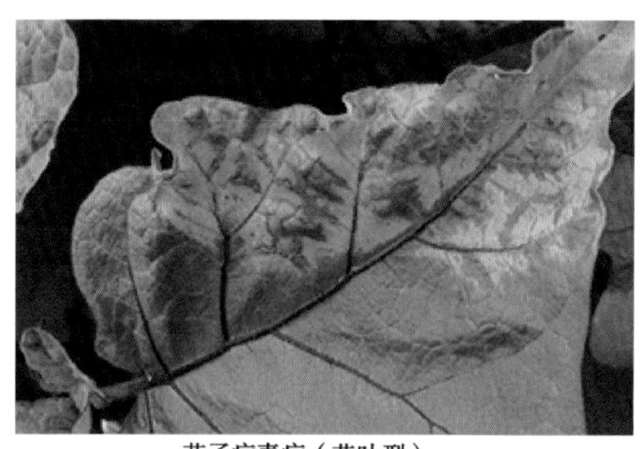

茄子病毒病（花叶型）

茄子病毒病

发病规律

该病为病毒性病害，主要靠蚜虫传播，汁液摩擦接种也能传毒。高温干旱，管理粗放，田边杂草多，蚜虫发生量大，发病重。

防治方法

（1）栽培措施。选用耐病品种。早期防蚜避蚜，减少传毒介体。塑料大棚悬挂银灰膜条，畦面铺盖灰色尼龙纱避蚜。加强肥水管理，铲除田间杂草。

（2）药剂防治。发病前喷施20%病毒A可湿性粉剂500倍液，抗毒丰0.5%菇类蛋白多糖水剂300倍液。每隔10天左右喷1次，连续防治2～3次。及时防治蚜虫。

（八）茄子菌核病

症状

该病发生日趋加重。全国各地均有发生，尤以长江流域及其以南地区发生严重。整个生育期均可发病。常引起茄子主茎、侧枝腐烂，轻者造成产量、品质下降，重者可造成绝收。

苗期在茎基部发病，病初出现水浸状浅褐色病斑，潮湿时长出白色棉絮状菌丝，病部软腐；干燥后呈灰白色，茎基部收缩，质脆易断，菌丝结成菌核，苗呈立枯状死亡。成株期茎、枝、花、果、叶均能受害，大多数从植株茎部地面5～25厘米的主茎或侧枝处开始发病。叶被害，形成近圆形浅褐色具轮纹的病斑，直径较大，大的可达1～2厘米，茎发病呈淡褐色水浸状病斑，略凹陷，逐渐变为灰白色，湿度大时病部表面长出白色絮状菌丝，皮层霉烂，髓空，在病茎表面及髓部形成黑色菌核，干燥后表皮易破裂，纤维外露似麻丝，引起植株枯萎死亡。侧枝受害也可导致整枝死亡。花器受害呈褐色水浸状，软腐后干缩，后期表面生白色霉层。发病果从端部或向阳面显症，病部稍凹陷，呈褐色水浸状腐烂，也有从脐部逐渐向果蒂扩展，直至全果腐烂。果柄受害常使果实脱落。叶部被害，先出现圆形水浸状病斑，后变为青褐色，高湿时能产生白色菌丝。

发病规律

病原菌主要以菌核越冬。条件适宜时菌核萌发子囊孢子，随气流传播，从伤口或自然孔口侵入，形成初侵染。在日光温室内，一般从 11 月至翌年 4 月发生。在南方棚内 3 月底开始发病，5 月上旬达发病高峰，随气温迅速上升病情减轻。地膜覆盖栽培良好的大棚，发病较少。覆膜不平，膜下杂草丛生，利于菌核萌发，加重病害发生。病健株接触，可引起发病。

防治方法

（1）种子处理。用种子重量 0.3% ~0.5% 的多菌灵可湿粉或速克灵可湿粉，使药粉均匀地黏附在种子表面后播种。

（2）栽培措施。用新土育苗。覆盖地膜栽培以阻止病原菌子囊盘出土。发现病株及时拔除或剪去病枝带到棚外集中烧毁。低温季节要及时盖膜，并在棚内四周和其内的小棚外加盖草帘，防止植株受冻。

（3）药剂防治。连作大棚用药剂消毒。每平方米用 25% 多菌灵可湿粉 20 克，加干细土 0.5 ~1 千克撒施于大棚畦面上，然后播种、假植或定植。田间出现中心病株时，用 50% 多菌灵可湿性粉剂 500 倍液，50% 混杀硫悬浮剂 500 倍液，36% 甲基硫菌灵悬浮剂 500 倍液，50% 苯菌灵可湿性粉剂 1 200倍液，50% 速克灵可湿性粉剂 1 500倍液，50% 扑海因可湿性粉剂 1 500倍液，50% 农利灵或 40% 菌核净可湿性粉剂 1 000倍液交替使用，每隔 15 天喷 1 次，连喷 3 ~4 次。

（九）茄子黑根霉果腐病

症状

主要危害果实。病果上病斑呈水浸状褐色斑，并迅速扩展到整个果实，果实和果柄变褐软腐，湿度大时病部表面产生灰白色霉层，后出现黑色毛状霉。病果多脱落，个别干缩成僵果挂在茄株上。

发病规律

该病是由真菌引起的。病原菌寄生性弱，分布十分普遍，条件适宜时病原菌靠风雨传播，从伤口或生活力衰弱或遭受冷害等部位侵入。气温 23～28℃，相对湿度高于 80% 时易发病。雨水多或大水漫灌，田间湿度大，整枝不及时，株间郁闭，果实伤口多，发病重。

防治方法

（1）栽培措施。合理调节水肥，及时整枝或去掉下部老叶，保持通风透光。果实成熟后及时采收。采取高畦或起垄栽培，雨后及时排水，严禁大水漫灌。棚室要及时放风，防止湿气滞留。

（2）药剂防治。发病初期喷药，常用农药有 30% 碱式硫酸铜悬浮剂 400～500 倍液，77% 可杀得可湿性微粒粉剂 500 倍液，50% 琥胶肥酸铜可湿性粉剂 500 倍液，14% 络氨铜水剂 300 倍液，50% 混杀硫悬浮剂 500 倍液，36% 甲基硫菌灵悬浮剂 600 倍液，47% 加瑞农可湿性粉剂 800～1 000倍液。每隔 10 天左右喷 1 次，防治 2～3 次。采收前 5 天停止用药。

（十）茄子褐色圆星病

症状

主要危害叶片。发病时叶片上出现圆形或近圆形的病斑，病斑初期为褐色或红褐色，直径 1～6 毫米，逐渐发展成中央为灰褐色的病斑，边缘为褐色或红褐色病斑。边缘产生灰白色霉状物，生于叶面和叶背。病斑多时叶片枯死，后期严重时病斑破裂穿孔。

发病规律

病原菌在被害部越冬，借气流或雨水溅射传播蔓延。温暖多湿的天气或低洼潮湿，株间郁闭，易发病。

防治方法

（1）栽培措施。选用抗病良种。合理密植，清沟排渍，改善田间通透性。

（2）药剂防治。发病初期喷药，常用农药有 75% 百菌灵可湿性粉剂 800 倍液加 70% 甲基硫菌灵可湿性粉剂 800 倍液，50% 多菌清可湿性粉剂 800 倍液加 70% 代森锰锌可湿性粉剂 800 倍液，40% 多·硫悬浮剂 600 倍液，36% 甲基硫菌灵悬浮剂或 50% 混杀硫（甲·硫）悬浮剂 500 倍液。每隔 7～10 天喷 1 次，连续 2～3 次。

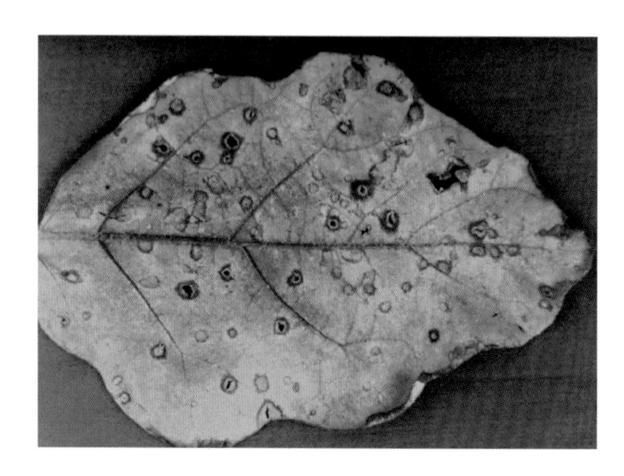

茄子褐色圆星病

（十一）马铃薯瓢虫

为害特点

此虫以成虫和幼虫舔食叶肉，残留上表皮呈网状，严重时被害叶片在短期内坏死干枯。

形态特征

成虫半球形，体长 6 毫米，黄褐至棕红色，体表密生黄色细毛。前胸背板上着生 6～7 个黑斑，中间两个常连接成一个横斑；每个鞘翅上着生 14 个黑斑。卵弹头形，淡黄色至褐色，卵长约 1.2 毫米，卵粒排列较紧密。末龄幼虫体长约 7 毫米，初龄淡黄色，后变白色；体表多枝刺，其基部有黑褐色环纹，枝刺白色。蛹椭圆形，长 5.5 毫米，背面有黑色斑纹，尾端包着末龄幼虫的蜕皮。

发生规律

此虫在长江以南发生较多，在广东省年发生 5 代，无越冬现象，每年以 5 月发生数量多，为害较重。北方多在夏秋季发生为害。成虫白天活动，有假死性和自残性。雌成虫将卵块产于叶背，初孵幼虫群集为害，稍大后分散。老熟幼虫在原处或枯叶中化蛹。卵期5~6天，幼虫期15~25天，蛹期4~15天，成虫寿命25~60天。

防治方法

（1）人工捕捉成虫，利用假死性在敲打植株后收集消灭。

（2）幼虫孵出前人工摘除卵块集中处理，减少害虫数量。

（3）幼虫分散前进行药剂防治，可选用3%莫比朗（啶虫脒）乳油1 000~2 000倍液，或用10%氯氰乳油3 000~4 000倍液，或用5.7%百树得（氟氯氰菊酯）乳油3 000~4 000倍液，或用10%赛乐收（乙氰菊酯）乳油1 000~1 500倍液喷雾。

（十二）红棕灰夜蛾

为害特点

幼虫食叶成缺刻或孔洞，严重时可把茄子叶片食光。也可为害嫩头，花蕾和茄果。

形态特征

体长15~17毫米，翅展38~41毫米。头部与胸部红棕色。腹部褐色。前翅红棕色，基线及内横线隐约可见，均双线波浪形，剑纹粗短，褐色，环纹与肾纹均椭圆形，不明显，外横线棕色，锯齿形，亚缘线微白，内侧深棕色；后翅褐色，基部色浅。

发生规律

吉林、银川年生2代，以蛹越冬，翌年吉林第一代成虫于5月上旬出现，6月上旬出现第一代幼虫，8月上旬第二代成虫始见，交配产卵常把卵产在叶面或枝上，每雌产卵150~200粒；银川第一代成虫5月中下旬出现，第二代成虫于7月下旬至8月上旬出现，1~2龄幼虫群聚在叶背食害叶肉，有的钻入花蕾中取食，3龄后开始分散，4龄时出现假死性，白天多栖息在叶背或心叶上，5~6龄进入暴食期，每24小时即可吃光1~2片叶子，末龄幼虫食毁草莓的嫩头、蕾花、幼果等，影响草莓翌年产量。幼虫进入末龄后于土内 3 ~6 厘米处化蛹。成虫有趋光性。幼虫白天隐居叶背，主要在夜间取食，受惊扰有卷缩落地习性。天敌有齿唇茧蜂、蜘蛛、蓝蝽等。

防治方法

（1）成片安置黑光灯，进行测报和防治。

（2）人工捕杀幼虫。

（3）幼虫低龄期可选用25% 灭幼脲3 号悬浮剂500 ~800 倍液，5% 抑太保乳油 3 000 ~4 000倍液、20% 除虫脲悬浮剂 3 000 ~4 000 倍液、10% 多来宝悬浮剂 1 500 ~2 000倍液、2.5% 强力高效氯氰菊酯乳油 2 000 ~ 3 000 倍液、3% 莫比朗乳油、5% 卡死克乳油 1 500 ~2 000倍液、5% 快杀敌乳油、5.7% 百树得乳油、2.5% 天王星乳油 3 000 ~4 000倍液喷雾。用 2% 巴丹粉剂，每亩 2 千克，对细干土 15 千克制成毒土撒施于株间也有效。

（十三）二点叶蝉

为害特点

成虫和若虫聚集叶片背面吸取汁液，对茄子的生长、结果影响很大。

形态特征

成虫体长 3.5 ~4.4 毫米，全体淡黄绿色，头部黄绿色。头冠后部有 2 个明显的黑色圆点，前部有两对黑色横纹，前一对位于头冠前缘。前胸背板黄绿色，中后部色较暗，小盾片鳞黄绿色，近两侧处各有一黑斑。前翅淡黄白色，体腹面中央黑色。足淡黄色。

发生规律

一年发生 3 代。越冬成虫于 3 月底开始活动，5 月间产卵。第一代若虫发生在 5 月下旬到 6 月上旬，第二代为 7 中下旬，第三代在 9 ~10 月，10 月下旬羽化成虫后，即陆续越冬。一般枝叶过密及园地通风透光不良时发生较重。

二点叶蝉

防治方法

（1）在各代若虫发生初期，尤其是5月下旬第一代若虫发生期应及时喷药防治，药剂可用90%晶体敌百虫1 000倍液，或用80%敌敌畏乳剂1 000倍液，或用75%乙酰甲胺磷乳剂1 000倍液，或用20%菊乐合酯乳剂2 000倍液，或用2.5%天王星乳油3 000～4 000倍液等。在田间喷药时要注意喷头向上，使叶背面全面喷到，提高效果。并注意几种农药交替使用，避免害虫产生抗药性。

（2）冬季清除温室田间杂草、落叶，剥除茄子枝蔓老皮，消灭越冬成虫。

（十四）小绿叶蝉

为害特点

成、若虫吸汁液，被害叶初现黄白色斑点渐扩大成片，严重时茄子全叶苍白早落。

形态特征

成虫体长3.3～3.7毫米，淡黄绿至绿色，复眼灰褐色，无单眼，触角刚毛状，末端黑色。前胸背板、小盾片浅显绿色，常具白色斑点。前翅半透明，略呈革质，淡黄白色，周缘具淡绿色细边。后翅透明膜质。腹部背板色较腹板深，末端淡青绿色。头背面略短，向前突。卵长椭圆形，略弯曲乳白色。若虫体长 2.5 ~3.5 毫米，与成虫相似。

小绿叶蝉

发生规律

每年发生 4 ~6 代，以成虫在落叶、杂草或低矮绿色植物中越冬，翌春出蛰取食后交尾产卵，卵多产在桃、李、杏等新梢或叶片主脉里。1 个世代 40 ~50 天，有世代重叠现象。6 月虫口数量增加，8 ~9 月严重为害。秋后以末代成虫越冬。成、若虫喜白天活动，在叶背刺吸汁液或栖息。成虫善跳，可借风力扩散，每旬均温 15 ~25℃适其生长发育，28℃以上及连阴雨天气虫口密度下降。

防治方法

（1）冬春季清洁温室，清除落叶及杂草，减少越冬虫源。

（2）若虫孵化盛期及时喷洒 20% 扑虱灵乳油 1 000倍液、20% 叶蝉散（灭扑威）乳油 800 倍液或 25% 速灭威可湿性粉剂 600 ~800 倍液、20% 害扑威乳油 400 倍液、2.5% 保得乳油 2 000倍液、2.5% 敌杀死或功夫乳油 2 000倍液、10% 吡虫啉可湿性粉剂 2 500倍液。

（十五）二星蝽

为害特点

成、若虫吸食茄子茎、叶柄、芽和果实的汁液，干扰植株生长发育，影响产量。

形态特征

成虫体长4.5～5.6毫米，宽3.3～3.8毫米，头部全黑色，少数个体头基部具浅色短纵纹，喙浅黄色，长达后胸端部。触角浅黄褐色，具5节。前胸背板侧角短，背板的胝区黑斑前缘可达前胸背板的前缘，小盾片末端多无明显的锚形浅色斑，在小盾片基角具2个黄白光滑的小圆斑。胸部腹面污白色，密布黑色点刻，腹部腹面黑色，节间明显，气门黑褐色。足淡褐色。密布黑色小点刻。

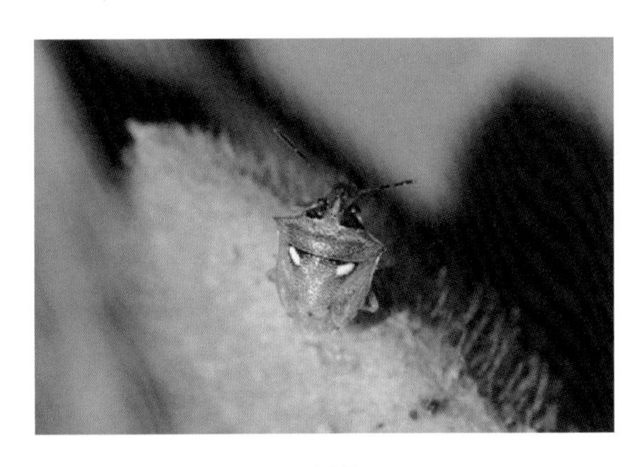

二星蝽

发生规律

每年生4代，以成虫在杂草丛中、枯枝落叶下越冬，翌年3～4月开始活动为害，卵产于叶背面，数十粒排成1～2纵行，有的不规则，成虫有趋光性。江苏、福建等省8月中旬至9月中旬，成虫爬行在茄子叶柄上，不爱飞行。

防治方法

（1）成虫集中越冬或出蜇后集中为害时，利用成虫的假死性，振动植株，使虫落地，迅速收集杀死。

（2）发生严重的为害时，喷洒 20% 灭多威乳油 1 500倍液。采收前 5 天停止用药。

七、芹菜病虫害防治

（一）芹菜斑枯病

症状

芹菜斑枯病俗称火龙，又称晚疫病、叶枯病，为真菌性病害。是芹菜上发生最普遍最严重的病害之一。芹菜叶片、叶柄和茎均可发病。分为大斑型和小斑型，华南地区只发生大斑型，东北地区侧以小斑型为主。大斑型老叶先发病，后传染到新叶上，叶上病斑多散生，病斑大小不等，直径 3～10 毫米，初为淡褐色油渍状小斑点，后逐渐扩大，中部呈褐色坏死，外缘多为深红褐色且明显，中间散生少量小黑点。小斑型始不易与前者区别，后期中央呈黄白色或灰白色，边缘聚生很多黑色小粒点，病斑外常有一圈黄色晕环，病斑直径不等。叶柄或茎部发病，病斑褐色，长圆形稍凹陷，中部散生黑色小点。病斑上有黑色小点是该病识别的重要特征。

发病规律

病原菌潜伏在种皮内越冬，也可在病残体上越冬。潜伏在种皮内的菌丝可存活 1 年以上。病原菌借风雨、牲畜及农具传播；带菌种子可作远距离传播。在适宜温湿度下，潜育期约为 8 天；在 20～25℃温度和多雨的情况下，病害发生严重，并能迅速蔓延和流行；白天干燥，夜间有雾，或温度过高过低时，发病重；重茬地，低洼地发病重；浇水多，排水不良，田间积水，种植过密，土地贫瘠，生长势差，发病严重。

防治方法

（1）种子处理。可采用48～50℃温水浸种30分钟，再在冷水中浸20分钟，晾干后播种。利用2～3年陈种播种，种子带菌少，可减轻病害。

（2）栽培措施。尽量从无病种株上留种；除施足底肥外，应及时追肥，防止缺肥、大水漫灌，雨后应注意排水，保护地栽培应注意通风排湿。该病病原菌只危害芹菜，与其他蔬菜实行2～3年轮作，病害明显减轻。病初应摘除病叶和底部老叶，收获后清除病残体，并进行深翻。保护地栽培要注意降温排湿，白天控温15～20℃，高于20℃要及时放风，夜间控制10～15℃，缩小日夜温差，减少结露，切忌大水漫灌。

（3）药剂防治。芹菜苗高2～3厘米时，进行施药保护。保护地栽培施用45%百菌清烟剂熏烟，每亩每次200～250克；或喷撒5%百菌清粉尘剂，每亩每次1千克。露地栽培可选喷75%百菌清可湿性粉剂600倍液，60%琥·乙膦铝可湿性粉剂500倍液，40%多·硫悬浮剂500倍液，47%加瑞农可湿性粉剂500倍液。每隔7～10天喷施1次，连续防治2～3次。

（二）芹菜灰霉病

症状

该病为真菌性病害，局部发病。开始多从有结露的心叶或下部有伤口的叶片、叶柄或枯黄衰弱的外叶先发病，初为水渍状，后病部软化、腐烂或萎蔫，病部长出灰色霉层。长期高湿，则引起芹菜整株腐烂。

发病规律

病原菌在土壤中或在病残体上越冬或越夏。条件适宜病原菌借气流、雨水、露珠及农事操作进行传播，从植株伤口或衰老的器官及枯死的组织上侵入，进行初侵染和再侵染。病原菌为弱寄生菌，可在有机物上腐生。发育适宜温度20～23℃，最高31℃，最低

2℃。发病要求高湿条件，一般在 12 月至翌年的 5 月，当气温达 20℃左右，相对湿度持续 90% 以上的多湿状态，芹菜易发病。

芹菜灰霉病

防治方法

（1）栽培措施。保护地栽培要采取变温管理，晴天上午晚放风，使棚温迅速升高，当棚温升至 33℃，再开始放顶风，31℃以上高温可减缓病原菌萌发侵染；当棚温降至 25℃以下，中午继续放风，使下午棚温保持在 25 ~ 20℃；棚温降至 20℃关闭通风口以减缓夜间棚温下降，夜间棚温保持15～17℃；阴天打开通风口换气。浇水宜在上午进行，发病前或发病初期适当节制浇水，严防过量，每次浇水后，加强管理，防止结露。

（2）药剂防治。保护地每亩用15%腐霉利烟剂200克，或用特克多烟剂50克，或用45%百菌清烟剂250克，熏治1夜，每隔7～8天喷或熏1次。也可于傍晚每亩喷撒5%百菌清粉尘剂1千克，隔9天喷撒1次。喷施有常用药剂还有50%腐霉利可湿性粉剂1 000～1 500倍液，50%得益可湿性粉剂600倍液，45%特克多悬浮剂3 000～4 000倍液，50%异菌脲可湿性粉剂1 500倍液，60%防霉宝（多菌灵盐酸盐）超微粉600倍液。每隔7～10天喷施1次，共防治3～4次。由于灰霉病原菌易生产抗药性，应尽量减少用药量和施药次数，并注意轮换或交替用药。

（三）芹菜病毒病

症状

芹菜从苗期至成株期均可发病。苗期发病出现黄色花叶或系统花叶，发病早的所生嫩叶上出现斑驳或呈花叶状，病叶小，有的扭曲或叶片变窄；叶柄纤细，植株矮化。成株期发病初期叶片皱缩，出现浓淡相间的绿色斑驳或黄色斑块，表现为明显的黄斑花叶。严重时，全株叶片皱缩不长或黄化，矮缩。

发病规律

田间主要通过蚜虫传播，也可通过人工操作接触摩擦传毒。栽培管理条件差，干旱，蚜虫数量多，发病重。

防治方法

（1）栽培措施。主要采取防蚜、避蚜措施进行防治。其次要加强水肥管理，提高植株抗病力，以减轻危害。

（2）药剂防治。常用药剂有5%菌毒清可湿性粉剂500倍液，0.5%抗毒剂1号水剂300倍液，20%毒克星可湿性粉剂500倍液，20%病毒宁水溶性粉剂500倍液。每隔10天左右防治1次，防治

1～2 次。

芹菜病毒病

（四）芹菜软腐病

症状

芹菜软腐病是由细菌引起的病害。主要发生于叶柄基部或茎上。先出现水浸状、淡褐色纺锤形或不规则形的凹陷斑，后呈湿腐状，变黑发臭，仅残留表皮。

发病规律

病原细菌在土壤中越冬，从芹菜伤口侵入，借雨水或灌溉水传播蔓延。该病在生长后期湿度大的条件下发病重。种植密度和土壤湿度过大，连作、机械损伤或昆虫为害多，芹菜容易发病。

防治方法

（1）种子处理。种子用菜丰宁 B1 拌种，每亩用 100 克，先将种子用水浸湿，均匀拌在种子上即可。

（2）栽培措施。合理密植，起宽垄种植，以便于浇水和排水；发病期应减少浇水或暂停浇水。实行 2 年以上轮作，轮作作物以大麦、小麦、豆类和葱蒜类为宜，忌与十字花科、茄科及瓜类等蔬菜轮作；播种或定植前提早耕翻整地，改进土壤性状，提高肥力、地温，促进病残体腐解，减少病菌来源；定植、松土或锄草时避免伤根，防止病菌由伤口侵入。

芹菜软腐病

（3）药剂防治。发现病株及时挖除，并撒入石灰消毒，在发病前或发病初可喷洒72%农用硫酸链霉素可湿性粉剂或新植霉素3 000～4 000倍液、14%络氨铜水剂350倍液、50%代森锌600～800倍液、95%醋酸铜500倍液、氯霉素200～400毫克/千克。每隔7～10天喷施1次，连续防治2～3次。注意喷药时，应以轻病株及其周围植株为重点，喷在接近地表的叶柄及茎基部上。

（五）芹菜早疫病

症状

为真菌性病害，是芹菜的主要病害之一。发生普遍，危害出较严重。芹菜早疫病又称叶斑病、斑点病，主要危害叶片，也可危害叶柄和茎。病叶最初出现黄绿色水渍状斑点，逐渐变为褐色或暗褐色，病斑稍圆，边缘黄色，病斑大小为4～10毫米；严重时叶柄和茎上病斑为水渍状圆斑或条斑，渐变为暗褐色，稍凹陷；高温多湿时，病斑表面生白色或紫色霉状物。

发病规律

病原菌以菌丝体附着在种子或病残体上及病株上越冬。春季条件适宜，通过雨水飞溅、风及农具或农事操作传播，从气孔或表皮直接侵入。病原菌发育适宜温度 25～30℃。夏秋高温多雨季节，排水不良地块，芹菜易发病；棚室栽培时，若初期出现高温多湿小气候也易发病。缺水缺肥，灌水过多，通风不良，植株长势弱，发病重。浇水不科学，如阴天或雨天浇水，浇水时大水漫灌，田间积水，都会加重发病。

芹菜早疫病

防治方法

（1）种子处理。播种前要用 48℃温水浸种 30 分钟，捞出晒干再播种。

（2）栽培措施。实行轮作可有效减轻病害；浇水时勿大水漫灌，发病后要控制浇水量；施入充足的有机肥，并适时施用化肥，以提高植株抗病性。棚（室）内湿度大时，要适当通风排湿；白天温度控制在 15～20℃，夜间温度控制在 10～15℃，以减少叶面结露。随时摘除病叶，带出田外烧毁或深埋，以减少病原菌，控制病害蔓延。

（3）药剂防治。发病前可用2%抗霉菌素水剂150倍液，每隔7天喷1次，连续3～4次；也可以用无害公农药如3.3%特克多烟剂，每亩250克熏烟。发病初期选择晴天喷药，常用药剂有50%灭菌灵可湿性粉剂800倍液，50%异菌脲可湿性粉剂500～600倍液，50%多菌灵可湿性粉剂800倍液，50%甲基硫菌灵可湿性粉剂500倍液，77%可杀得可湿性粉剂500倍液，每隔7天防治1次，共防治3～4次。棚室栽培，可选用5%百菌清粉尘剂每亩每次1千克，或用45%百菌清烟剂每亩每次200克。每隔9天左右防治1次，连续或交替施用2～3次。

（六）芹菜根结线虫病

症状

表现为芹菜植株生长发育受阻，颜色不正常，天气干燥时，植株萎蔫。上述症状是线虫为害根部所致。初在幼嫩的须根上为害，使须根上长有许多大大小小的根结。致病线虫为几种根结线虫。线虫成虫雌雄异形，幼虫呈细长蠕虫状。雄成虫线状，雌成虫梨形，乳白色。多埋藏于寄主组织内。

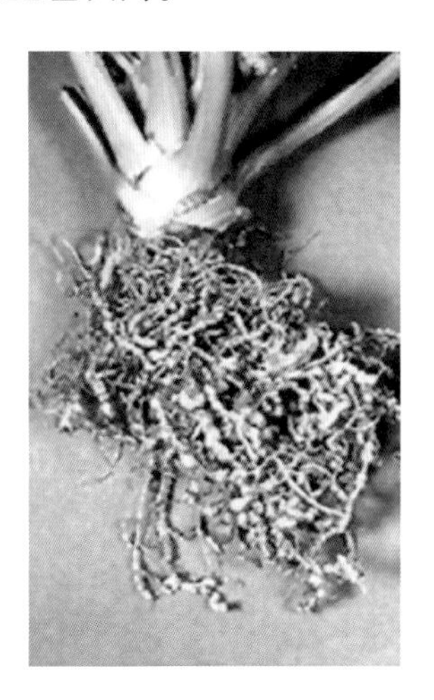

芹菜根结线虫病

发病规律

根结线虫极难防治。常以 2 龄虫或卵随病残体遗留土壤中越冬，翌年条件适宜时，越冬卵孵化为幼虫，继续发育并侵入寄主，刺激根部细胞增生，形成根结。线虫发育至 4 龄时交尾产卵，雄虫离开寄主进入土中，不久即死亡。卵在根结里孵化发育，2 龄后离开卵壳，进入土中进行再侵染或越冬。病原成虫传播靠病土、病苗及灌溉水。土温 25 ~ 30℃，土壤持水量 40% 左右，病原线虫发育快。地势高燥、土壤质地疏松、盐分低的土壤适宜线虫活动，有利于发病，连作地发病重。

防治方法

（1）农业措施。芹菜定植地选用无病土育苗，合理轮作。病田彻底处理病残体，集中烧毁或深埋。根结线虫多分布在 3 ~ 9 厘米表土层，深翻可减轻为害。

（2）药剂防治。在播种或定植时，穴施 10% 粒满库颗粒剂，每亩每次 5 千克，或用 5% 粒满库颗粒剂，每亩每次 10 千克。芹菜生长期间发生线虫，可用 50% 辛硫磷乳油 1 500倍液，或 1.8% 爱福丁乳油 3 000 ~ 4 000倍液灌根，并应加强田间管理。合理施肥或灌水以增强寄主抵抗力。

（七）茴香凤蝶

为害特点

幼虫食芹菜叶，食量很大，影响芹菜生长。

形态特征

成虫：翅展 90 ~ 120 毫米。体黑色或黑褐色，胸背有 2 条八字形黑带。翅黑褐色至黑色，斑纹黄色或黄白色。前翅基部的 1/3 有黄色鳞片；中室端半部有 2 个横斑；中后区有 1 纵列斑，从近前缘开始向后缘排列，除第 3 斑及最后 1 斑外，大致是逐斑递增大；外缘区有 1 列小斑。后翅基半部被脉纹分隔的各斑占据，亚外缘区有不十分明显的蓝斑，亚臀角有红色圆斑，外缘区有月牙形斑；外缘波状，尾突长短不一。翅反面基本被黄色斑占据，蓝色斑比正面清楚。

雄性外生殖器上钩突短宽；颚形突弯曲；抱器瓣呈梯形，抱器腹很长，抱器背很短，抱器端直而倾斜；内突锯片状，约为抱器瓣长度的1/2；阳茎中等长，端部较细。

雌性外生殖器产卵瓣半圆形；前阴片分三叶，两侧宽，中叶窄，三叶端缘呈齿状；后阴片横宽，骨化程度差；囊导管细长，交配囊较小，椭圆形；囊突大，长条状，大约与交配囊等长。

幼虫：幼龄时黑色，有白斑，形似鸟粪。老熟幼虫体长约50毫米，长圆桶形，但后胸及第1腹节略粗。体表光滑无毛，淡黄绿色，各节中部有宽阔的黑色带1条。后胸节及第1～8腹节上的黑条纹有间距略等的橙红色圆点6个，色泽鲜艳醒目。

茴香凤蝶

发生规律

每年发生代数因地而异。在高寒地区每年通常发生 2 代，温带地区一年可发生 3 ~4 代。成虫将卵产在叶尖，每产 1 粒即行飞离。幼龄幼虫栖息于叶片主脉上，成长幼虫则栖息于粗茎上。幼虫白天静伏不动，夜间取食为害，遇惊时从第一节前侧伸出臭丫腺，放出臭气，借以拒敌。台湾亚种 Papiliomachaonsylvinus 分布在中国台湾海拔 600 ~3 500 米的山区。在高山区成虫春季到秋季出现，在深秋、冬季迁移到海拔低的山区繁殖，在高山区以蛹越冬。卵期约 7 天，幼虫期 35 天左右，蛹期 15 天左右。成虫喜欢访花吸蜜，少数有吸水活动。

防治方法

（1）芹菜田零星发生时，可不单独采取防治措施。

（2）数量较多时，在幼龄幼虫期喷洒常用杀虫剂。

（八）胡萝卜微管蚜

为害特点

为害芹菜嫩梢，使幼叶卷缩，造成畸形，严重时常盖满嫩梢。芹菜苗受害后常成片枯黄。

形态特征

无翅孤雌蚜：体长 2. 1 毫米，宽 1. 1 毫米。头部灰黑色，有淡色背中缝断续，胸、腹部淡色。前胸中斑与侧斑合为中断横带，第七、第八腹节有背中横带。表皮光滑，腹管后几节有横网纹。背毛尖锐，头部有毛 12 根；第八腹节有毛 4 根，毛长为触角第三节直径的 0. 73 毫米。触角长 0. 85 毫米，第三节长 0. 31 毫米，第三节至第六节长度比例：100 ：30 ：28 ：23。喙超过中足基节，第四、第五节之和长为后足第二跗节的 0. 89 毫米，有次生刚毛 3 对。第一跗节毛序 3，3，3。腹管光滑短弯曲，无缘突和切迹，为尾片的 1/2。尾片圆锥形，有长曲毛 6 ~7 根；尾板末端圆，有长毛 11 ~12 根。有翅孤雌蚜：头、胸黑色，第二节至第六腹节均有缘斑，第五节、第六节缘斑甚小，第七节、第八节各有带横贯全节。触角第三节至第五节依次有隆起小圆形次生感觉圈：26～40 个，6～10 个，0～3 个。中额凸起，额瘤隆起不高于中额瘤。

发生规律

年生 10～20 代，以卵在忍冬属多种植物枝条上越冬。翌年 3 月中旬至 4 月上旬越冬卵孵化，4～5 月严重为害忍冬属植物，5～7 月严重为害伞形花科蔬菜和中草药植物，10～11 月间发生有性蚜交配产卵。

防治方法

（1）早春可在越冬蚜虫较多的越冬芹菜或附近其他蔬菜上施药，防止有翅蚜迁飞散。

（2）如芹菜上蚜虫较多可喷洒 50% 抗蚜威可湿性粉剂 2 000倍液、或用 10% 吡虫啉可湿性粉剂 1 500 倍液、2.5% 鱼藤精乳剂 600～800 倍液、20% 杀灭菊酯 2 000～3 000倍液。采收前 7 天停止用药。4～5 月菜田各种肉食瓢虫、食蚜蝇和草蛉很多，可用网捕的方法移植到蚜虫较多的芹菜田。也可在蚜虫越冬寄主树附近种植覆盖作物，增加天敌活动场所，栽培一定量的开花植物，为天敌提供转移寄主。

（3）棚室芹菜发生蚜虫时可用烟雾剂 4 号，每亩 350 克熏治，省工有效。

八、花椰菜病虫害防治

（一）花椰菜黑腐病

症状

该病为细菌性病害，是花椰菜、青花菜最主要的病害。主要危害叶片及球茎。苗期子叶染病呈水浸状，后迅速枯死或蔓延到真叶，使叶片的叶脉呈现长短不等的小条斑。成株期真叶染病，病菌从水孔侵入使叶缘呈"V"字形条斑，病菌沿脉向下扩展，形成较大坏死区或不规则黄褐色大斑。该病流行时，叶缘多处受侵染，引起全枯或外叶局部腐烂。天气干燥时，病斑干枯或呈穿孔状。从伤口侵入，病菌可在叶部任何部位形成不定型淡褐色病斑，边缘常有黄色晕圈，在多雨多露时，病斑向两侧或内部扩展，致周围叶肉变黄或枯死。病菌进入维管束，可引起植株萎蔫，危害花球时，造成局部腐烂，切开花球茎，可见维管束全部变黑或腐烂，但不臭，区别于软腐病。严重时，花球被烂完，而形成无头株。

花椰菜黑腐病

发病规律

病菌能在种子内或随病残体遗留在土壤中越冬，成为翌年田间病害的初次侵染源。病菌从幼苗子叶或真叶的叶缘水孔侵入，还可从伤口侵入，并迅速进入维管束，引起叶片基部发病，并从叶片维管束蔓延到茎部维管束引起系统侵染；采种株染病，细菌由果柄处维管束侵入，进入种子皮层或经荚皮的维管束进入种脐，使种内带菌。此外，带菌种苗、农具及暴风雨均可传播。一般与十字花科连作，或高温高湿条件，叶面结露、叶缘吐水，利于病菌侵入。如气温在16～28℃，连续降雨20毫米以上，15～20天后就开始发病。此外，肥水管理不当、偏施氮肥、植株徒长或早衰、害虫猖獗或暴风雨频繁易发病，反季节栽培遇上述条件发病更重。一般在9月上旬至收获期为发病高峰期。

防治方法

（1）种子处理。用50℃温水恒温浸种20分钟，取出降温晾干后播种；在100毫升水中加入0.6毫升醋酸、2.9毫升硫酸锌，待溶解后将温度控制在39℃，浸种20分钟后冲3分钟晾干后播种。也可采用种子重量0.4%的50% DT可湿性粉剂拌种，或用0.1%强氯精或200毫克/升链霉素浸种20分钟。

（2）农业措施。种植抗病品种；与非十字花科蔬菜如豆科、茄科、水稻等作物进行2～3年轮作；加强栽培管理生长期及时摘除病叶、老叶深埋，收获后彻底清理残留植株，减少菌源。采用深沟高畦有利降低田间湿度，露水干后进行间苗、定苗等农事操作，切忌大水漫灌，以免病菌扩散。花椰菜需肥量大，应施足基肥，稳促苗架，重施结球肥，注意氮、磷、钾肥的搭配使用，促进植株健壮成长，提高抗病力。

（3）药剂防治。发病初期或降水20毫米以上7～10天后开始喷药，药剂可用72%农用链霉素4 000倍液、20%铜帅800倍或50%灭菌威600～800倍，每隔7天喷1次，连续喷2～3次，发病严重田块可用灭菌威600～800倍液连续喷2～3次，有较好的灭菌效果。或用新植霉素200毫克/千克溶液，或用氯霉素100毫克/千克溶液，或30%绿得保悬浮剂350倍液。采收前5天停止用药。

（二）花椰菜霜霉病

症状

该病是由真菌引起的。幼苗发病在茎叶上出现白色霜状霉，幼苗渐枯死。成株发病叶片上的病斑为淡绿色，以后病斑的颜色渐变为黑色至紫黑色，微微凹陷，病斑受叶脉限制呈不规则形或多角形，叶背上病斑呈现白色霜状霉层；在高温下容易发展为黄褐色的枯斑。发病严重时病斑汇合，叶片变黄枯死。生长期中老叶受害后有时病原菌也能系统侵染进入茎部，在贮藏期间继续发展达到叶球内，使中脉及叶肉组织上出现黄色不规则形的坏死斑，叶片干枯脱落。

发病规律

病原菌在病残体和土壤中越冬，次年萌发侵染春菜，如小白菜、萝卜和油菜等。发病后，在病斑上产生孢子囊进行再侵染。病原菌也能在采种株体上越冬。冬季田间种植十字花科蔬菜的地区，病原菌则直接在寄主体内越冬。在平均气温16～20℃，空气湿度较大，植株表面结水的情况下病害易于发生流行，且冬季设施栽培和春季露地栽培发生普遍，花球形成期和抽出花梗遇连阴雨、气温较低时，受害较重。

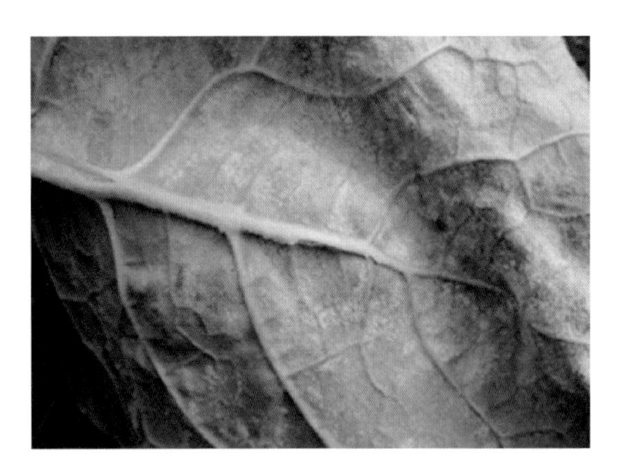

花椰菜霜霉病

防治方法

（1）种子处理。播种前可用50%福美双可湿性粉剂或75%百菌清可湿性粉剂拌种，用量为种子量的0.4%。

（2）农业措施。选用抗病品种；与非十字花科作物隔年轮作，最好是水旱轮作。苗床注意通风透光，不用低湿地作苗床，结合间苗摘除病叶和拔除病株。低湿地采用高垄栽培，合理灌溉施肥。收获后清园深翻。

（3）药剂防治。发病初期或出现中心病株时，应即喷药保护，老叶背面也应喷到。每亩每次使用20%丙硫多菌灵悬浮剂（施宝灵）75～100克，一般加水100千克，进行喷雾，一般间隔5～7天喷药1次，共防治2次，要求喷雾尽量均匀周到。常用药剂还有40%乙膦铝可湿性粉剂300倍液，75%百菌清可湿性粉剂600倍液，65%代森锌可湿性粉剂500倍液，50%敌菌灵可湿性粉剂500倍液。

（三）花椰菜白锈病

症状

该病是由真菌引起的。主要危害叶片。发病初期叶片背面出现乳白色稍隆起的小疱斑，近圆形至不规则形，后疱斑明显隆起，表皮破裂，散出白色粉状物；叶正面现黄绿色边缘不明显的不规则斑。

发病规律

病原菌随病残体在土壤中或在种子上越冬。当气温10℃左右，相对湿度高于90%时，病原菌借风雨传播，引起发病。冬末气温偏暖，早春回升缓慢或有寒流侵袭，气温为7～13℃时，利于孢子囊的形成、萌发和侵入。

防治方法

（1）种子处理。播种前用种子重量0.3%的25%甲霜灵可湿性粉剂拌种。

（2）农业措施。实行轮作；选用抗病品种；施用充分腐熟的堆肥；适期适时早播；前茬收获后清除病叶，及时深翻；平整土地，施足基肥；早间苗，晚定苗，适期蹲苗。

（3）药剂防治。出现中心病株后及时喷药，常用药剂有40%三乙膦酸铝可湿性粉剂150～200倍液，72%克露可湿性粉剂800倍液，72%霜脲锰锌（克抗灵）800倍液，64%杀毒矾可湿性粉剂500倍液，58%甲霜灵·锰锌可湿性粉剂500倍液，70%乙·锰可湿性粉剂 500 倍液，69% 安克锰锌可湿性粉剂 1 000倍液。每隔 7 ~ 10 天防治 1 次，连续防治 2 ~ 3 次。采收前 7 天停止用药。

（四）花椰菜黑胫病

症状

花椰菜黑胫病又称根朽病、黑根病等，该病是由真菌引起的。主要危害幼苗，苗期、成株期均可受害。苗期发病时在子叶、真叶和幼茎上形成白色圆形或椭圆形病斑，病斑上生有很多小黑点。茎基溃疡，病株易折断干枯，严重的引起病苗死亡。病轻苗移栽后，茎基病斑向根部蔓延，形成黑紫色条状斑，病根部维管束变黑。使主根和侧根腐朽引起病苗死亡。成株发病，叶片上产生不规则至多角形病斑，中间灰白色，病斑上着生许多黑色小粒点。

发病规律

病原菌在种子、土壤、病残体上或十字花科蔬菜种株上越冬。病原菌可在土壤中的病残体上存活多年。气温 20℃ 产生分生孢子，在田间主要靠雨水或昆虫传播蔓延。种子带病可以引起幼苗发病，在子叶上出现病症，后蔓延到幼茎上。高温高湿有利于发病，育苗期湿度大一般发病较重，定植后天气潮湿多雨或雨后高温，易引起该病的流行。带菌种子未消毒就播种的地块发病重。病地连作，浇水过多，施入带菌的粪肥发病重。

防治方法

（1）种子处理。用 50℃ 温水浸种 20 分钟后，在冷水中冷却后再播种。也可用种子重量 0.4% 的 50% 甲基托布津可湿性粉剂，或 50% 福美双可湿性粉剂拌种消毒。

（2）农业措施。与非十字花科蔬菜实行 3 年以上轮作。从无病株上选留种子。用无病原菌土育苗。定植时要剔除病苗。采取高畦栽培，以利排水，耕作时防止伤根。

（3）药剂防治。病田土壤可用 70% 托布津可湿性粉剂 800 倍液，均匀地施入定植沟中。发病初期喷药，常用药剂有 70% 甲基托布津可湿性粉剂 1 000倍液，50% 多菌灵可湿性粉剂 500 ~ 600 倍液，60% 多·福可湿性粉剂 600 倍液，40% 多·硫悬浮剂 500 ~ 600 倍液，70% 百菌清可湿性粉剂 600 倍液。每隔 9 天防治 1 次，防治 1 次或 2 次。采收前 7 天停止用药。

(五) 花椰菜黑斑病

症状

花椰菜黑斑病又称黑霉病，为真菌性病害。各地均有发生。黑斑病是十字花科蔬菜常见的一种病害，而花椰菜黑斑病较少见。

黑斑病能危害十字花科蔬菜植株的叶片、叶柄、花梗、花球及种荚等部位，以危害花椰菜叶片为主。叶片发病多从外叶开始，病斑圆形，灰褐色或褐色，有或无明显的同心轮纹，病斑上生有黑色霉状物，潮湿环境下更为明显。病斑周围有黄色的晕环，花椰菜上病斑大小幅度较大，直径为 2 ~ 20 毫米。叶片病斑发生很多时，容易变黄早枯。危害花球时，造成花蕾深褐色腐烂，使花球失去商品价值。

发病规律

病菌主要以菌丝体及分生孢子在病残体上、土壤中、采种株上以及种子表面越冬，成为田间发病的初侵染来源，分生孢子借风雨传播，萌发产生芽管，从寄主气孔或表皮直接侵入。环境条件合适时，病斑上能产生大量的分生孢子，重复侵染，蔓延为害。在温度为 17 ~ 25℃ 的高湿条件下易发病。南方多发生在 10 ~ 11 月及 3 月。北方多发生于 5 ~ 6 月及秋季，特别在连续阴雨时最易发病。肥料不足、生长衰弱、管理不善，发病重。

防治方法

(1) 种子处理。种子用 50℃ 温水浸 20 ~ 30 分钟，并不断搅拌，尔后立即移入冷水中降温，可杀死附于种子表面的分生孢子和种皮内的菌丝；用种子量 0.1% ~ 0.2% 的绿亨一号拌种；用种子量 0.3% 的 50% 福美双加 50% 多菌灵（1 : 1）拌种，或用 0.2% ~

0.3% 扑海因拌种，也可用根腐灵 200 倍液或高锰酸钾 500 倍液浸泡 20 分钟后，再用清水冲洗干净待播。

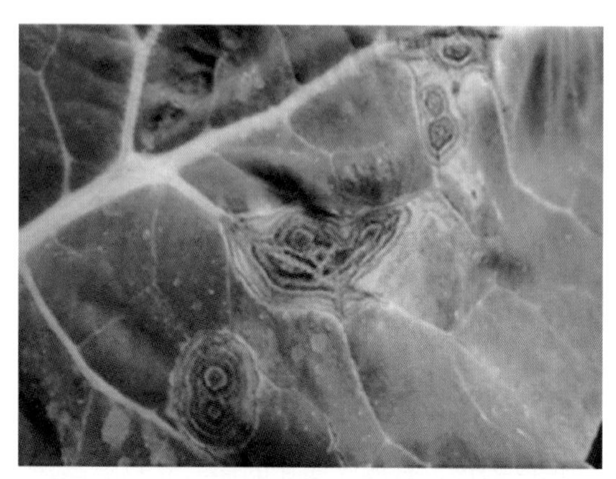

花椰菜黑斑病

（2）农业措施。采用与非十字花科蔬菜隔年轮作；及时做好清园工作，清除病残体；选好田块，施足基肥，增施有机肥，提高植株抗性；合理密植；在植株生长初期用药预防，最好定植前对土壤和秧苗进行消毒，定植后做好肥水管理。在秧苗定植成活后，用绿亨 2 号 600 ~ 800 倍液、绿亨 1 号 3 000 ~ 4 000倍液，每株灌注 150 克，可控制土壤病害传播。第一次追肥在定植成活后，每亩浇施稀人粪尿 400 千克，第 2 次追肥在现蕾时，亩施尿素 10 千克，结合灌水，将尿素洒入沟中。花椰菜喜湿润，在生长过程中需要水分较多，在叶簇旺盛生长和花球形成期，尤其需要大量的水分。在高温干旱时，必须及时灌水。灌水时切忌大水漫灌，待畦沟渗透后，及时将余水排除。保护地栽培要重点抓生态防治。

（3）药剂防治。用300倍液根腐灵浇苗床或每袋药拌50千克营养土，或1平方米苗床用1.5～2克绿亨1号对水淋浇苗床土，过1周再进行播种。

在发病初期喷药，常用药剂有5%百菌清600倍液，70%代森锰锌500～800倍液，绿亨2号600～800倍液，50%多菌灵500倍液，50%异菌脲可湿性粉剂1 000～1 500倍液，50%腐霉剂可湿性粉剂1 500倍液，3%农抗120水剂100～150倍液，75%百菌清可湿性粉剂600倍液，58%甲霜灵·锰锌可湿性粉剂500倍液。一般喷施2～3次。

棚室栽培，在发病初期每亩喷撒5%百菌清粉尘剂1千克，每隔9天防治1次，连续防治3～4次；也可以用45%百菌清烟剂或15%腐霉利（速克灵）烟剂，每亩200～250克熏1夜。

（六）花椰菜软腐病

症状

软腐病俗称“烂菜花”，属细菌性病害。病菌随病株残留在土壤、肥料中过冬，翌年由伤口或幼苗根侵入为害，高温、雨水过多的年份易发生。该病多在花期发病。发病部位先呈浸润半透明状，之后病部变为褐色，软腐，生污白色细菌溢脓，触摸有黏滑感，有恶臭味。开始发病时病株在阳光下出现萎蔫，早晚恢复，随着一段时间发展。

发病规律

病原菌在田间病株上或土中未腐烂的病残体以及害虫体内越冬，并可在土壤中存活较长时间，通过雨水、灌溉水、带菌肥料、昆虫等传播，从伤口侵入。病原菌从春到秋在田间辗转危害。病害的发生与伤口多少有关，久旱遇雨、蹲苗过度、浇水过量，都会形成伤口，造成甘蓝发病。地表积水、土壤中缺少氧气时，不利甘蓝根系发育，伤口也易形成木栓化，这时甘蓝发病重。

防治方法

（1）种子处理。播种前种子，用种子量的 1% ~1.5% 的农抗 751 拌种。

（2）农业措施。发病地区忌与茄科、瓜类及其他十字花科蔬菜连作；及时清除田间的病残体；前作收获后及早深翻和晒土，提高土壤肥力和地温，促进病残体腐解；平整土地，清沟沥水，采用高畦栽培；避免在低洼、黏重的地块上种植；避免形成各种伤口；出现病株病及时拔除。

（3）药剂防治。常用药剂有 72% 农用硫酸链霉素可溶性粉剂 3 000 ~4 000倍液，新植霉素 4 000 倍液，14% 络氨铜水剂 350 倍液，47% 加瑞农可湿性粉剂 700 ~750 倍液。每隔 10 天防治 1 次，连续防治 2 ~3 次。

（七）花椰菜冷害

症状

从叶缘开始表现症状，叶肉坏死，叶片上出现不规则形坏死斑，植株萎蔫，甚至枯死。

发病规律

露地栽培时收获不及时，遇到霜冻。

防治方法

正确确定播种期，不要播种过晚，对于初冬气温降低时仍未长成的菜花，可进行假植，使其继续生长，直至能够出售。

（八）菜螟

为害特点

幼虫是钻蛀性害虫，为害蔬菜幼苗期心叶及叶片，幼苗生长点被破坏后停止生长，萎蔫死亡。初孵幼虫潜叶为害，隧道宽短；2龄后穿出叶面；3龄吐丝缀合心叶，在内取食，使心叶枯死并且不能再抽出心叶；4~5龄可由心叶或叶柄蛀入茎髓或根部，蛀孔显著，孔外缀有细丝，并有排出的潮湿虫粪。受害苗枯死或叶柄腐烂。该虫还能传播软腐病病原菌。

菜螟

形态特征

成虫体长7毫米，翅展15毫米，体灰褐色。前翅具3条白色横波纹，中部有一深褐色肾形斑，镶有白边；后翅灰白色。卵长约0.3毫米，椭圆形，扁平，表面有不规则网纹，初产淡黄色，以后渐现红色斑点，孵化前橙黄色。老熟幼虫体长12~14毫米，头部黑色，胴部淡黄色，前胸背板黄褐色，体背有不明显的灰褐色纵纹，各节生有毛瘤，中、后胸各 6 对，腹部各节前排 8 个，后排 2 个。蛹体长约 7 毫米，黄褐色，翅芽长达第四腹节后缘。

发生规律

在北京、山东等省市每年发生 3 ~ 4 代，合肥市发生 5 ~ 6 代，以老熟幼虫在地面吐丝缀合土粒、枯叶做成丝囊越冬。春天越冬幼虫入土 6 ~ 10 厘米深作茧化蛹。成虫趋光性不强，飞翔力弱，卵多散产于菜苗嫩叶上，平均每雌可产 200 粒左右。卵发育历期 2 ~ 5 天。幼虫可转株为害 4 ~ 5 株。幼虫 5 龄老熟，在菜根附近土中化蛹。该虫喜高温低湿环境。

防治方法

（1）栽培措施。耕翻土地，杀灭在表土或枯叶残株内的越冬幼虫。适当调整播种期，使菜苗 3 ~ 5 片真叶期与菜螟盛发期错开。田间灌水，增大田间湿度，抑制虫害发生。

（2）药剂防治。必须抓住成虫盛发期和幼虫孵化期喷药，常用农药有 21% 增效氰·马乳油（灭杀毙）300 倍液，40% 氰戊菊酯乳油 3 000倍液，2. 5% 功夫乳油 2 000倍液，20% 灭扫利乳油 3 000倍液，2. 5% 天王星乳油 3 000倍液，20% 菊·杀乳油 2 000 ~ 3 000倍液，10% 菊·马乳油 1 500 ~ 2 000倍液。

（九）甘蓝蚜

为害特点

喜在叶面光滑、蜡质较多的十字花科蔬菜上刺吸植物汁液，造成叶片卷缩变形，植株生长不良，影响包心，并因大量排泄蜜露、脱皮而污染叶面，降低蔬菜商品价值。此外，传播病毒病，造成的损失远远大于蚜害本身。

形态特征

无翅孤雌蚜：体长 2. 3 毫米，宽 1. 2 毫米。头背黑色，中缝隐约可见。胸节有缘斑，中侧斑断续。第一至第六腹节各有大小中侧斑，有时中侧斑相合，第七节斑呈中断横带，第八节斑呈带状横贯全节。缘瘤不显。体表光滑，前头部微有曲纹。背毛尖锐，头部有毛 16 根；第八腹节有毛 16 根，毛长为触角第三节直径的 0.91 毫米。触角长 1.3 毫米，第三节长 0.45 毫米，第三节至第六节长度比例：100∶33∶40∶27；第三节有毛 7～8 根，毛长为该节直径的 0.6 毫米。喙达中足基节第四节、第五节之和长为后足第二跗节的 0.74 毫米，有次生毛 2 对。第一跗节毛序 3，3，2。腹管短圆筒形，基部收缩，为尾片的 0.9。尾片近等边三角形，有毛 7～8 根；尾板毛 7～8 根。有翅孤雌蚜：头、胸黑色，腹部淡色。第一腹节、第二腹节背中毛基斑黑色，第三节至第六节各有背中横带，有时中断，第七节、第八节呈带状横贯全节，第二节至第四节缘斑独立，第五节至第七节各缘斑小。触角第三节有圆形及长椭圆形次生感觉圈 53～72 个，第四节偶有 1 个。

发生规律

甘蓝蚜在华北地区年发生 10 余代。以卵在蔬菜上越冬。翌春 4 月孵化，先在越冬寄主嫩芽上胎生繁殖，后产生有翅蚜迁飞到已定植的芥蓝、青花菜、紫甘蓝和普通甘蓝、花椰菜上，继续胎生繁殖为害。春末夏初和秋季发生最重。10 月初产生性蚜交尾产卵于留种的或贮藏的菜株上越冬。少数成蚜和若蚜可在菜窖或温室内越冬。甘蓝蚜发育起点温度为 4.3℃，有效积温 112.6℃，繁殖适温 16～17℃，低于 14℃或高于 18℃产卵量减少。此外，甘蓝蚜嗜食叶面光滑无毛的十字花科蔬菜。所以，在北方地区这些作物春、秋两茬大面积栽培时，甘蓝蚜也形成两次发生高峰。

防治方法

（1）农业防治。蔬菜收获后及时清理田间残株败叶，铲除杂草，菜地周围种植玉米屏障，可阻止蚜虫迁入。

（2）物理防治。利用蚜虫对黄色有较强趋性的原理，在田间设置黄板，上涂机油或其他黏性剂诱杀蚜虫。

（3）药剂防治。防治蚜虫宜尽早用药，将其控制在点片发生阶段。药剂可选用10%吡虫啉可湿性粉3 000倍液，3%啶虫脒乳油3 000倍液等多种药剂进行防治，喷雾时喷头应向上，重点喷施叶片反面。蚜虫多着生在心叶及叶背皱缩处，药剂难于全面喷到，所以，除要求在喷药时要周到细致之外，在用药上尽量选择兼有触杀、内吸、熏蒸三重作用的农药。每亩喷对好的药液50～60升，隔7～10天喷1次，连续防治2～3次。采收前7天停止用药。

九、生菜病虫害防治

（一）结球莴苣菌核病

症状

菌核病为真菌性病害，多发生在地面茎基部。发病初期病部呈水渍状，迅速向茎上部、叶柄和根部扩展，使病部组织软腐，表面密生白色棉絮状物，后逐渐变成黑色鼠粪状菌核。病株地上部叶片迅速萎蔫死亡。严重时造成莴笋成片的死亡。结球生菜发病时往往从茎基部和顶叶开始发病，后期腐烂倾倒。

发病规律

病原菌以菌核随病残体遗留在土壤中越冬，菌核在潮湿土壤中存活1年左右，在干燥的土壤存活3年以上，在水中经1个月即腐烂死亡。菌核萌发后，借气流传播蔓延。初侵染系由子囊孢子萌发后产生芽管从衰老的或局部坏死的组织上侵入。当病原菌获得更强的侵染能力后，直接侵害健康茎叶。在田间病，健叶经接触菌丝即传病。病原菌的发育和萌发最适宜温度分别为20℃和10℃，相对湿度高于85%时，病害发生重。湿度低于70%，病害明显减轻。春秋天气温暖、多雨、湿度大有利于发病。此外，栽培密度过大，通风透光条件差，排水不良的低洼地块，偏施氮肥，连作地，发病重。

防治方法

（1）栽培措施。有条件的地方可与百合科蔬菜轮作3年以上；

不能实行轮作的地方，可以利用三夏高温季节进行土壤消毒，方法是清洁田园后，每亩施石灰 50 ~ 100 千克，加上碎稻草或麦秸深翻后，灌水覆膜，可杀死菌核。培育适龄壮苗，苗龄 6 ~ 8 片真叶为宜。合理施肥，施用充分腐熟的堆肥，每亩施有机肥 3 000 ~ 4 000 千克，磷肥 7.5 ~ 10 千克，钾肥 10 ~ 15 千克。带土定植，提高盖膜质量，使膜紧贴地面，避免杂草滋生。适期使用黑色地膜覆盖，将出土的子囊盘阻断在膜下，使其得不到充足的散射光，不能完成其发育过程。要避免偏施氮肥，增施磷、钾肥。勤中耕除草。在子囊盛期中耕，有杀灭病原菌作用。及时清除病残株及下部病叶。收获后进行 1 次深耕，使多数菌核埋在 6 厘米土层以下。

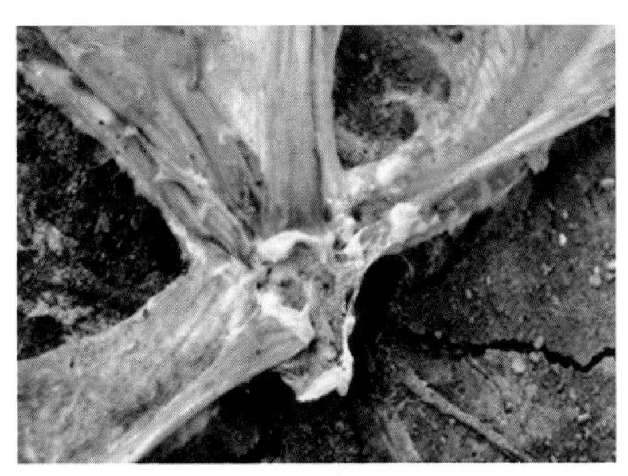

结球莴苣菌核病

（2）药剂防治。定植后发病前可用 3.5% 噻菌特烟剂进行烟熏，每亩用 250 克，傍晚进行，每隔 7 天 1 次，连熏 3 ~4 次。定植后发病前喷药，常用药剂有 70% 甲基硫菌灵可湿性粉剂 700 倍液，50% 异菌脲可湿性粉剂 1 000 ~1 500倍液，50% 速克灵或农利灵可湿性粉剂 1 500倍液，40% 菌核净可湿性粉剂 500 倍液，20% 甲基立枯磷（利克菌）乳油 1 000倍液。每隔 7 ~10 天喷施 1 次，连续防治 3 ~4 次。

（二）结球莴苣霜霉病

症状

霜霉病是生菜的主要病害，各地发生普遍，危害严重时可以造成大量叶片枯死。从幼苗至成株均可发生，以成株期危害严重。主要危害叶片。先在植株下部老叶的正面产生淡黄色受叶脉限制的多角形病斑；潮湿环境下，病斑背面产生白色霜霉层。后期，多数病斑常连成一片，进而病斑变为黄褐色，使全叶发黄枯死。天气干旱时病叶枯死，潮湿时病叶腐烂。识别要点为病斑呈多角形，叶背面病斑上生有白霉。

发病规律

在气温高的地区病原菌无明显越冬现象。在北方病原菌在秋播莴笋或生菜上或土壤中越冬，还可在一些多年生菊科杂草上或附着在种子上越冬。病原菌主要由风、雨水、昆虫传播。多在春末或秋末冬初发生。气温在 15 ~17℃，多雾多雨时发病最重；湿度降低则发病较少。在阴雨连绵的春末或秋季发病重；栽植过密，定植后浇水过早过多，土壤潮湿或排水不良，易发病。

防治方法

（1）栽培措施。实行 2 ~3 年轮作，可与豆科、百合科、茄科蔬菜轮作。选用抗病品种，凡植株带紫红或深绿色的品种表现抗病，分苗和定植时发现病株要淘汰，带出田外深埋；合理密植，增加中耕次数，降低田间湿度；实行沟灌，避免漫灌；加强排水，避免田间积水或过湿。早期拔除病株，及时打掉病老叶片并烧毁；收获后清除田间病残体集中烧毁或深埋。

结球莴苣霜霉病

（2）药剂防治。该病自苗期即可发病，因此防治要早。保护地栽培在发病前可用30%或45%百菌清烟剂，发病初期可用25%霜霉清烟剂，每亩每次250克，傍晚分放3～4处点燃后密闭烟熏，每隔7天熏治1次，连续熏治4～5次，不能间断。发病前可喷75%百菌清可湿性粉剂500～600倍液；发病初期防治的常用药剂有80%或90%疫霜灵可湿性粉剂500～600倍液，58%甲霜灵锰锌可湿性粉剂500倍液，70%乙膦锰锌可湿性粉剂500倍液，72.2%普力克水剂800倍液，72%霜霉清可湿性粉剂600～800倍液，69%安克锰锌可湿性粉剂1 000倍液。每隔7～10天防治1次，连续防治2～3次。喷粉尘防治，发病前可用5%百菌清粉尘剂，发病初期可用7%防霉灵粉尘剂。

（三）皱叶莴苣软腐病

症状

此病常在皱叶莴苣生长中后期发生，多从植株基部叶片开始发病，病部初呈暗绿色水渍状坏死，以后迅速扩大蔓延，沿叶片坏死腐烂，形成不规则形坏死腐烂病斑，在病部充满灰褐色至绿褐色黏稠物，并散发出恶臭气味，随病情发展病害沿基部向上部快速扩展致基部菜叶全部腐烂。雨水多时病菌可从上部叶片的叶缘侵染，引起心叶腐烂。

发病规律

软腐病为皱叶莴苣的普通病害。分布较广，保护地、露地都时有发生，以夏、秋露地种植发病较重，显著影响皱叶莴苣生产。

病菌主要在田间随其他寄主病株及残体在土壤中越冬，也可在其他蔬菜上为害越冬。条件适宜时引起发病，通过浇水、施肥或害虫传播，由植株伤口、生理裂口侵入。病菌生长温度为4～39℃，最适温度25～30℃。皱叶莴苣生产时期雨水多、空气湿度高有利于发病，特别是大雨、暴雨较多，土壤黏重，田间水肥管理不当，害虫数量多，或因暴雨暴晴等造成伤口较多时发病严重。

防治方法

（1）采用高垄或高畦栽培，施用充分腐熟的有机肥。

（2）适期播种，使感病期避开高温雨季。高温季节生产选用遮阳网或无纺布遮阴防雨。

（3）加强田间水肥管理，适时浇水和防虫，减少生理伤口和虫伤。浇水后或降雨后注意随时排水，防止田间积水。重病植株及早清除。

（4）必要时进行药剂防治，发现病株及时挖除，并撒入石灰消毒，在发病前或发病初可喷洒72%农用硫酸链霉素可湿性粉剂或新植霉素3 000～4 000倍液、14%络氨铜水剂350倍液、敌克松原粉500～1 000倍液、50%代森锌600～800倍液、95%醋酸铜500倍液、氯霉素200～400毫克/千克。每隔7～10天喷施1次，连续防治2～3次。注意喷药时应以轻病株及其周围植株为重点，喷在接近地表的叶柄及茎基部上。

（四）结球莴苣茎腐病

症状

多在近地面叶柄处发病，初期染病部位产生褐色坏死斑，而后扩展至整个叶柄，溢出深褐色汁液。天气干燥时，病部仅局限于一处，呈褐色凹陷斑。条件适宜时可为害叶球，致使整个叶球呈湿腐糜烂状。病部常生出网状菌丝体或褐色菌核。

发病规律

病原菌在土壤中越冬，菌丝与寄主接触后经生菜叶片表面的气孔侵入。田间日均温度20℃以上，且湿度大或积水时发病重。

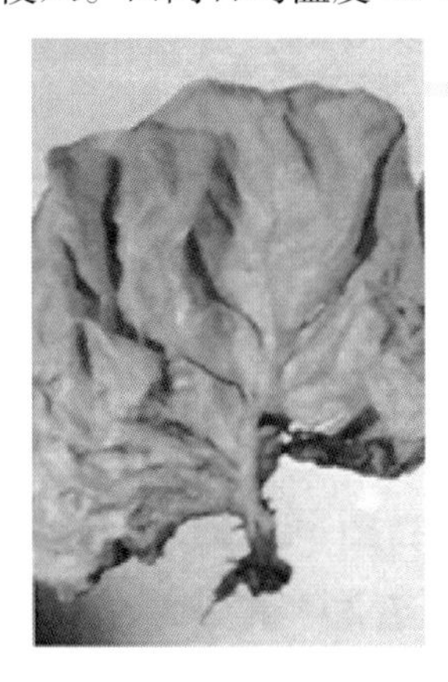

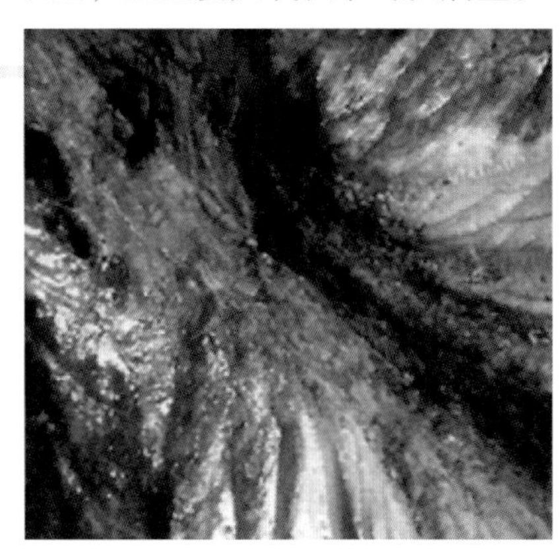

结球莴苣茎腐病

防治方法

（1）农业措施。选择高燥地块种植生菜，防止地表湿度过高。避免栽植过密，保持田间通风透光。雨后及时排水。

（2）药剂防治。可在发病初期喷洒硫酸链霉素 4 000倍液，或用72% 农用硫酸链霉素可溶性粉剂3 000 ~4 000倍液，或用20% 甲基立枯磷乳油 1 200倍液，或用 5% 井冈霉素水剂 1 500倍液，或用10% 立枯灵水悬剂 300 倍液，或用 15% 恶霉灵水剂 450 倍液，每 7天喷 1 次，连喷 2 ~3 次。

（五）结球莴苣腐烂病

症状

生菜腐烂病又称做生菜假单胞腐烂病或细菌性叶斑病，属细菌性病害。结球前期的植株易发病，首先叶缘呈水浸状，并逐步由淡褐色变为暗绿色，部分叶肉组织枯死，叶片皱缩。结球期，外叶中脉或叶缘出现淡褐色水浸状病斑，不久后叶脉褐变，迅速扩大，但无霉层。内叶褐变、软腐，叶球表面被薄纸状褐变枯死叶包覆。

发病规律

病菌附在病株残体上越冬，在土壤中生存 1 年以上，经由土壤传染。在田间借雨水及灌溉水和害虫传播蔓延，发病适温 25 ~27℃。低温季节、连阴雨天气易发病，收获延迟时，病害迅速增加。另外，连作可促进病害发生。因此，要避免在前一年多发病地块连作。

防治方法

（1）农业措施。发现病株立即剔除并烧毁。进行高畦栽培，加强田间排水，同时要适时收获。

（2）药剂防治。发病初期用 47% 加瑞农可湿性粉剂 700 倍液，或用 78% 波 · 锰锌可湿性粉剂 500 倍液，或用 40% 细菌快克可湿性粉剂 600 倍液，或用 14% 络氨铜水剂 350 倍液，或用 50% 消菌灵可溶性粉剂 1 200倍液，或用 60% 琥铜 · 乙铝 · 锌可湿粉剂 500 倍液，或72%农用硫酸链霉素可溶性粉剂3 000倍液，或用53.8%可杀得干悬浮剂1 000倍液等药剂喷雾防治。每7天喷药1次，连续防治2~3次。

(六) 结球莴苣叶缘坏死病

症状

危害生菜叶缘坏死病又称细菌性斑点病。主要危害叶片。叶缘先发病，发病初期病部呈水渍状，后期变干呈薄纸状，叶缘病斑宽0.5~1.5厘米，叶片其他部分现红褐色斑点，有的数个病斑连片，有的全株迅速干枯或落叶。

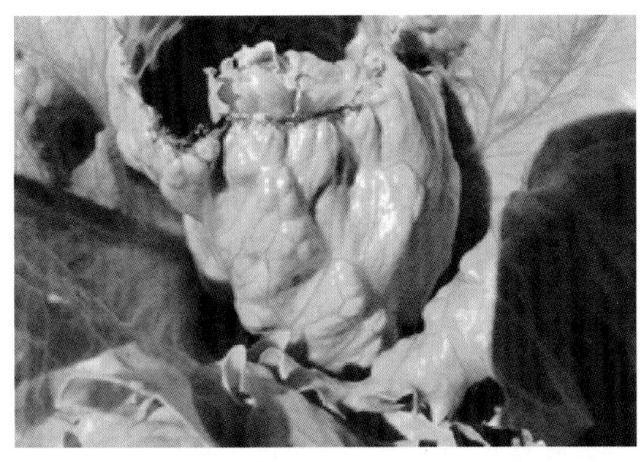

结球莴苣叶缘坏死病

发病规律

病原菌在土壤中越冬，靠土壤或空气进行传播。气温低，湿度高湿条件下，易发病。一般早春和晚秋发病重。

防治方法

（1）栽培措施。与百合科蔬菜进行轮作；配方施肥，实行畦作或高垄栽培，采用地膜覆盖；避免减少病株与健株接触；田间可采用遮阳网，降低田间温度，切忌温度过高。

（2）药剂防治。播种后 1 个月开始喷药，常用药剂有 47% 加瑞农可湿性粉剂 1 000倍液，30% 绿得保悬浮剂 400 倍液，50% 琥胶肥酸铜可湿性粉剂 500 倍液，14% 络氨铜水剂 300 倍液，77% 可杀得可湿性微粒粉剂 500 倍液。每隔 10 天喷施 1 次，共防治 2 ~ 3 次。

（七）结球莴苣病毒病

症状

侵染性黄化病毒（LIYVV）引起叶片黄化，巨脉病毒（LBVV）则表现为明脉。此病全生育期均可发生，以前期发病对产量影响大。苗期发病，多在长出 4 片真叶后显症，在叶上出现浅绿或黄白色花叶或斑驳，叶片皱缩歪扭。有时还出现明脉，严重时出现不规则灰色至褐色坏死斑点。成株发病，植株明显矮化，叶片不规则扭卷，严重时细脉变褐，叶面出现许多褐色坏死斑点，植株似缺水状，结球松散或不结球。

发病规律

病毒传播喜高温干旱条件，因此，在干旱的夏季发病较重。此病毒源主要来自于邻近田间带毒的莴苣、菠菜等，种子也可直接带毒。种子带毒，苗期即可发病，田间主要通过蚜虫传播，汁液接触摩擦也可传染。桃蚜传毒率最高，萝卜蚜、瓜蚜也可传毒。病毒发生与发展和天气直接相关，高温干旱病害较重。

防治方法

（1）选用抗病耐热品种。一般散叶型品种较结球品种抗病。皇帝、太湖 366、红生菜、甜麦菜、鸡冠生菜等品种较抗病毒病。

（2）防治蚜虫。蚜虫是主要的传毒媒介，消灭蚜虫可减轻病情。

（3）药剂防治。发病初期可用 1.5% 植病灵乳剂 1 000 倍液，或用 0.5% 抗毒剂 1 号水剂 300 倍液，或用 20% 病毒净 500 倍液，或用 20% 病毒 A500 倍液，或用 20% 病毒克星 500 倍液，或用 50% 菌毒清水剂 500 液，或用 20% 病毒宁 500 倍液，或用抗病毒可湿性粉剂 400 ~ 600 倍液等药剂喷雾。每隔 5 ~ 7 天喷 1 次，连续 2 ~ 3 次。

叶片上出现巨脉（LBVV）

结球莴苣病毒病

（八）结球莴苣顶烧病

症状

散叶生菜和结球生菜均有发生，发病初期在敏感叶，一般为结球生菜的内层球叶的叶尖及叶缘，或散叶生菜的心叶叶尖和叶缘，出现水浸状小斑，逐渐扩展，以后焦枯变褐，叶缘有类似“灼伤”

现象。在温度高、水分多时便逐渐腐烂，使生菜失去商品价值。发病后，如有软腐细菌侵染则很快湿腐，甚至烂光。无其他细菌继续侵入时，结球生菜的内层叶片则变为干膜状，类似大白菜的“干烧心”。

发病规律

是由于生菜内层叶片得不到足够的钙，引起的生理病害。缺钙可能是土壤中缺钙，满足不了植株的正常需要。多数情况下，土壤中本不缺钙，但因土温、气温偏高，光照过强，土壤湿度过高或过低，氮肥过多等，均会影响植株对钙的吸收而引起缺钙。特别是在植株生长过快时，由于钙在植株体内移动较慢，钙在植株中的移动跟不上组织的生长速度，便容易引起顶烧病。

防治方法

选用抗顶烧病强的品种，如卡尔玛、萨林娜、明斯托、富尔顿、绿湖、大湖 659、皇后、皇帝 456 等。选择土质肥沃地块种植，精细整地，施足腐熟有机肥。施用化肥，要注意氮、磷、钾肥合理搭配，避免偏施、过施氮肥，特别是结球后期要控制氮肥的施用量。也要控制微量元素镁不能过多，否则也可抑制对钙的吸收。均匀灌水，防止土壤过干、过湿，忽干、忽湿。雨后排水，严防地面积水。稍见顶烧病发生，立即喷施 0.1% 硝酸钙，或 0.1% 氯化钙。为预防顶烧病发生，应定期喷布含钙微肥如绿芬威 3 号等，效果很好。

（九）结球莴苣线虫病

症状

发病时植株生长迟缓，拔出幼苗，可见到根部发育不良，很多成为瘤状。植株由下往上枯黄，长势渐弱，重病株矮小。干旱时中午萎蔫或提早枯死。

发病规律

根结线虫常以 2 龄幼虫或卵随病残体遗留土壤中越冬，可以存活1～3年。翌年条件适宜，越冬卵孵化为幼虫，继续发育并侵入寄主，刺激根部细胞增生，形成根结或瘤。线虫发育至4龄时交尾产卵，雄虫离开寄主进入土中，不久即死亡。卵在根结里孵化发育，2龄后离开卵壳，进入土中进行再侵染或越冬。侵染源主要是病土、病苗及灌溉水。土温25～30℃，土壤持水量40%左右，病原线虫发育快；10℃以下幼虫停止活动，55℃经10分钟死亡。地势高燥、土壤质地疏松、盐分低的条件适宜线虫活动，有利发病，连作地发病重。

结球莴苣线虫病

防治方法

（1）提倡施用有机活性肥或生物有机复合肥，合理轮作。

（2）选用穴盘育苗。根结线虫多分布在3～9厘米表土层，深翻可减少为害。

（3）重病地块收获后应彻底清除病根残体，深翻土壤30～50厘米，在春末夏初进行日光高温消毒灭虫。即在前茬拉秧后，分别施生石灰（用石灰氮效果更好）和碎稻草4.5～7.5吨/公顷，翻耕混匀后挖沟起垄或作畦，灌满水后盖好地膜并压实，再密闭棚室10～15天，可将土中线虫及病菌、杂草等全部杀灭。处理后注意增施生物菌肥。

（4）生菜生长期间发生线虫，应加强田间管理，彻底处理病残体，集中烧毁或深埋。

（5）提倡用1.8%爱福丁乳油每平方米用量1毫升处理土壤。也可用10%噻唑膦（福气多）颗粒剂，亩用量156克撒施。

（十）南美斑潜蝇

为害特点

幼虫刚从卵中孵化后即在叶片内钻蛀取食，喜沿主脉、大脉取食，可钻蛀叶柄和叶帮，幼虫取食叶片的海绵组织而留下栅栏组织，在叶背面形成下表潜道，上面也能见到时隐时现的潜道。初孵幼虫隧道较细，随着龄期的增加，虫道逐渐加粗变长，虫道形状相对直，虫粪线状。成虫取食和产卵均留下白色小刻点。

形态特征

成虫：外形与美洲斑潜蝇相似，但体形较大，暗褐色，背板黄点小而圆，体长1.3～1.8毫米，雌虫略大于雄虫，额橙黄色，上眶鬃2对，下眶鬃2对，内外顶鬃均着生于黑色区域。中胸背板黑色有光泽，小盾片鲜黄色，胸部中侧片下方1/2至大部分为黑色，背中鬃3，中鬃散生呈不规则4行。足基节黄色具黑纹，腿节具黑色条纹至几乎全黑色，胫节、跗节黑褐色。前翅中室较大，M3末段长为次末段长的1.5～2.5倍。雄虫外生殖器端阳体与中阳体前部之间以膜相连，中阳体前部骨化较强，后部几乎透明，精泵黑褐色，柄短，叶片小。背针突常具1齿。

卵：椭圆形，乳白色，微透明，大小为（0.27～0.32）毫米×（0.14～0.17）毫米，散产于叶片的上、下表皮之下。

幼虫：无头蛆状，初孵幼虫半透明，随虫体长大渐变为乳白色；尾部略深，有些个体带有少许黄色，老熟幼虫体长2.3～3.2毫米，后气门突为新月形，上有6～9个气孔。

蛹：椭圆状，淡褐至黑褐色，腹部稍扁平，大小为（1.3～2.5）毫米×（0.5～0.75）毫米。

发生规律

南美斑潜蝇在南方温暖条件下和北方温室内周年都可发生。在昆明蔬菜地一年四季均可发生，无明显的越冬休眠现象，但由于冬季气温较低延长了该虫生长发育的时间，种群数量相对较低，3 月份气温逐渐回升，成虫的数量也随之上升，4 月中旬至 5 月上旬达到高峰。昆明地区 6 月开始进入雨季，雨量相对集中，连续降雨时间长，由于该虫虫体较小，抗雨水冲刷能力差，自然死亡率较高，同时，长时间降雨，对成虫的活动不利，影响取食、交配、产卵，虫口数量较低。从 9 月开始，雨水逐渐减少，虫量又逐步回升，到 10 月下旬至 11 下旬达到高峰。因此，在昆明南美斑潜蝇有两个高峰期，即春季和秋季。而在北京地区，其种群数量在 5 月底以前一直很低，随后急剧上升，直到 7 月中旬种群数量都一直较高，7 月下旬数量开始下降，以后虫口一直很低，说明 6 月初至 7 月中旬是该虫的主要危害期。

防治方法

（1）生物防治。释放寄生蜂，如姬小蜂 *Diglyphus isaea*，*Diglyphus intermedius*，*Diglyphus* sp 等。

（2）农业防治。加强田间管理，培育无虫苗，在定植前对有虫源的温室进行闭棚熏蒸，并将带有南美斑潜蝇卵、幼虫、蛹的残株进行掩埋、堆沤，堆沤时可用旧塑料薄膜将其盖住，四周压实，在阳光照射下密闭 2～5 天就可有效地杀灭斑潜蝇。

（3）物理防治。悬挂黄板诱杀成虫，每亩悬挂 20～30 片。

（4）化学防治。可选择在成虫高峰期至卵孵化盛期，采用高效低毒、渗透性强的农药品种，如 0.9% 爱福丁乳油 1 000～2 000倍液，1.8% 虫螨光乳油 3 000倍液，40% 绿菜宝乳油 800 倍液，5% 卡死克水悬剂 1 000～2 000倍液，6% 绿浪（烟·百素）乳油 1 000 倍液交替使用。

十、甘蓝病虫害防治

（一）甘蓝黑腐病

症状

黑腐病是甘蓝类及其他十字花科蔬菜的主要病害之一。主要危害叶片。叶斑多从叶缘开始，由外向内扩展，呈楔状（“V”形）至不定型斑，黄色、黄褐色至红褐色，斑外围具有明显或不明显黄晕，斑面网状脉呈褐色至紫褐色病变。病征表现为薄层菌脓，一般不明显，潮湿时触之具质黏感。切取病组织小块镜检，则可见切口涌出大量菌脓。

发病规律

病菌在种子内或病残体上越冬。播种带病的种子，病菌从幼苗子叶或真叶的叶缘水孔侵入，有时因幼苗受侵不能出苗，有时出土不久后死亡。病菌随病残体遗留在田间也是重要的初次侵染源。成株期叶片受侵染时，病菌可从叶缘的水孔或伤口侵入，病菌很快进入维管束，并随之上下扩展，造成系统侵染，致使茎部和根部的维管束变黑，引起植株萎蔫，直至枯死。剖开球茎，可见维管束全部变黑或腐烂，但不臭，干燥条件下球茎黑心或干腐状，有别于软腐病。在留种株上，病菌可从果柄维管束进入种荚导致种子表面带菌，或从种脐侵入致种皮带菌。病菌生长的最适温度为25～30℃，高温多雨、虫害严重及连作地往往发病重。

防治方法

（1）因地制宜选育和种植抗病品种。

（2）加强田间管理。采用高畦种植，合理密植；科学肥水，培育壮苗；农事操作，注意减少伤口；在保证适宜生长温度的条件下，加强室内的通风透光，降低湿度。田间发现病株及时拔除，收获后清除田间病残体，减少来年菌源。

（3）种子处理。播前精选种子，并进行种子消毒，可选用45%代森铵水剂300倍液浸种20分钟，水洗后晾干播种；或用种子重量0.4%的50% DT、DTM可湿粉拌种，或用20%喹菌酮1 000倍液浸种20分钟，水洗晾干播种；或用77%可杀得悬浮剂800～1 000倍液浸种20分钟，水洗晾干播种。应特别注意，菜心、白菜种子不宜用链霉素、新植霉素浸种，以免造成药害。

（4）药剂防治。发病初期可喷施20%喹菌酮可湿粉1 000倍液，或用45%代森铵水剂1 000倍液，或用77%可杀得悬浮剂800倍液，或用47%加瑞农可湿性粉剂800倍液，或用25%噻枯唑可湿性粉剂300倍液，或用12%绿乳铜乳油800倍液，或用50% DT或DTM可湿粉1 000倍液喷雾，防治2～3次，隔7～10天1次，交替施用，喷匀喷足。

（二）甘蓝霜霉病

症状

霜霉病是甘蓝类蔬菜主要病害之一，主要危害叶片，也危害茎、花梗、角果。病斑呈淡黄色，扩大后受叶脉所限成多角形或不规则形病斑。

发病规律

病菌主要以卵孢子随病残体在土壤中，或以菌丝体在采种母株或窖贮白菜上越冬。卵孢子只要经过两个月休眠，春季温、湿度适宜时就可萌发侵染。在发病部位可产生孢子囊不断重复侵染。霜霉病的发生与气候条件、品种抗性、栽培措施等均有关，其中的气候条件影响最大。气温在16～20℃，相对湿度高于70%，昼夜温差大或忽冷忽热的天气有利于病害发生。田间湿度大，夜间结露或多雾，即使雨量少，病害也会发生较快。华北一带多发生于4～5月及8～9月。十字花科蔬菜连作的田块，由于土中菌量积累多，因而往往是病害早发和重发田块。基肥不足，追肥不及时会导致植株营养不良，抗病力下降。氮肥施用过量、生长茂密、通风不良、排水不良或过分密植的田块，株间湿度大发病重。

防治方法

（1）生产上注意倒茬轮作，安排生产时，尽量不与十字花科重茬，定植后在保证适宜生长温度的条件下，加强室内的通风透光，选晴天上午浇水与追肥，使白天叶片上不产生水滴或水膜，夜间叶片形成水滴或水膜时，把温度控制在15℃以下，用降温和控湿的方法防治病害的发生。

（2）室内发现中心病株，用45%百菌清烟剂熏烟，每亩用药200～250克。在傍晚闭棚后，把药分成几份，按几个点均匀分布在室内，由里向外用暗火点燃，着烟后，封闭棚室，第二天上午通风。每隔7天熏1次，连熏2次，以后根据病情掌握。或用75%百菌清可湿粉剂600～800倍液，喷药时，主要喷洒叶片背面，以中心病株为主。

（三）甘蓝白粉病

症状

该病主要为害叶片、茎、花器和种荚，产生近圆形放射状白色粉斑，菌丝体生于叶的两面，展生，后白粉常铺满叶、花梗和荚的整个表面，即白粉菌的分生孢子梗和分生孢子。

发病规律

北方主要以闭囊壳在病残体上越冬，成为翌年该病初侵染源。条件适宜时子囊孢子释放出来，借风雨传播，发病后，病部又产生分生孢子进行多次重复侵染，致病害流行。雨量少的干旱年份易发病，时晴时雨，高温、高湿交替有利该病侵染和病情扩展，发病重。

防治方法

（1）选用抗病品种。

（2）采用配方施肥技术，适当增施磷钾肥，增强寄主抗病力。在保证适宜生长温度的条件下，加强室内的通风透光，降低湿度。

（3）发现中心病株，用75%百菌清可湿粉剂500～800倍液，或用40%多菌灵加硫黄胶悬剂1 000倍液喷雾防治，每7～10天喷1次，连续2～3次。

（四）甘蓝黑斑病

症状

白菜类蔬菜黑斑病主要为害叶片，多发生在外叶或外层叶球上，子叶、叶柄、花梗和种荚也可被害。子叶发病初生褐色小斑点，逐渐褪绿，扩展整片子叶后干枯，严重时造成死苗。叶片染病初为近圆形褪绿斑，后为直径2～10毫米、具明显同心轮纹的灰褐至暗褐色近圆形的病斑，有或无黄色晕环。干燥时病斑变薄，有时破裂或穿孔，潮湿时生微细的褐色、暗褐色或黑色霉层。发病严重时病斑连成不规则的大斑块，致半叶或整叶枯死，甚至叶片由外向内干枯，造成叶球裸露。叶柄上病斑长梭形或纵条状，暗褐色凹陷，病重时叶柄腐烂、脱帮。留种株叶片上病斑有时微紫色，其他症状同上。花梗和种荚上病斑椭圆形，暗褐色至黑色，与霜霉病的病状相似，而在湿度大时生黑褐色霉层，有别于霜霉病。留种株发病严重时叶片枯死，茎上密布病斑，种荚瘦小，种子干瘪。病菌亦可随大白菜入窖继续危害，引起叶帮腐烂。

甘蓝类蔬菜上的症状，基本上与白菜类相似，但病斑较大、略凹陷，直径5～30毫米，有黄色晕环，同心轮纹不明显，病斑上产生轮纹状分布的黑褐色霉，霉比白菜上的多且明显。

发病规律

北方，病菌主要以菌丝体在病残体上、土壤中、冬贮菜、留种株及种子上越冬。南方冬季有十字花科蔬菜生长的地区也可继续为害、侵染，并在这些寄主上越冬。分生孢子借气流、雨水和灌溉水传播。由气孔或直接穿透表皮侵入。

白菜类黑斑病菌在0～35℃都能生长发育，发病温度范围11～24℃，适温11.8～19.2℃，田间相对湿度72%～85%。病害发生的轻重及早晚与莲座期后的降雨天数和降雨量密切相关，多雨高湿及温度偏低发病早而重。大白菜品种间和不同发育阶段的抗病性有差异，没有免疫品种。另外，凡地势低洼积水，重茬，不适当的早播，缺肥植株长势弱等均能加重为害。

甘蓝类黑斑病菌在 10 ~ 35℃ 都能生长发育，发病适温 28 ~ 31℃。在夏季高温多雨，或保护地高温高湿的环境中均可发病。作物生长中后期若遇连阴雨天气，或大田改种甘蓝类蔬菜的地块，病害往往发生较重。其它参见上述白菜类黑斑病。

黑斑病都是在高湿条件下发病重，而白菜黑斑病菌要求较低的温度，甘蓝黑斑病菌要求较高的温度。所以广州地区白菜黑斑病多发生在气温较低的 12 月至翌年 2 月，而甘蓝黑斑病则发生在气温较高的 10 ~ 11 月及翌年 3 月。

防治方法

（1）选用抗病品种或进行种子处理。

（2）加强田间管理。

①施足基肥，配合增施磷钾肥，有条件的采用配方施肥，提高植株抗病力，避免植株早衰。

②与非十字花科蔬菜实行 2 ~ 3 年轮作。

③适期播种，高畦深沟栽培，需要时进行浸灌。

④收获后及时清除病残组织，翻晒土地，做好田园清洁，减少越冬菌量。

（3）药剂防治。可在发病前喷洒 75% 百菌清可湿粉剂 500 ~ 600 倍液，或用 50% 扑海因可湿性粉剂 1 500倍液、50% 速克灵可湿性粉剂 2 000倍液，每 7 ~ 10 天 1 次，连续防治 2 ~ 3 次。

（五）甘蓝黑根病

症状

黑根病主要在苗期受害重，其病菌侵染幼苗根茎部，致病部位变黑或缢缩，潮湿时产生白色霉状物。植株染病后，数天内即见叶片萎蔫、干枯，继而死亡。

发病规律

该病菌为土壤习居菌，病菌主要以菌丝和菌核在土壤或病残体内越冬。它的寄主范围较广，一些栽培或野生染病植物，都可作为甘蓝的中转寄主。土壤中的菌丝可以通过耕作活动、水流及地下害虫进行传染，即植物的根、茎、叶接触病土时感染。菌丝的生长温度范围为6～40℃，适宜的温度25～30℃时生长最快。土壤的最大含水量在20%～60%时，菌丝的腐生能力最强，超过70%时，腐生能力显著下降，高于90%时腐生能力几近消失。但菌核的萌发条件需要高湿，一般相对湿度达到98%时才能萌发。故过高或过低的土温，黏潮的土壤，均有利于病害的发生。

防治方法

(1) 选择地势较高、排水良好的地块做床育苗。播种前可用种子重量0.3%的50%福美双及65%代森锌可湿性粉剂拌种，育苗期间加强通风换气。

(2) 苗期要做好防冻保温，水分补充宜多次少洒，经常放风换气。

(3) 出现病苗及时拔除。

(4) 药剂防治可用20%甲基立枯磷1 000倍液，或用60%多福500倍液，或用75%百菌清600倍液，或用铜氨混剂400倍液。

(六) 蚜虫

为害特点

以成虫或若虫在植株幼嫩部分吸食汁液，造成幼叶卷曲，同时，分泌蜜露，使老叶发生杂菌污染，严重影响光合作用，造成减产，并能传播病毒病。

发生规律

蔬菜蚜虫俗称腻虫，属于同翅目害虫，主要以成虫、若虫密集在蔬菜幼苗、嫩叶、茎和近地面的叶背，刺吸汁液。一年四季均有发生，一般在气温29℃左右繁殖最快。

防治方法

（1）铺设银灰色膜可避蚜，在室内挂黄板诱蚜，黄板距地面1～1.5米，每2间温室1块。

（2）药剂防治：用10%吡虫啉1 500～2 000倍液，或用70%灭蚜松可湿粉剂2 500倍液喷雾防治。

（七）小菜蛾

为害特点

主要为害是取食叶肉，将菜叶吃成斑或孔洞和缺刻，严重时吃成网状。防治方法：合理轮作，定植前清除残株病叶。

发生规律

在3～6月、9～12月发生尤为严重。成虫多在芽、嫩叶和嫩枝上产卵。幼虫孵化后便潜叶取食叶肉，留下表皮，在菜叶上形成一个个透明的斑，严重时全叶被吃成网状；2龄后便隐藏在叶背危害，造成菜叶缺刻；幼虫还可在留种菜上为害嫩茎、幼荚和籽粒，影响结实。

防治方法

（1）做好栽培管理，提高蔬菜抗逆力，破坏小菜蛾成虫蜜源。选择抗（耐）虫品种；合理施肥，重施有机肥，控制氮肥，增施磷、钾肥，提高蔬菜抗逆力；及时清理菜地杂草，破坏小菜蛾成虫食物来源。

（2）避开发生高峰期种植，减少虫害。提早或推迟种植，使易受虫害的苗期避开小菜蛾为害高峰期。如3～4月、11～12月，田间种植葱、蒜和瓜类，没有十字花科蔬菜，收获后再种植十字花科蔬菜，基本就没有出现小菜蛾为害了。

（3）实行轮作间作，破坏小菜蛾食物链。可用甘蓝与瓜、茄果、葱蒜等类蔬菜轮作技术，同时几种不同类的蔬菜又进行间作套种。

（4）灯光诱杀，在室内设置高压黑光灯，灯下放一盆水，加入少量洗衣粉，盆上方吊一尼龙沙袋，内装一只未交配的雌蛾，该方法一次可诱杀200～500头雄蛾。

（5）科学使用农药，避免产生抗药性。农民朋友由于对农药使用过于单一，用量大，导致小菜蛾抗药性急剧增强。如20%氰戊菊酯和50%辛硫磷按3∶1混配使用，4.5%高效氯氰菊酯和2%杀灭威按1∶1混配使用，可提高防效且成本大幅度降低。也可用绿浪1 000～3 000倍液，或用5%卡死克1 000～3 000倍液，每隔7～10天喷1次，连续3次。

此外，也应讲究用药时间，每年3月和9月，小菜蛾刚刚经历冷冬和酷暑，体质较弱，这时候如果适当的加大药量，那么整年的虫口数量就会显著降低。

（八）菜青虫

为害特点

主要为害是取食叶肉，将菜叶吃成孔洞和缺刻，严重时吃成网状。为害特点主要为害甘蓝、花椰菜、白菜、萝卜等十字花科蔬菜，尤其喜食甘蓝和花椰菜。1～2龄幼虫在叶背啃食叶肉，留下一层薄而透明的表皮，农民叫“天窗”。3龄以上的幼虫食量明显增加，把叶片吃成孔洞或缺刻，严重时吃光叶片，仅剩叶脉和叶柄，影响植株生长发育和包心。如果幼虫被包进球里，虫在叶球里取食，同时，还排泄粪便污染菜心，致使菜株商品价值降低。

发生规律

为一年多代的害虫，由北向南每年发生的代数逐渐增加。如黑龙江一年发生3～4代，辽宁、北京4～5代，江苏、浙江、湖北每年发生7～8代。以蛹越冬，第二年羽化。成虫只在白天活动，喜在蜜源植物和甘蓝等寄主作物间往返飞行，进行取食、交配和产卵。初孵化幼虫先吃掉卵壳，然后取食叶肉。如果幼虫受到惊动时，小龄幼虫就有吐丝下坠的习性，大龄幼虫则有蜷缩落地的习性。菜青虫发育最适的温度为20～25℃，相对湿度76%左右。在北方有春末夏初（5～6月）和秋季（9～10月）2次发生高峰。

防治方法

防治方法：前茬作物收获后，及时清除田间杂草和残株病叶，深耕深耙，减少田间虫源。使用微生物农药，选用杀螟杆菌菌粉或青虫菌菌粉（100亿孢子/克）300～500倍液喷雾，温度20℃以上，湿度较高时使用效果较佳。

（1）农业措施，及时清除残枝老叶，并深翻土壤，这是压低虫口密度、减少下代虫源的有效措施。尽可能避免十字花科蔬菜连茬。选用早熟品种，加上地膜覆盖，提早春甘蓝、花椰菜定植期，提早收获，就可避开第二代幼虫为害。

（2）生物防治，喷洒苏云金杆菌，如国产的菜青虫6号液剂或B. t. 乳剂500～1 000倍液，可使菜青虫感染而死亡。生物防治不污染环境，成本低，又不伤害天敌。也可以用菜青虫颗粒体病毒剂，如用济南－79毒株5 000倍液的病毒液喷雾，效果良好。

（3）生理防治，使用昆虫生长调节剂，抑制昆虫几丁质的合成。可选用20%灭幼脲1号或25%灭幼脲3号胶悬剂500～1 000倍液，喷洒后使菜青虫的生理发育受到阻碍，旧皮脱不下来，而新皮又不能形成，导致害虫死亡。但灭幼脲作用较慢，所以要提早几天喷洒。

（4）化学药剂防治，可用40%菊杀乳油2 000～3 000倍液，或用10%氯氰菊酯乳油2 000～3 000倍液，或用5%农梦特乳油3 000倍液，或用10%天王星乳油8 000～10 000倍液，或用2.5%功夫乳油4 000～5 000倍液，或用20%灭扫利乳油2 000～3 000倍液，或用20%马扑立克乳油3 000倍液，或用21%灭杀毙乳油4 000～5 000倍液，每10～15天喷1次，连喷2～3次即可。